U0308962

电路板设计与开发

——Altium Designer 应用教程

董武　主编

清华大学出版社

北　京

内 容 简 介

本书详细介绍了基于 Altium Designer 软件的电路原理图设计和 PCB 图设计。全书由 7 章内容组成：第 1 章介绍了电路板设计的基础知识，包括电路板设计的基本概念、电路板的发展过程、电路板设计软件 Altium Designer 和国际著名半导体公司等。第 2 章介绍了电路原理图的设计，包括原理图参数的设置方法、原理图设计的基本方法、原理图的处理方法和元件库文件的编辑方法等。第 3 章介绍了 PCB 图的设计，包括 PCB 图的基础知识、PCB 图环境参数的设置和 PCB 图设计的详细步骤。第 4 章介绍了 PCB 图的高级操作和检查。第 5 章介绍了 PCB 图封装的设计。第 6 章介绍了电路的仿真技术，包括电路仿真的基础知识、仿真原理图的设计和仿真电路的应用实例等。第 7 章介绍了电路板设计的实验内容，包括原理图设计的实验、PCB 图设计的实验和电路仿真的实验。

本书既可以作为高等院校电子类相关专业的教材，也可以作为硬件工程师等电子工程技术人员进行自学或参考的书籍。

图书在版编目(CIP)数据

电路板设计与开发：Altium Designer 应用教程 / 董武主编. —北京：清华大学出版社，2022.1
ISBN 978-7-302-59291-4

I. ①电… II. ①董… III. ①印刷电路－计算机辅助设计－应用软件－教材 IV. ①TN410.2

中国版本图书馆 CIP 数据核字(2021)第 200841 号

责任编辑： 王 定
封面设计： 周晓亮
版式设计： 孔祥峰
责任校对： 成凤进
责任印制： 刘海龙

出版发行： 清华大学出版社
网 址：http://www.tup.com.cn，http://www.wqbook.com
地 址：北京清华大学学研大厦 A 座 邮 编：100084
社 总 机：010-62770175 邮 购：010-62786544
投稿与读者服务：010-62776969，c-service@tup.tsinghua.edu.cn
质 量 反 馈：010-62772015，zhiliang@tup.tsinghua.edu.cn
印 装 者：三河市天利华印刷装订有限公司
经 销：全国新华书店
开 本：185mm×260mm 印 张：15 字 数：344 千字
版 次：2022 年 2 月第 1 版 印 次：2022 年 2 月第 1 次印刷
定 价：59.80 元

产品编号：056507-01

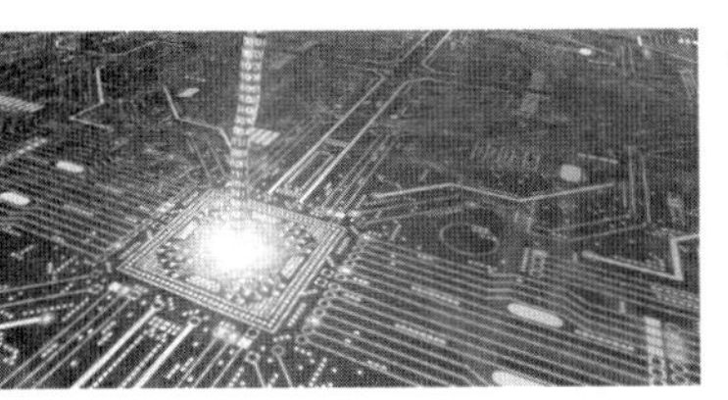

前言

随着科学技术的迅速发展，现代的电子工业取得了很大的进步，高速的超大规模集成电路芯片大量地应用在实际的工程中，这些集成电路芯片向电路板设计工程师提出了更高的要求。一方面，集成电路芯片的集成度越来越高，其速度也越来越快，另一方面集成电路芯片的引脚数量越来越多，而且越来越密集，在这种情况下，设计出性能良好的电路板是电路板设计工程师必须面对的问题。Altium 公司开发了适用于电路板设计的 Altium Designer 系列软件，这些软件具有简捷的操作方法和完整的设计流程，能够帮助电路板设计工程师在很短的时间内设计出合格的电路板。Altium Designer 系列软件的入门学习比较简单，适合刚刚从事电路板设计的开发人员。

Altium Designer 软件有多个版本，Altium 公司几乎每年都会推出新的版本。本书使用目前流行的 Altium Designer 18 版本介绍电路板设计的过程，其操作方法也适用于 Altium Designer 软件的其他版本。

本书介绍了使用 Altium Designer 18 软件进行电路板设计的整个过程，主要对电路原理图的设计、PCB 图的设计、电路仿真的设计和电路板的实验进行了详细的介绍。本书主要有以下特点：

(1) 从实际的工程应用出发，介绍了电路板设计的基本过程。按照实际工程中电路板设计的要求，本书首先介绍了电路原理图的设计方法，然后介绍了 PCB 图的设计方法，最后介绍了电路仿真的设计方法。此外，本书根据实际工程的需求介绍电路板的各种操作方法，例如电路板形状和面积的设置方法与电路板层数的设置方法等。

(2) 重点介绍和总结电路板设计的实用技巧与快捷键。在电路板的设计中，开发人员不仅要掌握电路板设计的基本步骤，还必须熟练掌握电路板设计的实用技巧和快捷键。掌握了这些实用技巧和快捷键，开发人员能够极大地提高画图效率，从而节省画图时间。例如，原理图中元件标号的标注问题，如果使用人工标注，不仅花费大量的时间，而且容易出现重复的标号；如果使用 Altium Designer 软件的自动标注功能，能够快速地完成元件标号的标注，而且不会出错。

(3) 电路板设计的重点是工程实践，所以本书在最后一章中介绍了电路板设计的实验内容。第 7 章包括 14 个实验，其中有 5 个原理图设计的实验、8 个 PCB 图设计的实验和 1 个电路仿真的实验。本书按照从简单到复杂的原则安排实验顺序，其目的是希望通过这些实验的练习逐步提高读者设计电路板的水平。在这些实验中，读者首先学习基于 Altium Designer 18 软件的电路板设计流程，然后学习简单的两层电路板的设计方法，最后学习复杂的四层电路板和六层电路板的设计方法。

本书结构合理、层次清晰，可以作为电路板设计的入门书籍。本书可以作为高等院校电子类相关专业的教材，还可以作为从事电子硬件设计的工程技术人员的参考书。

北京印刷学院信息工程学院董武副教授担任本书的主编，对本书的全部内容进行了编写和通稿审定。董武副教授具有20多年的教学经验和实际工程经验，对电路板的设计具有深刻的理解和认识。

本书在编写过程中得到清华出版社和北京印刷学院信息工程学院各级领导的关心与支持，在此表示衷心的感谢。

由于时间仓促，而且作者水平有限，本书难免有疏漏之处，希望各位读者和专家批评指正，在此表示感谢。

编　者
2021年10月

目录

第1章

电路板设计概述

本章介绍电路板设计的基础知识，包括电路板的基础知识、电路板设计的基本概念、电路板的发展过程、电路板设计软件 Altium Designer 的介绍、电路板的设计过程和制造过程、国际上著名半导体公司的介绍等。

1.1 电路板的基础知识

本节主要介绍电路板的功能和作用、电路板设计在就业中的重要性、电路板设计的特点和电路板设计的学习技巧等内容。

1.1.1 电路板的功能和作用

1. 电子信息系统简介

电路板经常用于电子信息系统中，下面先对电子信息系统进行简要介绍。电子信息系统的典型结构如图 1-1 所示。

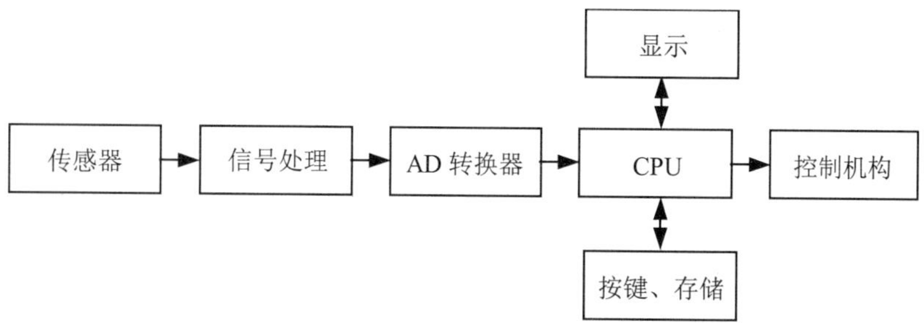

图 1-1　电子信息系统的典型结构示意图

电子信息系统通常简称为电子系统，电子系统的工作流程如下。

(1) 由传感器产生模拟信号。

(2) 经过信号处理(例如信号的放大、滤波等)后，送到 AD 转换器转换成数字信号。

(3) 把数字信号送到中央处理器(CPU)进行处理，同时使用按键调整电子系统的参数。

(4) 根据处理后的结果控制继电器或电机工作，并把处理后的结果使用显示器件(例如数码管、液晶显示器等)进行显示，同时把处理后的结果送到存储芯片或 U 盘、硬盘进行存储。

很多 CPU 中集成了 AD 转换模块，所以不需要再单独使用 AD 转换器。传感器的种类有很多种，例如温度传感器、湿度传感器、电流传感器、电压传感器、光电传感器、光电编码器、摄像头、磁场传感器、磁栅尺传感器和光栅尺传感器等。信号处理包括信号的滤波、放大、限幅等。传感器产生的信号一般比较小，而 AD 芯片要求输入的信号在一定的幅度范围内，例如 0~5V 或 0~3V 等，所以需要把信号进行放大，才能够实现模拟信号到数字信号之间的转换。CPU 本质上就是复杂的数字电路，其种类有很多种，例如单片机、DSP 和 ARM 等。显示器件的种类有很多，例如数码管、发光二极管(Light Emitting Diode，LED)、液晶显示器和触摸屏等。显示器件的功能是显示参数的数值，例如使用数码管显示温度的数值、使用发光二极管指示电子系统的运行状况(绿灯表示电子系统运行正常，红灯表示电子系统出现报警等)、使用液晶显示器显示参数的变化曲线等。按键的功能是调整电子系统参数的数值。在实际的工程中，电子系统使用按键的数量根据实际的需求而定，不是固定不变的。有的电子系统比较简单，不需要按键，而有的电子系统只需要几个按键。控制机构有很多种，例如继电器、步进电机、直流电机、开关和电磁阀等。

电子信息系统的应用非常广泛，在家用产品、工业生产、宇宙探测、军事国防中都在大量使用各种类型的电子信息系统，例如家用的智能洗衣机、玉兔号月球车和祝融号火星车等。现在流行的电动汽车，也可以认为是一种非常复杂的电子信息系统。在电子信息系统的研发过程中，首先需要使用电路板设计软件(例如 Altium Designer)设计电子元器件引脚之间的连接关系，画出电路板图；然后，把电路板图交给电路板生产厂家，电路板生产厂家根据电路板图生产电路板；最后，把电子元器件焊接在电路板上，并把程序烧写到 CPU 中，就完成了整个电子信息系统的设计过程。

2. 电路板的功能

在电子信息系统中，电路板有以下 3 个功能。

(1) 电路板是所有电子元器件的载体，起到固定电子元器件的作用，如图 1-2 所示。其中，图 1-2(a)表示没有焊接电子元器件的电路板，可以看到电路板上有白色字符和正方形或长方形的白色方块。白色字符表示电子元器件的符号，而白色方块表示焊盘。在焊接电子元器件时，首先把电子元器件的引脚放置在电路板的焊盘上，然后使用电烙铁和焊锡把电子元器件的引脚和焊盘焊接在一起。图 1-2(b)表示已经焊接好电子元器件的电路板。

(a) 没有焊接电子元器件的电路板

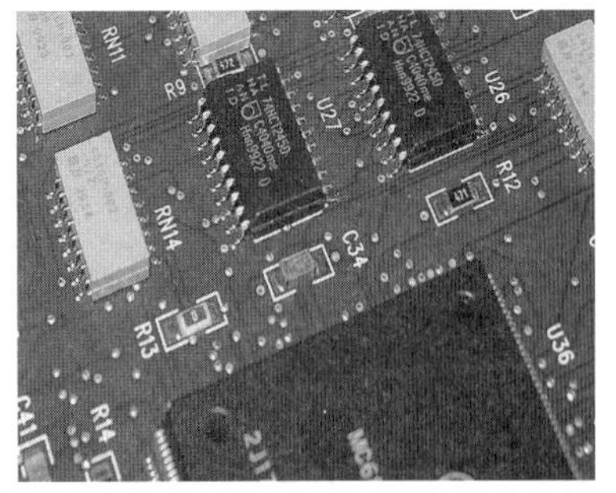

(b) 已经焊接好电子元器件的电路板

图 1-2　电路板的示意图

(2) 电路板用于实现电子元器件引脚之间的连接关系，即使用铜箔导线把所有电子元器件的引脚合理地连接在一起，如图 1-3 和 1-4 所示。图 1-3 表示使用 Altium Designer 软件画好的电路板图，图 1-4 表示已经制造好的电路板，在图中可以看到许多连线，这些连线使用铜金属制造，用来连接电子元器件的各个引脚，称为铜箔导线。在早期没有出现电路板这项技术之前，电子元器件的各个引脚使用金属导线连接，如图 1-5 所示。使用金属导线这种连接形式，明显存在两个缺陷：首先，金属导线容易折断，维护成本比较高；其次，如果元器件的引脚非常密集，例如图 1-4 中的元器件，无法使用金属导线进行焊接。

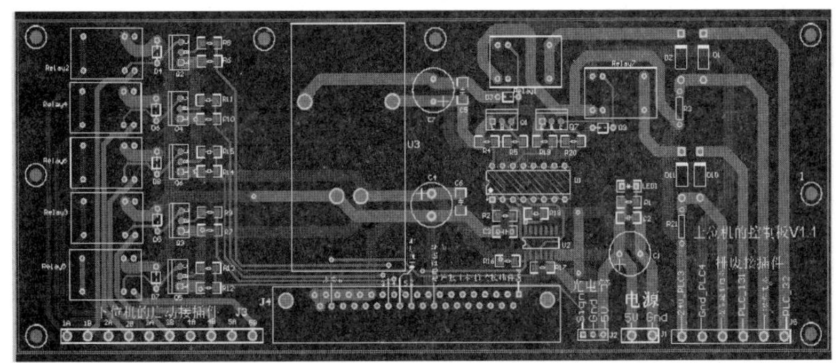

图 1-3　使用 Altium Designer 软件画的电路板图

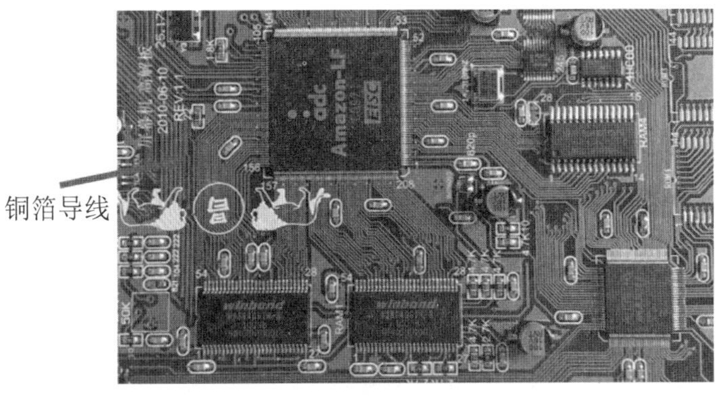

图 1-4　已制造好的电路板

图 1-5　使用金属导线连接电子元器件的各个引脚

(3) 电路板为电子元器件的插装、焊接、检查和维修等提供了识别字符和图形，如图 1-3 所示。图 1-3 中的黄色对象包括元器件的标号(U1、R1、C1 等)、元器件的外形边框等。电路板图中的黄色对象会印刷在电路板上，在电路板上呈现白色，如图 1-4 所示。

1.1.2　电路板设计在就业中的重要性

有关硬件工程师、单片机工程师、数字信号处理(Digital Signal Processing，DSP)工程师、嵌入式工程师和印刷电路板(Printed Circuit Board，PCB)设计工程师等电子硬件的相关岗位，都要求掌握电路板设计软件的使用。电路板的设计是硬件工程师必须掌握的基本技能之一。一般来说，大公司的职位分得比较细，有专门设计电路板图的岗位。而在一些小公司，硬件工程师负责的工作比较多，如从电路板的画图、元器件的焊接和调试、CPU 的程序编写等。在图 1-6 中，图(a)表示硬件工程师岗位对电路板设计软件 Altium Designer 的要求；图(b)表示硬件 Layout 工程师岗位(即 PCB 设计工程师，该岗位只负责电路板的设计)对电路板设计软件 Altium Designer 的要求。这里需要说明的是，电路板设计软件 Altium Designer 早期版本的名字包括 Protel、Protel 99 SE 和 Protel 99 等。

高级硬件工程师

武汉凯锐普信息技术有限公司　查看所有职位

武汉-武昌区 | 3-4年经验 | 本科 | 招2人 | 08-30发布

周末双休　餐饮补贴　专业培训　五险　员工旅游　弹性工作　年终奖金　绩效奖金

职位信息

1、根据相关产品的国家标准、行业标准和企业标准；承担电路设计开发和改进任务，

2、编写硬件设计规范，设计电路原理图、PCB、编写生成方案、BOM等技术文档；

3、硬件设计仿真、计算、测试和分析，硬件测试方案，负责硬件调试和系统联调；

4、产品试制过程跟踪，项目进度和项目计划更新，组织和完成相关技术任务；

5.协同质量部和生产部分析及解决产品潜在问题。

岗位要求

1、有较好的模拟数字电路设计基础；

2、熟悉ARM结构并具有相关的开发经验者优先；

3、熟练使用Altium Designer等PCB设计软件；

4、熟练使用常用仪器；

(a) 硬件工程师岗位对电路板设计软件 Altium Designer 的要求

硬件Layout工程师

上海纳恩汽车技术股份有限公司　查看所有职位

上海-松江区 | 2年经验 | 本科 | 招1人 | 08-30发布

五险一金　免费班车　员工旅游　交通补贴　餐饮补贴　年终奖金　股票期权

职位信息

1）根据硬件设计工程师提供的原理图完成产品PCB Layout工作；

2）组织PCB Layout评审；

3）负责元件库的建立、维护和管理；

4）PCB工程文件确认及发布；

职位需求：

1）本科及以上学历，电子、计算机、自动化、电气等专业；

2）2年及以上PCB Layout工作经验，有汽车电子产品PCB Layout设计优先；

3）熟悉PCB制板工艺；

4）精通原理图及PCB设计工具，Altium、Allegro等EDA设计软件；

5）了解EMC，有高频、高速方面设计经验者优先；

(b) 硬件 Layout 工程师对电路板设计软件 Altium Designer 的要求

图 1-6　招聘岗位对电路板设计软件的要求

1.1.3　电路板设计的特点

电路板的设计具有以下 3 个特点。

(1) 电路板设计具有实用性，很多公司需要电路板设计工程师。电路板设计这项技术是电子类专业的基础课程，需要学生熟练掌握。

(2) 电路板设计具有工程性的特点。电路板设计软件的使用直接为工程实践服务，与电子信息系统的实际需求密切相关。

(3) 电路板设计技术的掌握需要理论学习和实验操作相互配合。

1.1.4　电路板设计的学习技巧

电路板设计的学习技巧总结如下。

(1) 电路板设计需要从实际工程应用出发。在具体的工程中，可根据实际的需求设计电路板的各项参数，例如电路板的形状、电路板的面积和电路板的层数等。

(2) 在学习电路板的设计时，应该根据从简单到复杂的原则，逐步提高电路板设计的水平。首先，熟悉电路板设计软件 Altium Designer 的基本流程；然后，能够设计简单的两层电路板；最后，能够设计复杂的四层、六层乃至更多层的电路板。电路板设计的掌握程度一般有三个阶段，即了解、熟练和精通。一般来说，初学者通过在学校的学习，并积极参加各项电子竞赛等活动，通过绘制多个电路板达到熟练的程度。对于精通这个阶段，只有在工作岗位中，通过至少三年的工作，画过几十个各种类型的电路板图，不断积累工程经验，逐步提高对电路板设计的理论和技术的理解程度，才能够达到精通的阶段。只通过在学校的学习和一些电子竞赛题目的练习，很难达到精通的程度。

(3) 在学习电路板的设计时，需要熟练掌握电路板设计软件的使用技巧和快捷键。正确使用电路板设计软件的操作技巧和快捷键，能够极大地提高画图效率。例如，原理图中元件标号的标注问题，如果使用人工标注，不仅花费大量的时间，而且容易出现重复的标号；如果使用 Altium Designer 软件的自动标注功能，能够快速地完成元件标号的标注，而且不会出错。

(4) 在进行电路板的设计时，对于遇到的问题需要先独立思考一段时间，如果不能自行解决，可以与同学、老师多学习和交流，快速提高自己的设计水平。此外，现在的网络非常发达，初学者遇到的问题常常在网上就能够搜索到答案，所以通过网络查询相关的问题和解决方案，也是一个非常好的学习方法。

(5) 本书仅仅介绍电路板设计软件的使用方法，为了更好地掌握电路板的设计，还需要学习电路板设计的电磁兼容原理。电路板电磁兼容原理的教材有很多，例如，田广锟等人编写的《高速电路 PCB 设计与 EMC 技术分析》、庄奕琪编写的《电子设计可靠性工程》的第 8 章、吴建辉编写的《印制电路板的电磁兼容性设计》等。

1.2 电路板设计的基本概念

本节介绍电路板设计的基本概念，包括 EDA(电子设计自动化)和 PCB(印刷电路板)等。

1.2.1 EDA(电子设计自动化)

EDA 是 Electronic Design Automation 这三个英文单词的首字母缩写形式，其含义为电子设计自动化。EDA 可以简单地理解为使用计算机进行电路设计的技术。从 20 世纪 90 年代初以来，EDA 从计算机辅助设计(Computer Aided Design，CAD)、计算机辅助制造(Computer Aided Manufacturing，CAM)、计算机辅助测试(Computer Aided Testing，CAT)和计算机辅助工程(Computer Aided Engineering，CAE)等概念发展而来。EDA 技术指以计算机为工作平台，融合应用电子技术、计算机技术、智能化技术的最新成果，而研制的电子 CAD 通用软件包，辅助进行电子电路的仿真、可编程逻辑器件设计、电路板设计和集成电路设计等工作。

早期的 EDA 技术专门用于 PLD(Programmable Logic Device，可编程逻辑器件)、CPLD(Complex PLD，复杂可编程逻辑器件)、FPGA(Field Programmable Gate Array，现场可编程门阵列)和 ASIC(Application Specific Integrated Circuit，专用集成电器)等元器件的设计领域，只有专业人士才会接触。后来，随着计算机技术和电子技术的进步，EDA 技术逐渐深入到电子设计的各个领域，在电路板设计、电路仿真等领域也被广泛应用。

EDA 软件可以分为 5 类：电路仿真软件、电路板设计软件、CPLD 和 FPGA 设计软件、单片机程序的仿真软件和集成电路的设计软件。

1. 电路仿真软件

电路仿真软件指在计算机上进行电路设计，通过仿真分析，获得实际的信号波形、关键点的电流和电压等参数。使用电路仿真软件进行电路功能的验证，能够非常方便地修改设计电路，以获得最佳的设计效果。这种仿真方法不需要制造实际的电路板，节省了电子元器件的购买费用，能够直接发现电路设计中出现的问题，缩短了开发周期。在没有出现电路仿真软件之前，一般要制造电路板、进行电子元器件的焊接和电路测试，才能获得电子系统的工作参数。在发现电路存在的缺点后，需要重新设计电路的原理图，重新制造电路板、焊接电子元器件和进行电路测试，直至设计成功，因而设计成本高、开发周期长。电路仿真软件的出现，很好地解决了这一问题。利用电路仿真软件，开发人员可直接在计算机上进行电路设计，然后通过仿真分析就能获得实际的信号波形及关键点的电流和电压等参数，而且可以非常方便地修改电路，以便获得最佳的设计效果。由于电路仿真不需要制造实际的电路板和购买电子元器件，因此节约了设计费用，缩短了开发周期。

常用的电路仿真软件包括 MultiSim、PSPICE 等。电路仿真软件能够进行模拟电路、数字电路以及混合电路的仿真。电路仿真软件的仿真功能十分强大，几乎可以 100%仿真出真实电路的效果。电路仿真软件的器件库包含许多大公司的晶体管元器件、集成电路和数字门电路芯片。器件库中没有的元器件，还可以由外部模块导入。同时，电路仿真软件提供了万用表、示波器、信号发生器和逻辑分析仪等测试仪器，工程师可以方便地测试各种电路参数。

2. 电路板设计软件

电路板设计软件指使用计算机进行印刷电路板的辅助设计，工程师把电路板图交给电路板生产厂家，进行电路板的加工制造。常用的电路板设计软件包括 Altium Designer、PADS、Allegro、OrCAD 和 Mentor 等。Altium Designer 软件早期版本的名称是 Protel，PADS 软件早期版本的名称是 PowerPCB。这些软件由不同的公司开发，大部分的功能是相同的。一般来说，为了提高工作效率，一个公司的所有工程技术人员使用同一个类型的电路板设计软件。在出现电路板设计软件之前，硬件工程师需要告诉电路板生产厂家电路板的详细参数；而使用电路板设计软件之后，使用此软件画出的电路板图包含电路板的所有参数，因此提高了工作效率，减少了硬件工程师和电路板生产厂家之间的沟通环节。

Altium Designer 软件的界面如图 1-7 所示，OrCAD 软件的界面如图 1-8 所示。

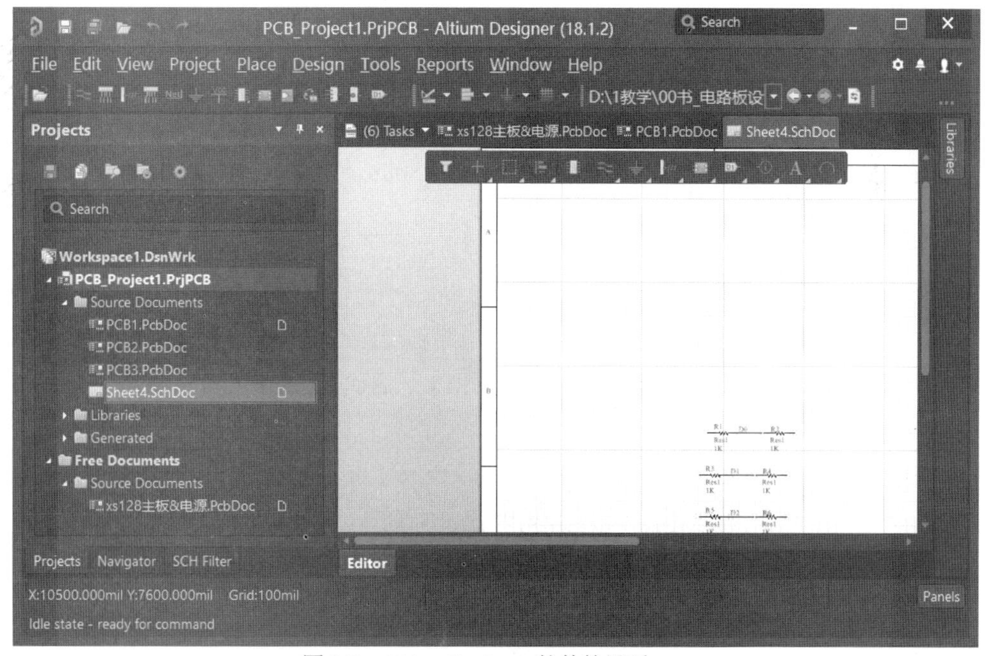

图 1-7　Altium Designer 软件的界面

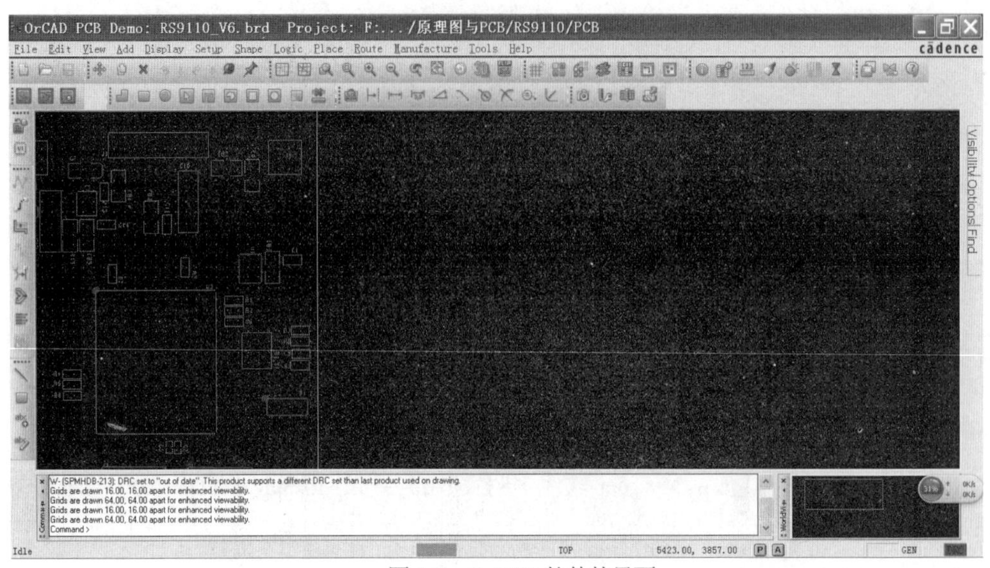

图 1-8　OrCAD 软件的界面

3. CPLD 和 FPGA 设计软件

在对 CPLD 和 FPGA 进行编程时，需要使用专门的设计软件，例如 ALTERA 公司的 Quartus 软件和 XILINX 公司的 ISE 软件。这些软件的编程语言包括 Verilog 语言和 VHDL 语言等。

4. 单片机程序的仿真软件

常见的单片机程序仿真软件是 Proteus 软件。此软件能够仿真单片机及其他常见电子元器件的工作运行情况，能够进行单片机代码的调试和运行工作。此软件支持常见的处理器模型，包括 8051、HC11、PIC10、AVR、ARM、8086、MSP430、Cortex 和 DSP 系列等处理器。

5. 集成电路的设计软件

集成电路的设计软件有很多种，用于集成电路芯片内部电路的设计。常用的集成电路设计软件包括 Cadence、Mentor Graphics、Synopsys 和 Tanner EDA 等。集成电路设计软件的主要功能包括电路设计的输入、电路的仿真、把硬件描述语言转化为电路的综合功能、芯片内部的布局和布线、电路的物理验证。

1.2.2　PCB(印刷电路板)

PCB 是 Printed Circuit Board 三个英文单词首字母的缩写形式，意思是印刷电路板。印刷电路板也称为电路板或线路板。

电路板由如下 6 部分组成。

(1) 基板。基板指电路板中间的绝缘体，它使用的材料包括树脂和陶瓷等。

(2) 铜箔导线。铜箔导线用于连接各个焊盘，即连接各个电子元器件的引脚。铜箔导线是

由铜金属制作而成的。

(3) 黏合剂。黏合剂用于黏合铜箔导线和基板。

(4) 焊盘。在已经加工好的电路板上，银白色的对象就是焊盘，如图 1-9 所示。焊盘上面有锡金属，使用焊锡把电子元器件的引脚和焊盘焊接在一起。

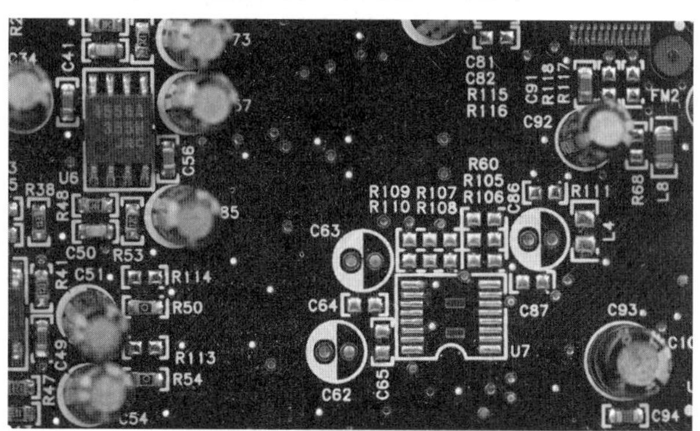

图 1-9　电路板中焊盘的例子

(5) 过孔。过孔用于连接电路板不同层的对象，如图 1-10 所示。

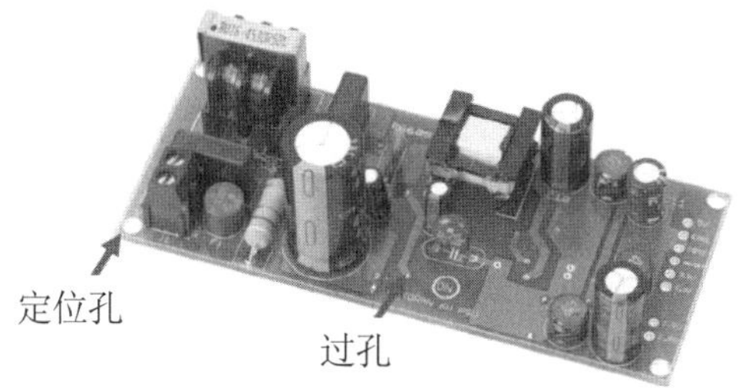

图 1-10　电路板中过孔和定位孔的例子

(6) 定位孔。定位孔没有电路网络，它用于安装固定螺丝，起到固定电路板的作用，如图 1-10 所示。

1.3　电路板的发展过程

电路板随着电子元器件的发展而发展，可以分为 4 个发展阶段：使用导线连接、单层电路板、双层电路板和多层电路板。

1.3.1　使用导线连接

这个阶段使用的主要电子元器件是电子管，如图 1-11 所示。电子管的特点是体积大、重量大和耗电多。这个阶段还没有出现电路板，各个电子元器件引脚之间使用导线进行连接，如图 1-5 所示。世界上第一台计算机 ENIAC 就是使用电子管进行设计的。由于电子管的性能较差，在现在的工程中已经很少使用。

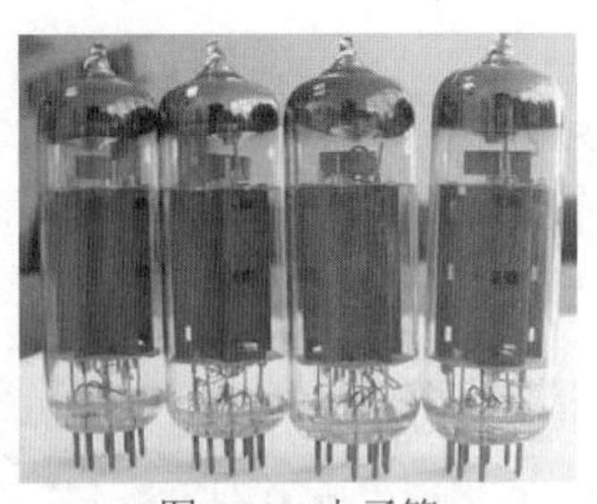

图 1-11　电子管

1.3.2　单层电路板

这个阶段使用的电子元器件主要是半导体分立元件，如图 1-12 所示。相对于电子管来说，半导体分立器件的特点是体积小、重量小和耗电少。

(a) 二极管

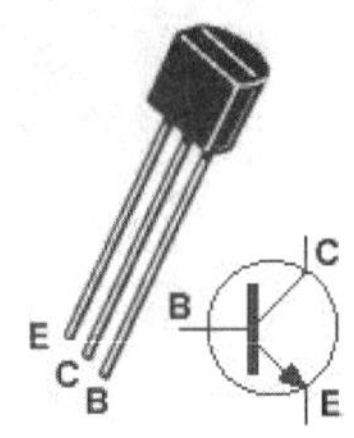

(b) 三极管

图 1-12　半导体分立元件

在单层电路板中，只有一个表面可以放置连接电子元器件引脚的铜箔导线和焊接元器件引脚的焊盘，此表面不能放置电子元器件；另外一个表面放置电子元器件，有提示性的图形和符号，没有铜箔导线和焊盘，如图 1-13 所示。由于单层电路板的价格便宜，所以在一些要求简单的场合，还在使用单层电路板。

(a) 放置电子元器件的表面

(b) 放置铜箔导线和焊盘的表面

图 1-13　半导体分立元件的表面

1.3.3　双层电路板

随着集成电路芯片的出现，电子元器件引脚之间的连线更加复杂，单层电路板已经不能完成全部的布线，所以出现了双层电路板，如图 1-14 所示。相对于单层电路板来说，双层电路板的两个表面(即顶层和底层)都能放置元器件、焊盘、铜箔导线、提示性的图形和符号等。

(a) 集成电路芯片

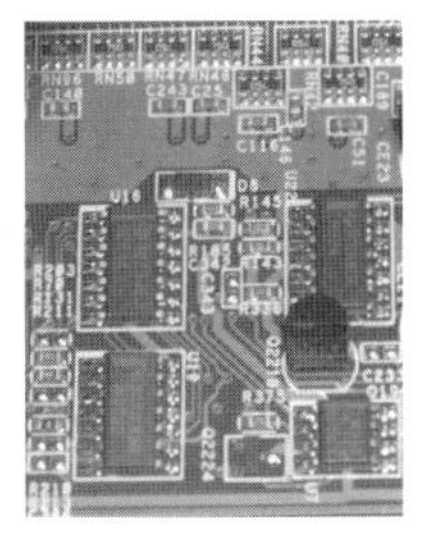

(b) 双层电路板

图 1-14　集成电路芯片和双层电路板

1.3.4　多层电路板

随着超大规模集成电路、球状引脚栅格阵列(Ball Grid Array，BGA)封装元器件的出现，双层电路板不能适应布线的需求，所以出现了多层电路板。目前技术上可以制造出 100 层以上的电路板，现在的工程中大规模使用的是 4～8 层板。

方型扁平式封装(Quad Flat Package，QFP)芯片和焊接该芯片的电路板如图 1-15(a)、(b)所示，BGA 封装芯片和焊接该芯片的电路板如图 1-15(c)、(d)所示。QFP 封装芯片的引脚分布在该芯片的四侧，而 BGA 封装芯片的引脚分布在该芯片的背部。例如，我们经常使用的台式机电脑和笔记本电脑中主板上的 CPU 就是一个 BGA 封装的芯片。QFP 封装芯片既可以使用电烙铁进行焊接，也可以使用专门的回流焊机进行焊接。由于 BGA 封装芯片的引脚非常密集，所以只能使用回流焊机进行焊接。

(a) QFP 封装芯片的上表面和下表面

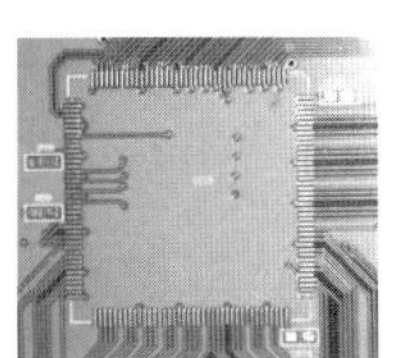

(b) 焊接 QFP 封装芯片的多层电路板

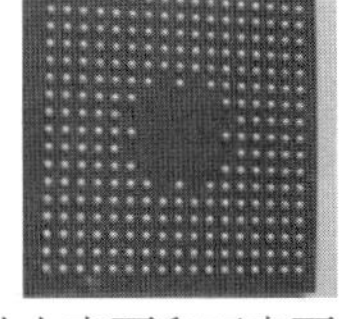

(c) BGA 封装芯片的上表面和下表面

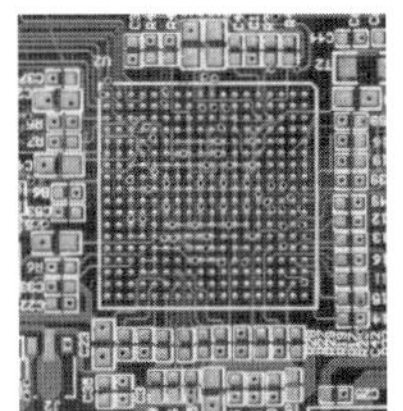

(d) 焊接 BGA 封装芯片的多层电路板

图 1-15　QFP 封装芯片、BGA 封装芯片及对应的电路板

对于多层电路板，它的顶层和底层都能放置电子元器件、焊盘、铜箔导线、提示性的图形和符号，它的中间层只能放置铜箔导线，而不能放置其他的对象，如图 1-16 所示。

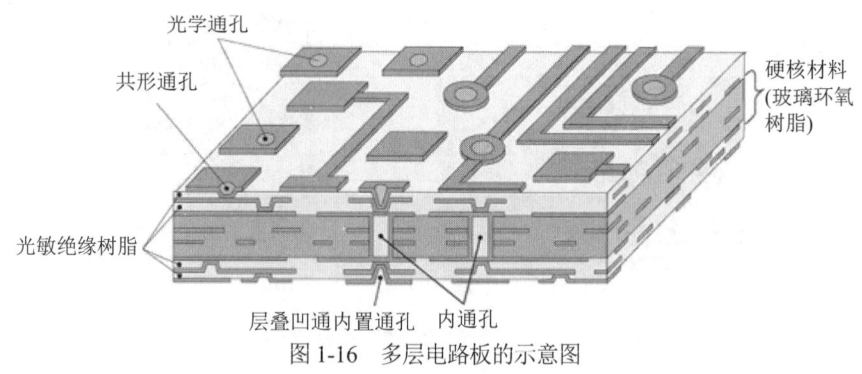

图 1-16　多层电路板的示意图

1.4 Altium Designer 简介

本节主要介绍电路板设计软件 Altium Designer 的基本知识，包括 Altium Designer 的发展历史、Altium Designer 的安装环境要求和安装过程、Altium Designer 的组成部分、Altium Designer 的文件类型、Altium Designer 的功能、Altium Designer 的中文菜单、Altium Designer 和 Protel 的比较、Altium Designer 和 Protel 之间的兼容性等。

1.4.1 Altium Designer 的发展历史

Altium Designer 软件的早期版本名字有两个：Tango 和 Protel。1985 年，美国 Accel Technologies 公司推出 Tango 电路板设计软件，这是第一个用于电路板设计的软件。1988 年，Accel 公司改名为 Protel，并推出 Protel For Dos 的升级版本。1991 年，Protel 公司推出 Protel For Windows 1.0 版本，后面不断推出 2.0、3.0 等版本。1997 年，Protel 公司推出 Protel 98 版本，该版本实现了原理图、布局、布线和仿真等功能的综合。1999 年，Protel 公司推出 Protel 99 和 Protel 99 SE。Protel 99 SE 是一个精典的版本，至今很多公司都还在使用该版本。2001 年，Protel 公司改名为 Altium 公司。Altium 公司的主要产品是基于 PCB 设计的 EDA 平台，它的中文网址是 www.altium.com.cn。2002 年，Altium 公司推出 Protel DXP 版本。2005 年，Altium 公司推出 Altium Designer 6.0。2009 年，Altium 公司推出 Altium Designer Summer 09 版本，该版本相对于 Protel 99 SE 在很多方面有了改进，使用起来更加方便。2011 年，Altium 公司推出 Altium Designer 10 版本。2018 年，Altium 公司推出 Altium Designer 18 版本。几乎每年 Altium 公司都会推出新的版本，对已有的老版本进行改进和提高。据统计，Altium Designer 软件在中国具有较高的市场占有率，有 73%的工程师和 80%的电子相关专业在校学生使用此软件。

1.4.2　Altium Designer 的安装环境要求和安装过程

1. 安装环境要求

现在的台式计算机和笔记本电脑基本都能满足 Altium Designer 软件的安装需求。以 Altium Designer 18 版本为例，该版本需要的最小配置如下。

(1) CPU：Pentium4 3.0GHz 或同等性能处理器。

(2) RAM：1GB 内存。

(3) 硬盘：至少 3G。

(4) 显示器：具有 128M 显存的显示卡，1280×1024 分辨率。

(5) 操作系统：Window 10 等。

2. 安装过程

Altium Designer 软件的安装过程类似于其他的 Windows 软件，操作非常方便。下面以 Altium Designer 18(简称为 AD18)为例，详细介绍此软件的安装过程，其他 Altium Designer 版本的安装过程和 Altium Designer 18 的安装过程很相似。AD18 软件详细的安装步骤介绍如下。

(1) 双击 AD18 软件包中的 Altium Designer 18 Setup.exe 文件，进入启动安装的界面，如图 1-17 所示。

(2) 单击 Next 按钮，弹出语言和安装协议的设置对话框，如图 1-18 所示。在图 1-18 中，选择 Chinese 语言，并选择 I accept the agreement 选项。

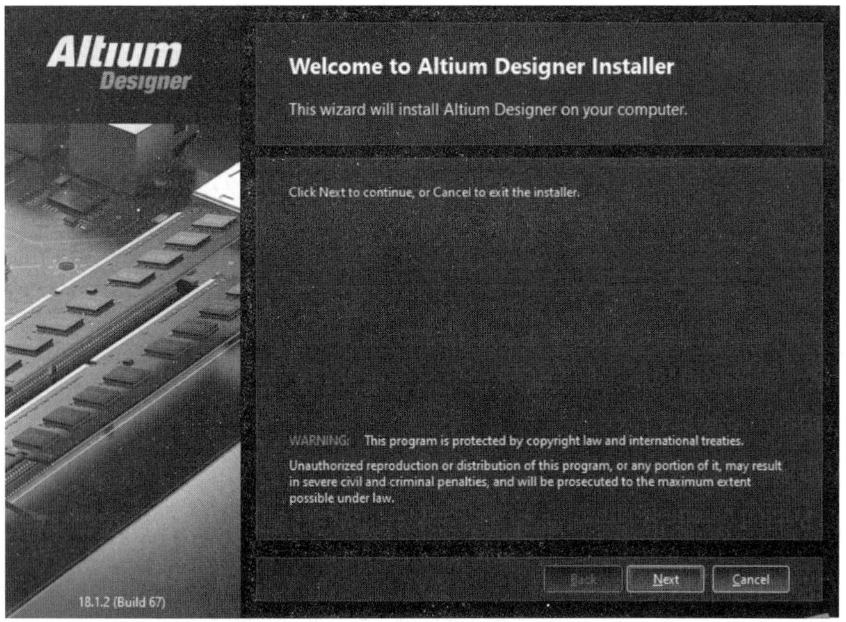

图 1-17　启动安装的界面

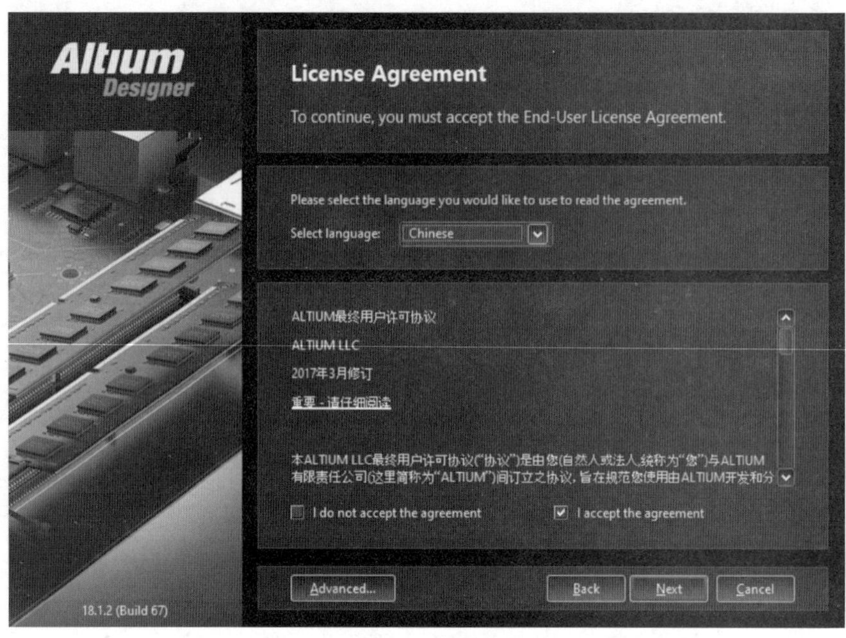

图 1-18　语言和安装协议的设置对话框

(3) 单击 Next 按钮，弹出选择设计功能的对话框，如图 1-19 所示。把图 1-19 中的所有选项都选中。

(4) 单击 Next 按钮，弹出设置安装目录的对话框，如图 1-20 所示。在图 1-20 中，可以把程序安装在 D 盘里面。

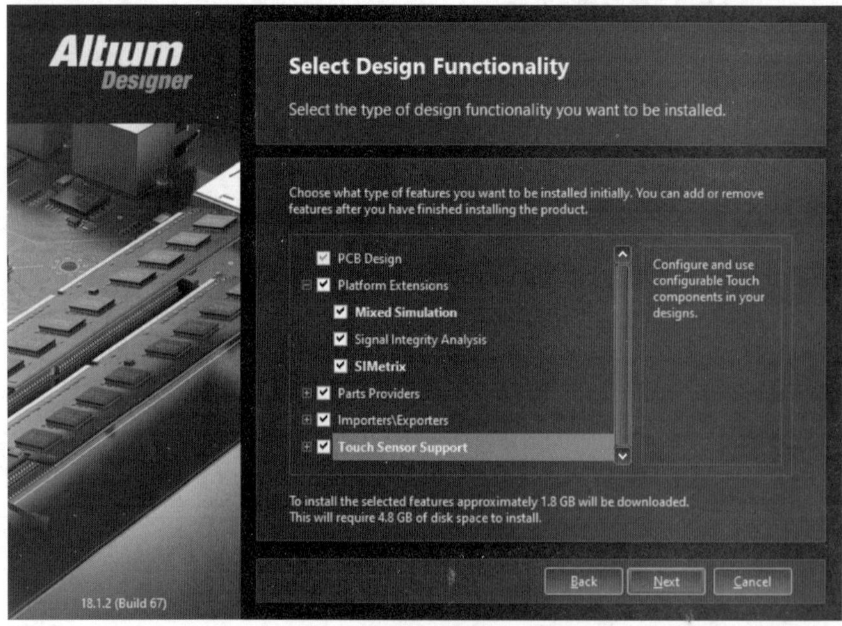

图 1-19　选择设计功能的对话框

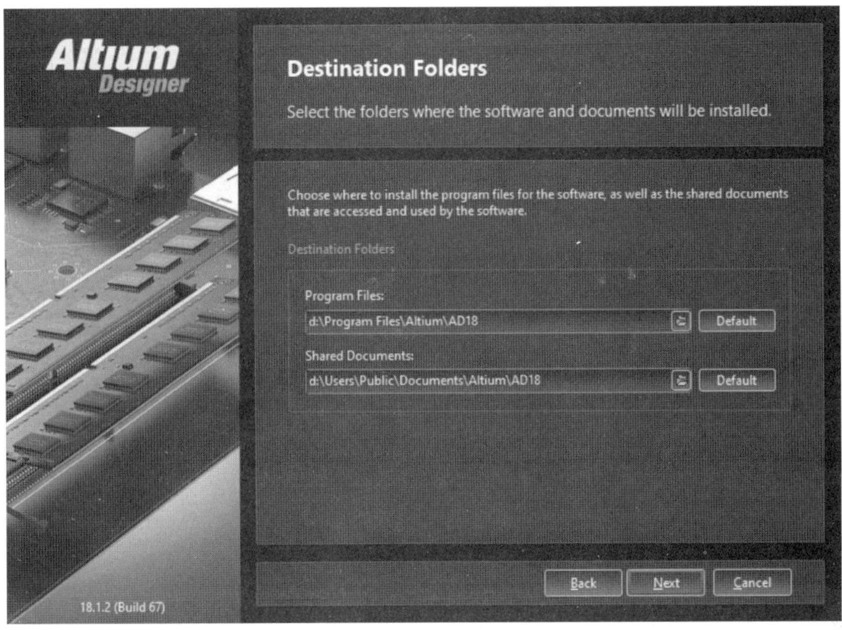

图 1-20　设置安装目录的对话框

(5) 单击 Next 按钮，弹出准备安装的对话框，如图 1-21 所示。

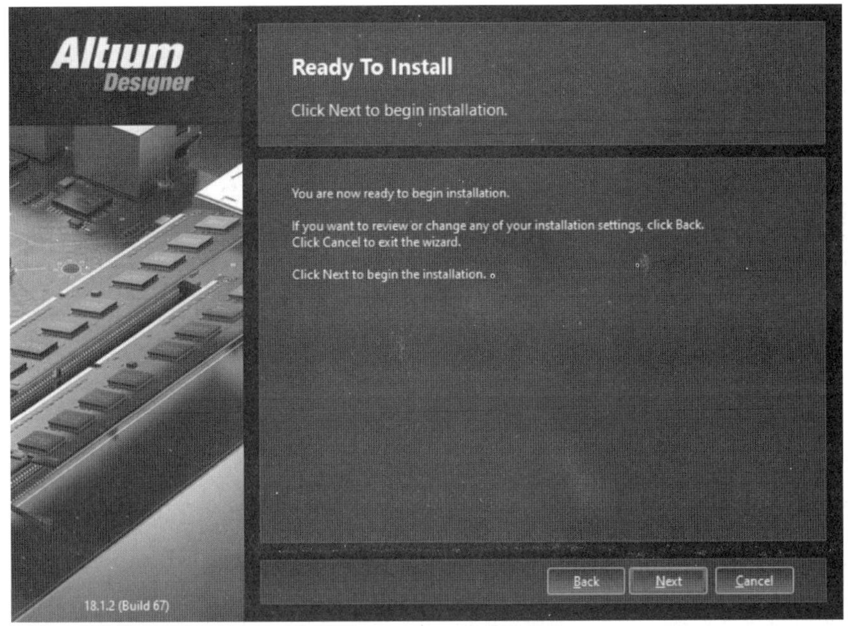

图 1-21　准备安装的对话框

(6) 单击 Next 按钮，弹出正式安装的对话框，如图 1-22 所示。根据不同电脑的不同性能，安装需要的时间有所不同。

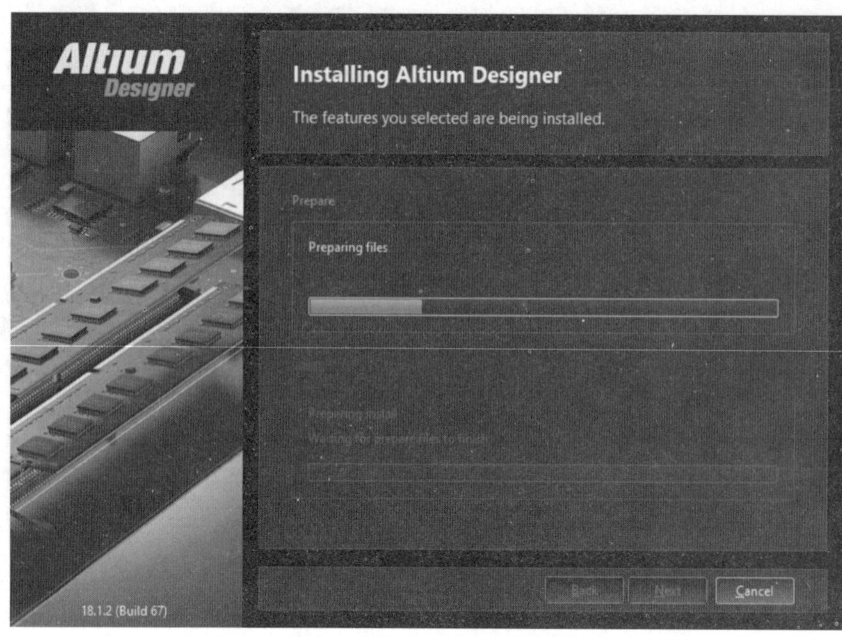

图 1-22　正式安装的对话框

(7) 安装完成后，弹出结束对话框，如图 1-23 所示。单击 Finish 按钮，完成 AD18 软件的安装。

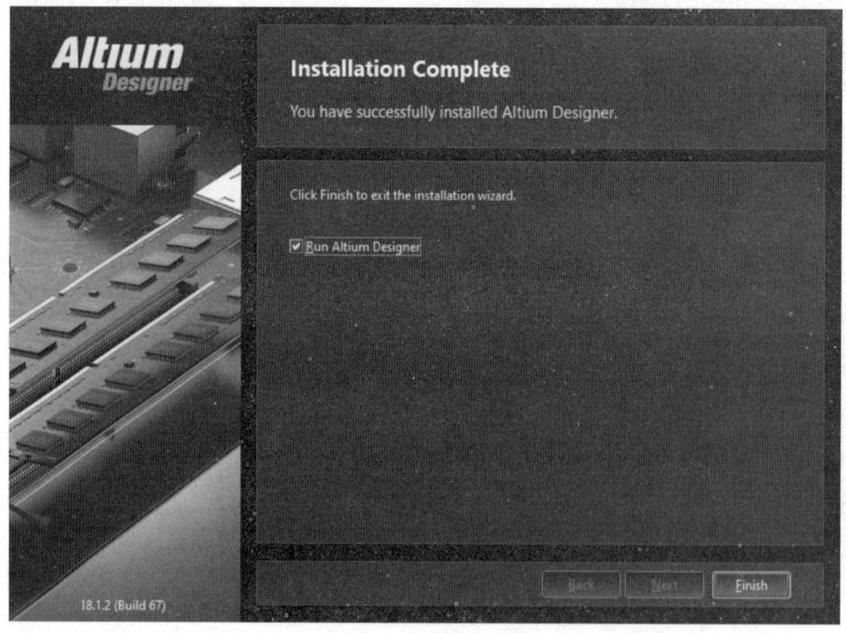

图 1-23　结束对话框

1.4.3　Altium Designer 的组成部分

和其他 Windows 软件的界面类似，AD18 软件的界面包括标题栏、菜单栏、工具栏、状态栏和项目面板等部分。图 1-24 所示为 AD18 软件的原理图编辑界面。AD18 软件的项目面板是指图 1-24 左侧的 Projects 部分，项目面板包含该项目的所有文件。

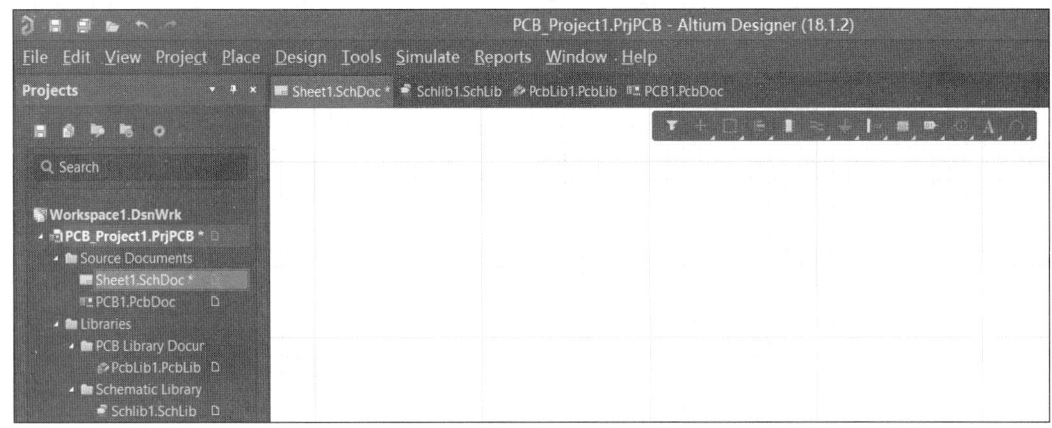

图 1-24　AD18 软件的原理图编辑界面

Altium Designer 18 软件有 4 种设计界面，分别是原理图编辑界面、PCB 图编辑界面、原理图元件编辑界面和 PCB 封装编辑界面。在图 1-24 中，单击项目面板中的 Sheet1.SchDoc 字符打开原理图的编辑界面，图 1-24 右侧的浅色区域就是原理图的编辑界面。

在图 1-24 中，单击项目面板中的 PCB1.PcbDoc 字符打开 PCB 图的编辑界面，如图 1-25 所示。图 1-25 右侧的黑色区域就是 PCB 图的编辑界面。

图 1-25　AD18 软件的 PCB 图编辑界面

在图 1-24 中，单击项目面板中的 Schlib1.SchLib 文件打开原理图元件的编辑界面，如图 1-26 所示。图 1-26 右侧的浅色区域就是原理图元件的编辑界面。

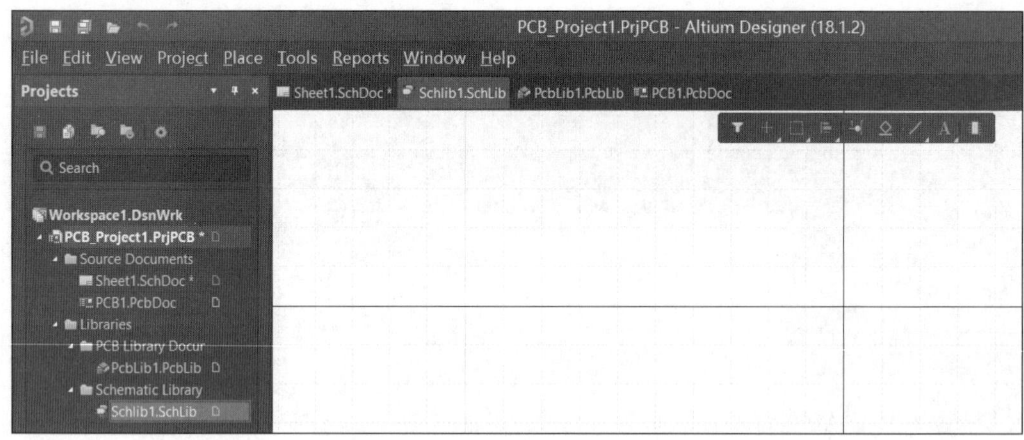

图 1-26　AD18 软件的原理图元件编辑界面

在图 1-24 中，单击项目面板中的 PcbLib1.PcbLib 文件，出现 PCB 封装的编辑界面，如图 1-27 所示。图 1-27 右侧的黑色区域就是 PCB 封装的编辑界面。要注意的是，不同的界面具有不同的菜单和工具栏。

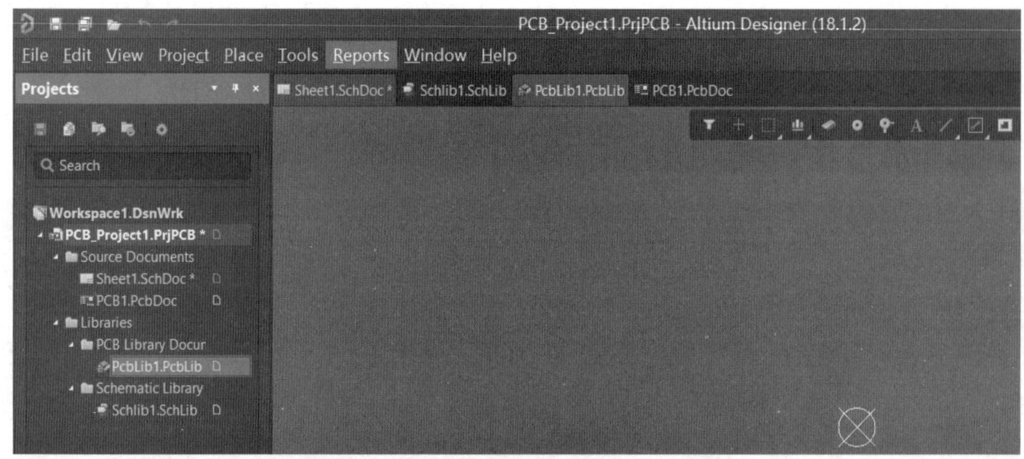

图 1-27　AD18 软件的 PCB 封装编辑界面

1.4.4　Altium Designer 的文件类型

Altium Designer 软件常用的文件类型如表 1-1 所示，在图 1-24 左侧的项目面板中列出了常用的文件类型。要注意的是，在实际操作时，若想打开工程文件(*.PrjPCB)，不要单独打开某个原理图文件、PCB 图文件和库文件。初学者往往不打开工程文件，只单独打开某个文件，例如只单独打开*.PcbDoc 文件，这种操作方式会造成有些菜单不能正常使用。

表 1-1　Altium Designer 软件常用的文件类型

文件类型	功能
*.PrjPCB	工程文件
*.SchDoc	原理图文件

(续表)

文件类型	功能
*.PcbDoc	电路板图(PCB 图)文件
*.SchLib	原理图的元件库文件
*.PcbLib	PCB 封装的库文件
*.IntLib	混合库文件，此文件里既有原理图的元件，也有 PCB 图的封装
*.Bom	原理图使用的所有元器件的清单

Protel 软件是 Altium Designer 软件的老版本，有的工程师还在使用此版本。Protel 软件的文件类型如表 1-2 所示。

表 1-2　Protel 软件常用的文件类型

文件类型	功能
*.Ddb	工程文件
*.Sch	原理图文件
*.Pcb	电路板图(PCB 图)文件
*.Lib	原理图的元件库文件或 PCB 图封装的库文件
*.Net	网络表文件
*.Erc	电气规则检查错误报表文件

1.4.5　Altium Designer 的功能

Altium Designer 软件可实现以下功能。

(1) 电路原理图设计。Altium Designer 软件能够设计电路的原理图。一般来说，首先设置原理图图纸的大小，并放置电子元器件；然后，完成电子元器件引脚的连线；最后，进行检查、保存和打印。

(2) 电路板设计。Altium Designer 软件能够设计印刷电路板图(即 PCB 图)。此软件能够进行自动布局和自动布线。在布局和布线之前，需要首先设置电路板的形状和大小。

(3) 电路仿真设计。Altium Designer 软件提供了大量仿真元件，能够进行电路的仿真和查看仿真结果。在进行仿真时，只需要画好原理图，不需要画 PCB 图，再添加激励源，即可进行电路的仿真。

(4) 电路的信号完整性分析。Altium Designer 软件具有分析信号完整性的功能，能够检查信号的反射、串扰、延时和阻抗等。

1.4.6　Altium Designer 的中文菜单

打开 AD18 软件后选择 Tools / Preferences 命令，弹出如图 1-28 所示的对话框。在此对话框中，首先单击 System / General，选中 Use localized resources 复选框，会弹出一个对话框，提示要重新启动此软件才能够生效；然后，单击 OK 按钮；最后，把 AD18 软件关闭，再重现打开此软件，此软件就会显示出中文形式的菜单，如图 1-29 所示。AD18 软件的中文菜单有一个缺点，即有些菜单的翻译不准确。对于初学者来说，可以使用中文菜单进行学习。对此软件熟练之后，建议使用英文的菜单，因为英文的菜单更加准确一些。Altium Designer 软件也支持德文、法文和日文等多种语言。

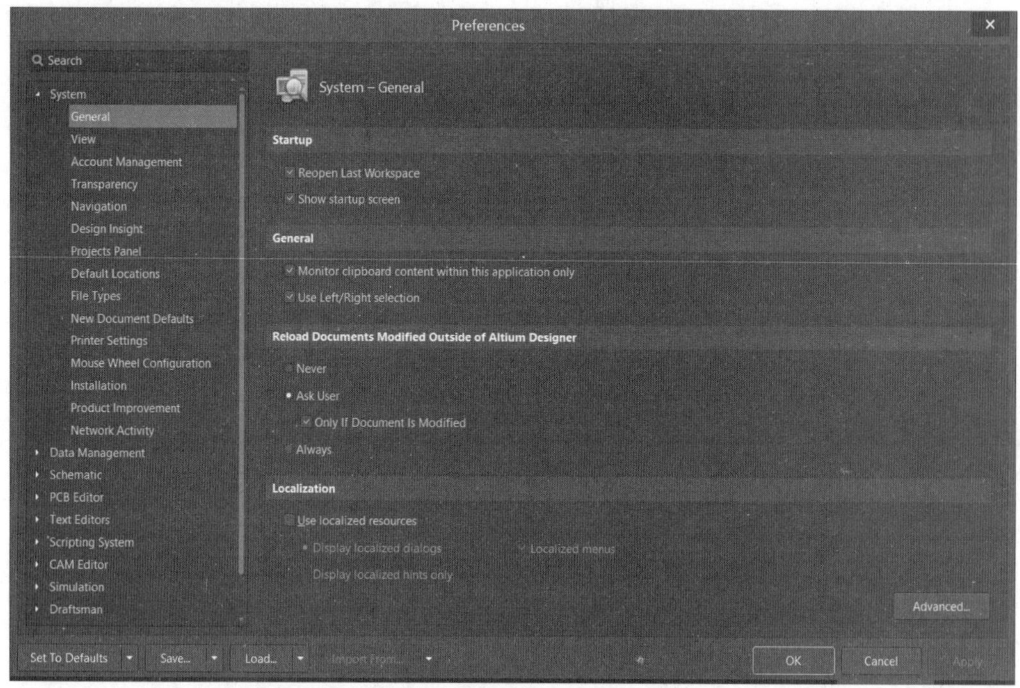

图 1-28　AD18 软件的中文菜单设置对话框

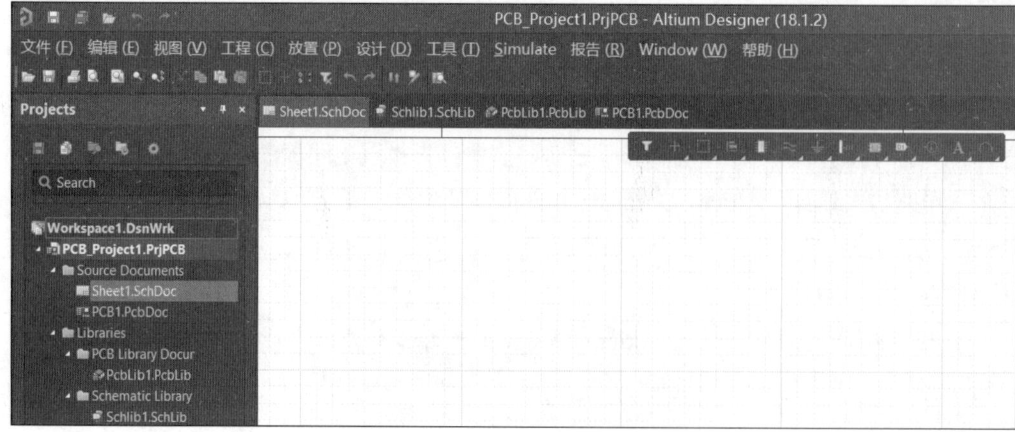

图 1-29　AD18 软件的中文菜单

1.4.7　Altium Designer 与 Protel 的比较

相对于老版本的 Protel 软件来说，Altium Designer 软件使用起来更加方便。具体来说，Altium Designer 软件有以下 3 个方面的优势。

(1) 使用鼠标进行视图的放大、缩小和移动。Altium Designer 软件能够使用鼠标的中间键进行视图的放大和缩小，也能够使用鼠标的右键移动视图的位置，而 Protel 软件不具有这个功能。

(2) 项目文件的管理。Protel 软件把所有文件都存放在一个扩展名为 ddb 的项目文件中，而 Altium Designer 软件的原理图文件、PCB 图文件、原理图元件库文件和封装库文件都存放在各自对应的文件，方便管理。

(3) Altium Designer 不需要生成网络表。Protel 软件在完成原理图之后，首先需要生成网络表，然后把网络表送入 PCB 图文件中，才能进行 PCB 图的布局和布线操作。Altium Designer 软件取消了网络表，所以它的操作步骤得到了更进一步的简化。网络表是根据原理图产生的描述文件，此文件包括每个元器件的封装类型和所有元器件引脚之间的连接关系。

1.4.8　Altium Designer 和 Protel 之间的兼容性

Altium Designer 软件能够直接打开 Protel 软件的 ddb 文件，但是 Protel 软件无法直接打开 Altium Designer 软件的文件。在 Altium Designer 软件中，选择 File / Save Copy As 命令，把扩展名为 Schdoc 的原理图文件和扩展名为 Pcbdoc 的电路板文件分别另存为扩展名为 Sch 的原理图文件和扩展名为 Pcb 的电路板文件，即可被 Protel 软件打开。

1.5　电路板的设计过程和制造过程

对于硬件工程师来说，只需要设计 PCB 图即可，PCB 图已经包含了电路板的所有信息。根据 PCB 图，电路板加工厂就能够制造出电路板。

1.5.1　电路板的设计过程

电路板的设计过程如图 1-30 所示。第一步是设计分析，此步骤主要分析电路板实现的功能，以及使用哪些电子元器件。例如，为了实现信号的放大，需要使用集成运放和电阻等元器件。第二步是使用 Altium Designer 软件新建一个 PCB 项目。第三步是完成电路原理图的设计。具体工作包括：设置原理图图纸的大小，一般为 A4 类型，目的是方便使用打印机进行打印；画出各个元器件引脚之间的连线；如果已有的元件库文件没有所需要的元件，还需要在元件库文件中画出这个元件；如果电路图比较复杂，需要使用层次原理图；根据实际的需要，给每个元件设置不同的封装属性；在画完原理图之后，使用 Altium Designer 软件提供的菜单检查电路图是否有错误。早期的老版本 Protel 软件还需要生成网络表文件，Altium Designer 软件不需要生成网络表文件。第四步是设计 PCB 图。具体工作包括设置电路板的物理形状、设置电路板的长度和宽度、设置电路板的层数(默认是两层电路板)、布局、布线和 PCB 图错误的检查。第五步是加工电路板。把 PCB 图给电路板加工厂制造电路板，需要支付加工费用。

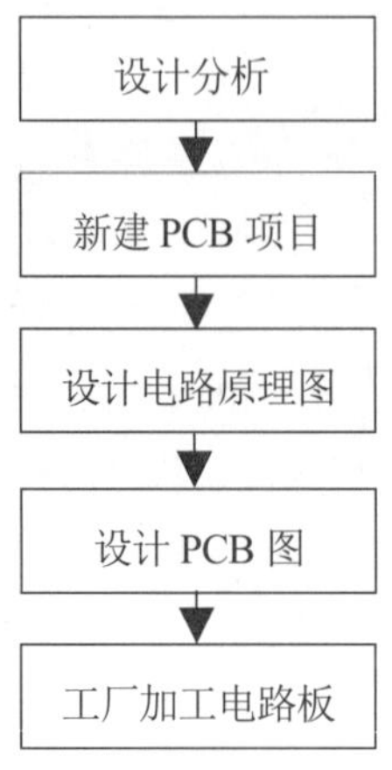

图 1-30　电路板的设计过程

1.5.2　电路板的制造过程

电路板的制造过程不是本书的重点，这里只做简单的介绍。电路板的制造过程可以分为三种类型：工厂批量生产、手工制造、使用雕刻机制造。

1. 工厂批量生产电路板

电路板加工厂的工艺流程包括选材下料、内层制作、外层制作、压合、钻孔、镀铜(孔金属化)、防焊锡印刷、文字印刷、外形加工和检验等。不同类型的电路板使用不同的基板材料。例如，高频电路板使用的基板和低频电路板使用的基板不一样。对于多层电路板，不仅需要制造电路板的外层，即顶层和底层，还需要制造电路板的中间层。在制造完电路板的外层和中间层之后，使用黏合剂把这些层黏合在一起。对于过孔和带有孔的焊盘，不仅需要完成钻孔，还需要对孔进行镀铜即孔金属化，把孔的外表度上铜金属。然后在焊盘上镀锡或镀金，方便电子元器件引脚的焊接。文字印刷指在电路板的表面印刷文字、符号和图形等。根据 PCB 图中指示的电路板尺寸和形状，完成电路板外形的制造。在完成电路板的加工之后，还需要检测过孔的质量、焊盘的质量和铜模导线的质量等。

在加工电路板时，根据实际的需要，设置电路板具有不同的厚度。在特殊情况下，例如高压的情况下，需要设置电路板具有更大的厚度。在没有焊盘的位置，即不需要焊接的地方，还要完成防焊锡印刷，即涂上防止焊锡流动的阻焊材料或防焊锡油，防止焊锡停留在不需要焊接的地方，方便完成电子元器件引脚和焊盘之间的焊接。阻焊材料可以具有不同的颜色，例如绿

色、蓝色、黑色和黄色等，如图 1-31 所示。

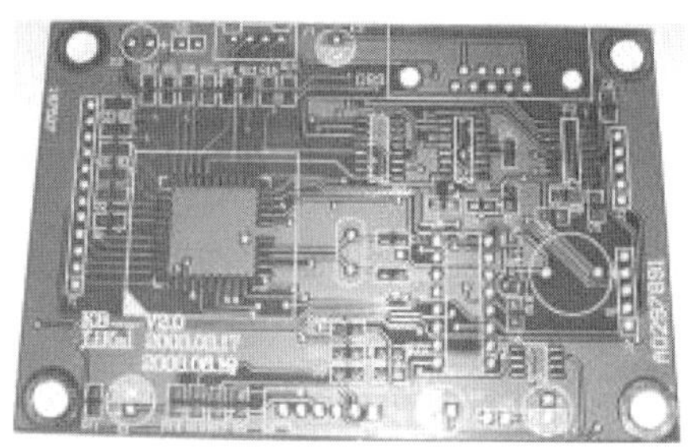

(a) 绿色阻焊材料

(b) 蓝色阻焊材料

(c)黑色阻焊材料

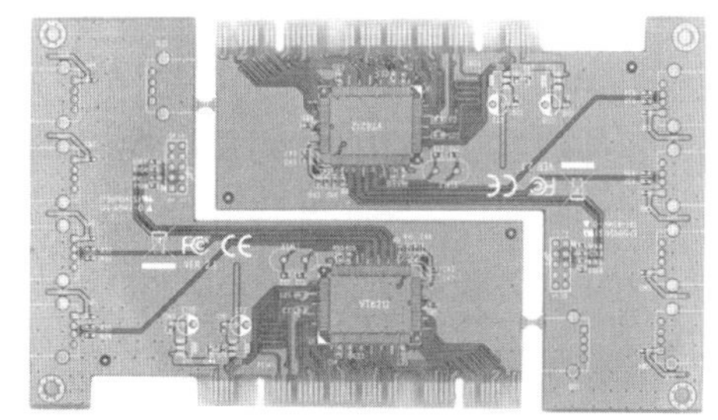

(d)黄色阻焊材料

图 1-31　电路板不同颜色的阻焊材料

2. 手工制造电路板

在网上能够搜索到很多手工制造电路板的方法，这里仅介绍其中一种制造单层电路板的方法。制造电路板需要准备好的材料，包括感光电路板、两块大小适中的玻璃、透明菲林(或半透明硫酸纸)、显像剂、三氯化铁和钻孔工具等，这些材料在网上都能够购买到。手工制造单层电路板的工艺流程具体介绍如下。

(1) 使用 Altium Designer 软件画出 PCB 图。

(2) 使用激光打印机把 PCB 图打印到菲林(又称为银盐感光胶片)上。

(3) 曝光。感光电路板的铜皮面被一层绿色的感光膜所覆盖。首先去掉感光电路板上的保护膜，然后把打印好的菲林铺在感光电路板上，对好位置，压上玻璃，在台灯下曝光。

(4) 显像。调制显像剂，将曝光后的感光电路板放入调制好的显像剂中。

(5) 蚀刻电路板。将三氯化铁放入塑料盆的水中，放入电路板，大约十几分钟即可完成蚀刻过程。这个过程实际上就是把感光电路板表面没有电路的铜金属腐蚀掉。

(6) 使用电钻完成打孔。

3. 使用雕刻机制造电路板

使用雕刻机制造电路板的步骤具体介绍如下。

(1) 使用 Altium Designer 软件设计原理图和 PCB 图。

(2) 把雕刻机和计算机使用通信电缆连接在一起，在计算机上安装专门的雕刻软件，设置雕刻软件的参数。雕刻机如图 1-32 所示。

图 1-32　制造电路板的雕刻机

(3) 完成雕刻。雕刻软件根据 PCB 图，通过通信电缆控制雕刻机进行雕刻。雕刻机上安装有钻头，能够把过孔、铜箔走线和安装孔雕刻出来。

使用雕刻机加工电路板的最小线径可以达到 4~8mil，最小的加工线距为 6~8mil。这种电路板制造方式适合于小批量的电路板制造，其缺点是需要购买雕刻机和敷铜板，只能制造单层电路板和双层电路板，不能制造多层电路板。敷铜板指原始板，就是电路板的表面全部都铺满铜金属。使用雕刻机，在敷铜板上把元器件引脚之间的连接电路雕刻出来。

1.6 国际著名半导体公司简介

在进行电路板的设计时，需要使用半导体公司生产的电子元器件，所以有必要对国际上著名的半导体公司进行介绍。首先解释为什么把生产电子元器件的公司称为半导体公司。这是因为这些公司生产的电子元器件大部分都是集成电路芯片，而芯片内部的基本结构是 PN 结，PN 结使用半导体材料进行制造，所以把这些公司统称为半导体公司。半导体公司可以分为以下 3 种类型。

(1) 集成电路设计公司。这类公司只设计芯片内部电路的图纸，不制造芯片，例如华为、联发科和高通等。

(2) 晶圆代工公司。这类公司只制造芯片，不设计芯片内部电路的图纸，例如台积电、中芯国际、华虹半导体和格芯等。

(3) 垂直整合制造(Integrated Design and Manufacture，IDM)公司。这类公司既设计芯片内部电路的图纸，又制造芯片，例如三星公司和英特尔等。

国际上著名的半导体公司有很多，例如德州仪器(Texas Instruments，TI)公司、芯科实验室(Silicon Laboratories)公司、飞思卡尔半导体(Freescale Semiconductor)公司、爱特梅尔(ATMEL)公司、亚德诺半导体(Analog Devices，AD)公司、赛普拉斯(CYPRESS)公司、赛灵思(XILINX)公司、阿尔特拉(ALTERA)公司、美信半导体(MAXIM)公司、高通(QUQLCOMM)公司、联发科公司、展讯公司、华为公司、英特尔(INTEL)公司、超微(AMD)公司、微芯(MICROCHIP)公司、飞利浦半导体(PHILIPS)公司、安森美半导体(ON Semiconductor)公司、国际整流器(IR)公司、国家半导体(NS)公司、东芝半导体(TOSHIBA)公司、仙童半导体(FAIRCHILD)公司、亚洲瑞萨科技(RENESAS)公司和 NEC 半导体公司等。下面介绍其中的一些公司。

1. TI 公司

TI 公司的网址是 www.ti.com.cn，其生产的主要芯片包括 MSP430 系列单片机、数字信号处理(Digital Signal Processor，DSP)芯片(例如 2000 系列、5000 系列和 6000 系列等)、集成运放芯片、74 系列芯片和其他常用的芯片等。该公司的 Logo 和芯片示例如图 1-33 所示。

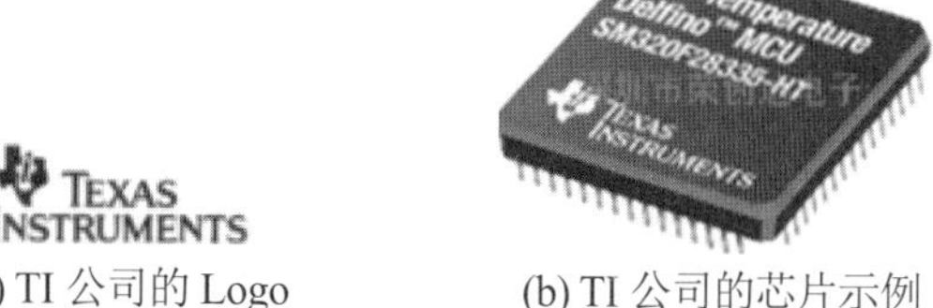

(a) TI 公司的 Logo　　(b) TI 公司的芯片示例

图 1-33　TI 公司的 Logo 和芯片示例

2. Silicon Laboratories 公司

Silicon Laboratories 公司的网址是 www.silabs.com，它主要生产 C8051F 系列单片机，例如 C8051F020 和 C8051F120 等，如图 1-34 所示。

图 1-34　C8051F020 芯片

3. ATMEL 公司

ATMEL 公司的网址是 www.atmel.com，它主要生产 AT89C51 单片机、AVR 系列单片机等。该公司的 Logo 和芯片示例如图 1-35 所示。

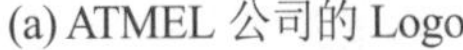

(a) ATMEL 公司的 Logo

(b) ATMEL 公司的芯片示例

图 1-35　ATMEL 公司的 Logo 和芯片示例

4. AD 公司

AD 公司主要生产 ADC 芯片和 DAC 芯片，即模拟信号和数字信号相互转换的芯片。该公司的 Logo 和芯片示例如图 1-36 所示。

(a) AD 公司的 Logo

(b) AD 公司的芯片示例

图 1-36　AD 公司的 Logo 和芯片示例

5. CYPRESS 公司

CYPRESS 公司主要生产 USB 接口芯片和 RAM 芯片等，例如 USB2.0 芯片 CY7C68013。该公司的 Logo 和芯片示例如图 1-37 所示。

(a) CYPRESS 公司的 Logo

(b) CYPRESS 公司的芯片示例

图 1-37　AD 公司的 Logo 和芯片示例

6. XILINX 公司和 ALTERA 公司

XILINX 公司和 ALTERA 公司主要生产 CPLD 芯片和 FPGA 芯片，这两个公司的 Logo 和芯片示例如图 1-38 所示。

(a) XILINX 公司的 Logo

(b) ALTERA 公司的 Logo

(c) XILINX 公司的芯片示例

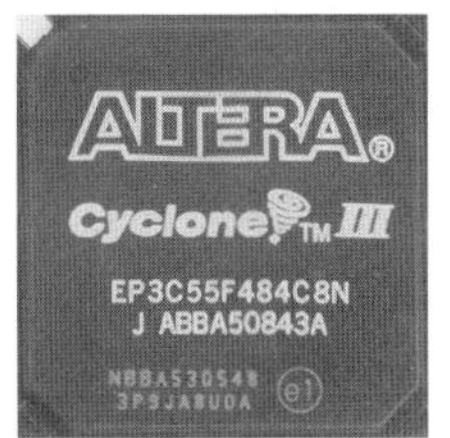

(d) ALTERA 公司的芯片示例

图 1-38　XILINX 公司和 ALTERA 公司的 Logo 和芯片示例

7. MAXIM 公司

MAXIM 公司主要生产 232 和 485 接口芯片等，例如 MAX232、MAX485 和 MAX3232。此公司的 Logo 如图 1-39 所示。

8. 高通公司

高通公司主要生产手机中使用的 CPU 芯片，如图 1-40 所示。

图 1-39　MAXIM 公司的 Logo

图 1-40　高通公司的芯片示例

9. 微芯公司

微芯公司主要生产 PIC 系列的单片机，它的网址是 www.microchip.com。此公司的 Logo 如图 1-41 所示。

图 1-41　微芯公司的 Logo

思考练习

1. 电路板有哪些功能？

2. EDA 和 PCB 的定义是什么？
3. 电路板的发展有哪几个阶段？
4. 列举 10 个国际上著名的半导体公司，并说出这些公司的主要产品。

第2章 电路原理图的设计

在设计电路板的PCB图之前，首先需要绘制电路板的电路原理图，电路板的电路原理图包含电子元器件引脚之间的连接关系。第2章介绍使用Altium Designer 18软件设计电路原理图的详细过程。

2.1 电路原理图设计的基础知识

本节介绍电路原理图设计的基础知识，包括设计电路原理图的步骤、使用Altium Designer软件进行电路板项目的管理和文件的操作等。

2.1.1 设计电路原理图的步骤

设计电路原理图的步骤具体介绍如下。

(1) 新建一个项目(或称为工程、Project)文件，并保存。

(2) 新建一个电路原理图文件，并保存。Altium Designer 18软件在新建一个文件时，没有提示去保存此文件，这时应该主动保存此文件。

(3) 设置原理图的工作环境参数和原理图图纸的大小类型，当然也可以使用默认的设置。

(4) 从元件库文件中找到需要的元件，并把元件放置到原理图中。

(5) 将电路原理图中元件的引脚进行连线。

(6) 进行电路原理图的电气规则检查。

(7) 保存并打印电路原理图。

(8) 根据电路原理图生成包含所有元件的清单。

2.1.2 使用 Altium Designer 18 软件进行电路板项目的管理

选择 File / New / Project / PCB Project 命令新建一个电路板项目，如图 2-1 所示。新建完电路板项目之后，此电路板项目就会显示在 Altium Designer 18 软件左侧的项目面板(Projects)中，如图 2-2 中的 PCB_Project1.PrjPCB。

选择 File / Save Project 命令，保存刚才新建的电路板项目。选择 File / Open Project 命令，打开已有的电路板项目。

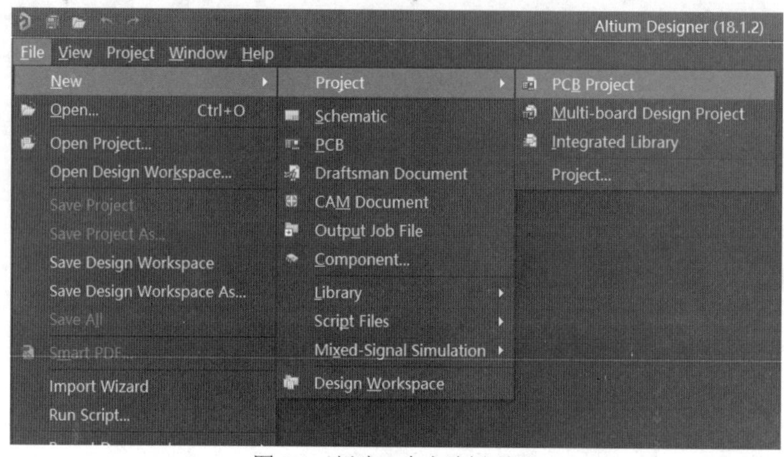

图 2-1 新建一个电路板项目

右击图 2-2 项目面板的项目名称 PCB_Project1.PrjPCB，弹出如图 2-3 所示的菜单。选择 Close Project 命令关闭此电路板项目，选择 Explore 命令打开项目文件所在的文件夹。

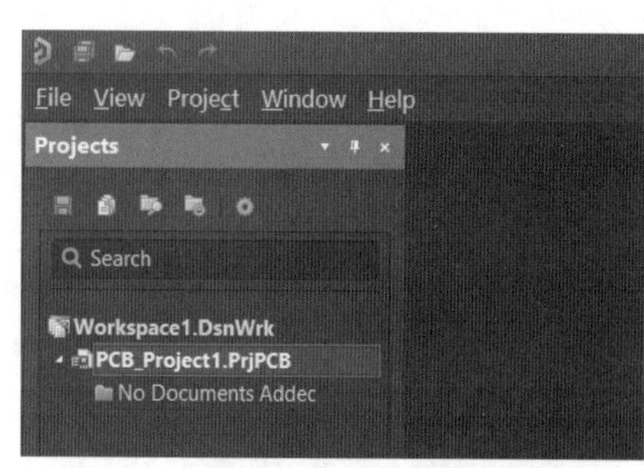

图 2-2 电路板项目显示在项目面板中

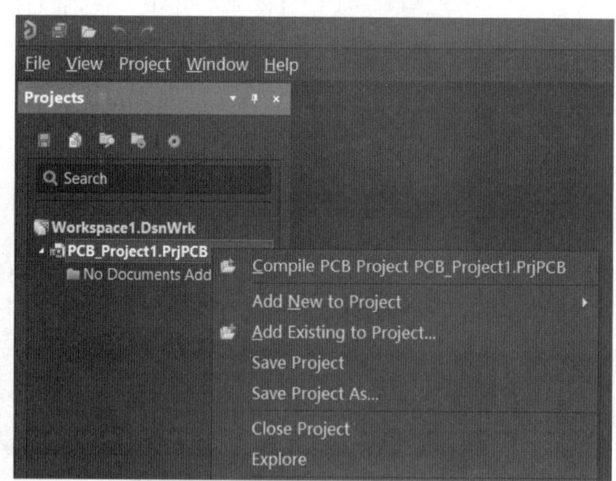

图 2-3 电路板项目的快捷菜单

如果不小心关掉了项目面板，选择 View / Panels / Projects 命令重新显示项目面板。

2.1.3 使用 Altium Designer 18 软件进行文件的操作

选择 File / New / Schematic 命令，新建一个原理图文件，并把此文件添加到当前的电路板

项目中，如图 2-4 所示。

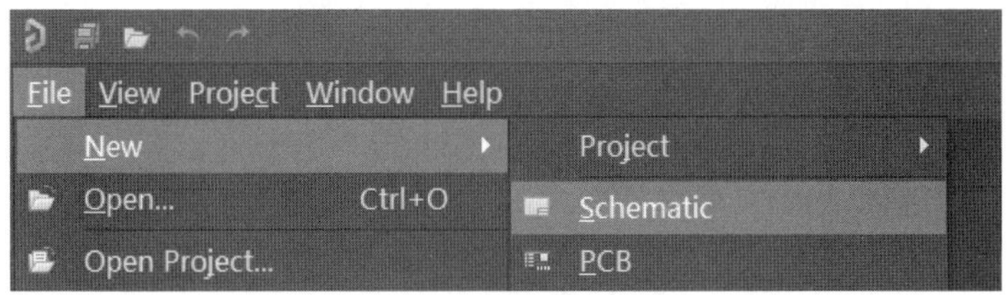

图 2-4　新建原理图文件

分别选择 File / New / PCB、File / New / Library / Schematic Library 和 File / New / Library / PCB Library 命令，新建一个 PCB 文件、原理图元件的库文件和 PCB 图封装的库文件，并把新建的文件添加到当前的电路板项目中，如图 2-5 所示。选择 File / Save 命令保存新建的文件。

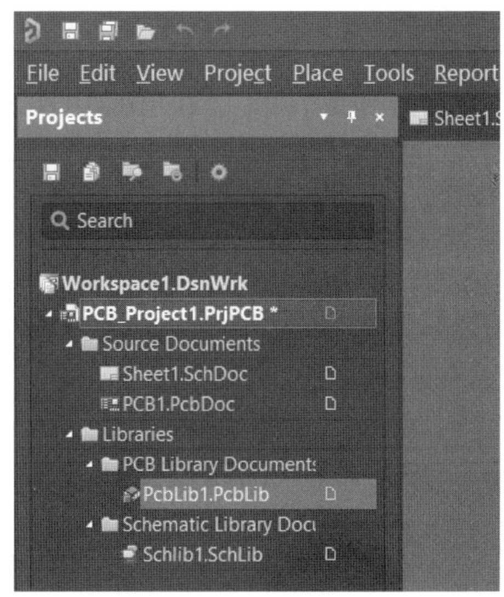

图 2-5　给当前的电路板项目添加文件

选择 Project / Add Existing to Project 命令，把已有的原理图文件、PCB 图文件、原理图元件的库文件和 PCB 图封装的库文件添加到当前的项目当中。

选择 Project / Remove from Project 命令，把某个文件从当前项目中移除。被移除的文件只是和当前的项目取消了关联，并没有从电脑的硬盘上被删除掉。

除了使用上面的方法给当前的电路板项目添加文件外，也可以使用以下方法。右击图 2-2 项目面板中的项目名称 PCB_Project1.PrjPCB，在弹出的菜单中选择 Add New to Project 命令，弹出如图 2-6 所示的菜单。使用 Schematic、PCB、Schematic Library 和 PCB Library 命令，新建一个原理图文件、PCB 图文件、原理图元件的库文件和 PCB 图封装的库文件，并把此文件添加到当前的项目当中。另外，使用右击快捷菜单中的 Add Existing to Project 命令，能够把已有的文件添加到当前的项目当中。

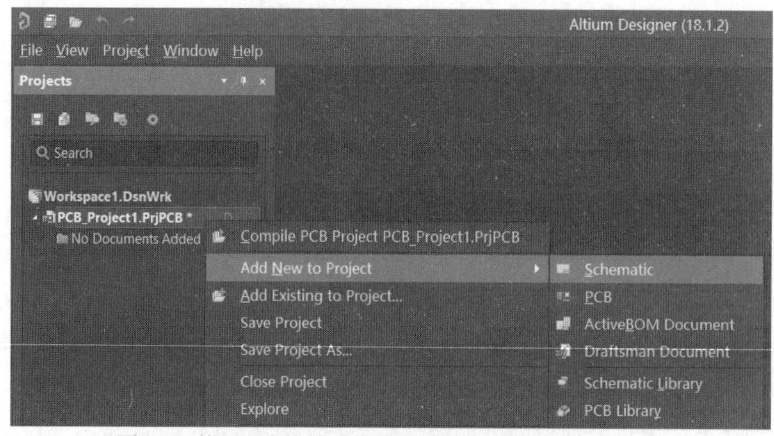

图 2-6 使用右击快捷菜单给当前的电路板项目添加文件

在 Altium Designer 18 软件项目面板中右击某个项目中的文件，弹出快捷菜单，选择 Remove from Project 命令，把此文件从当前的项目中移除掉，如图 2-7 所示。

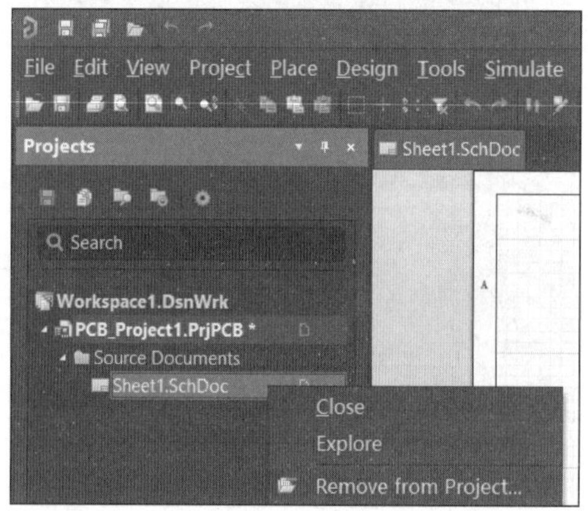

图 2-7 从当前的电路板项目中移除文件

2.2 设置原理图的参数

本节介绍原理图参数的设置方法，包括原理图图纸参数的设置方法、原理图环境参数的设置方法、原理图元件库文件的加载和卸载方法等。

2.2.1 设置原理图图纸的参数

1. 进入原理图的设计界面

首先，选择 File / New / Project / PCB Project 命令新建一个电路板项目文件并保存；然后，选择 File / New / Schematic 命令新建一个原理图文件并保存；最后，单击左侧项目面板中的原理图文件名 Sheet1.SchDoc，打开原理图的设计界面，Altium Designer 软件会显示和原理图有关的菜单和工具栏，如图 2-8 所示，其中右侧的浅色区域就是原理图的设计界面。

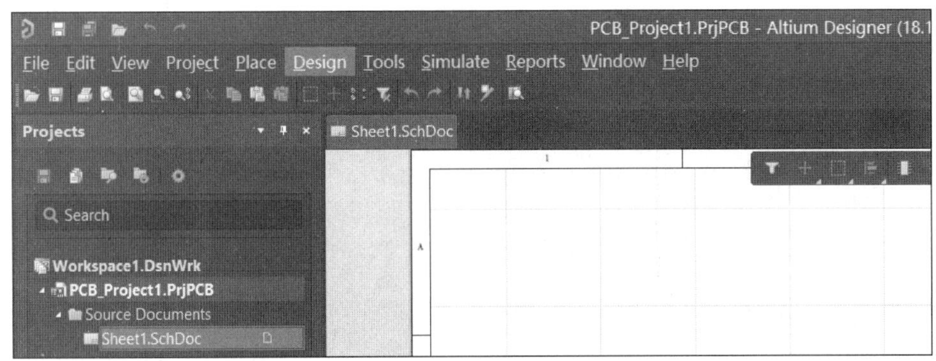

图 2-8　原理图的设计界面

2. 打开原理图的图纸设置对话框

单击原理图界面右侧的 Properties 按钮，弹出原理图图纸的设置对话框，如图 2-9 所示，再次单击 Properties 按钮，关闭此对话框。如果原理图界面的右侧没有显示 Properties 按钮，选择 View / Panels / Properties 命令将其显示出来。

(a) 原理图界面右侧的 Properties 按钮

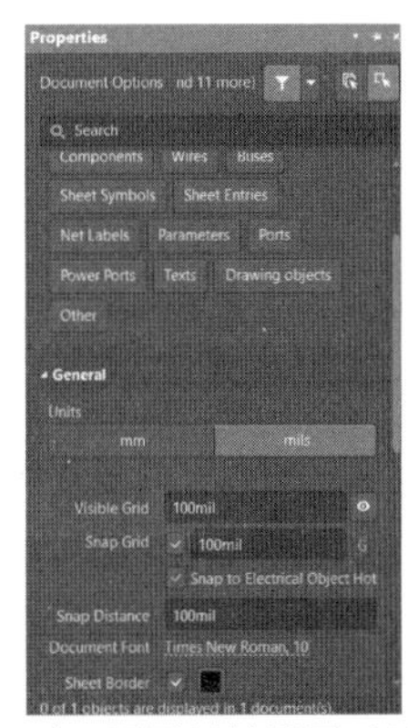

(b) 原理图图纸的设置对话框

图 2-9　打开原理图图纸的设置对话框

3. 原理图图纸参数的说明

原理图图纸的设置对话框有两个选项卡：General 选项卡和 Parameters 选项卡。

1) General 选项卡的参数

General 选项卡有两部分内容：General 部分和 Page Options 部分，如图 2-10 所示。

General 部分的主要参数包括 Units、Visible Grid、Snap Grid、Document Font、Sheet Border 和 Sheet Color。Units 参数设置原理图图纸的长度，单位是 mm 或 mils。mils 表示微英寸，即千分之一英寸(inch)，1mil 等于 0.0254mm。Visible Grid 参数设置原理图界面中显示的栅格的大小，此参数的右边有一个类似于人眼的图标，此图标设置是否在原理图中显示栅格。Snap Grid 参数设置在画原理图时，对象在图纸上移动的最小距离。Document Font 参数设置原理图中字体的类

型和大小。Sheet Border 参数设置是否在原理图中显示边框和边框的颜色。Sheet Color 参数设置原理图界面的颜色。

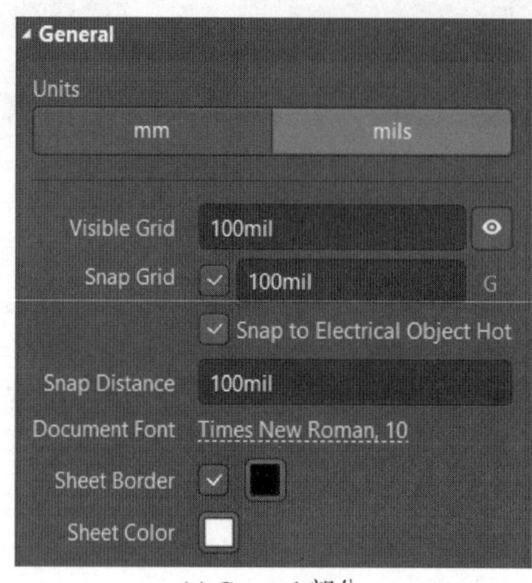

(a) General 部分

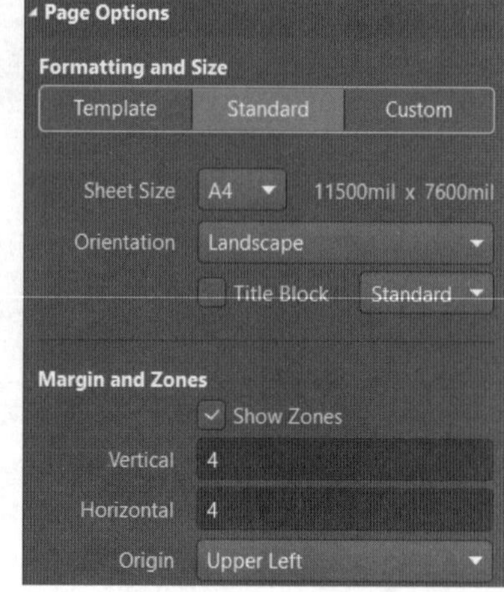

(b) Page Options 部分

图 2-10　General 选项卡的参数

Page Options 部分的主要参数包括 Sheet Size、Orientation 和 Title Block。Sheet Size 参数设置原理图图纸的类型，默认的设置是 A4 类型。Orientation 参数设置图纸的方向为水平方向(Landscape)或竖直方向(Portrait)。Title Block 参数设置是否在原理图图纸的右下角显示标题框。标题框有两种类型：Standard(标准)类型和 ANSI(美国国家标准协会)类型，如图 2-11 所示。

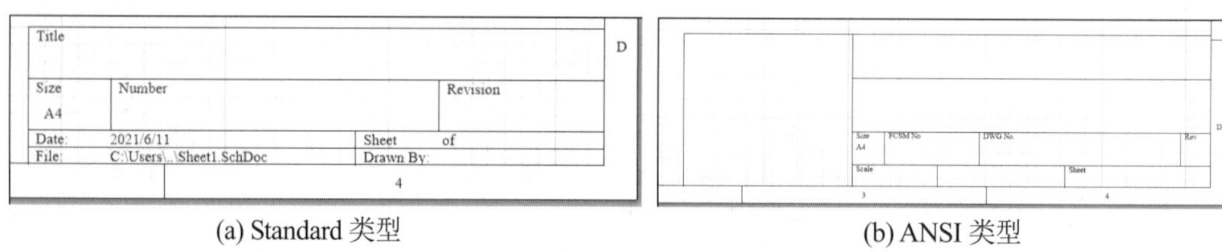

(a) Standard 类型　　(b) ANSI 类型

图 2-11　原理图图纸标题框的类型

2) Parameters 选项卡的参数

Parameters 选项卡如图 2-12 所示，它的功能是设置原理图图纸的相关信息。此选项卡主要的参数包括 DrawnBy、Revision、SheetNumber、SheetTotal、Title 和 Organization。DrawnBy 参数设置画图工程师的姓名。Revision 参数设置原理图的版本。SheetNumber 参数设置当前原理图的序号。SheetTotal 参数设置所有原理图的数量。Title 参数设置当前原理图的名称。Organization 参数设置公司的名称。

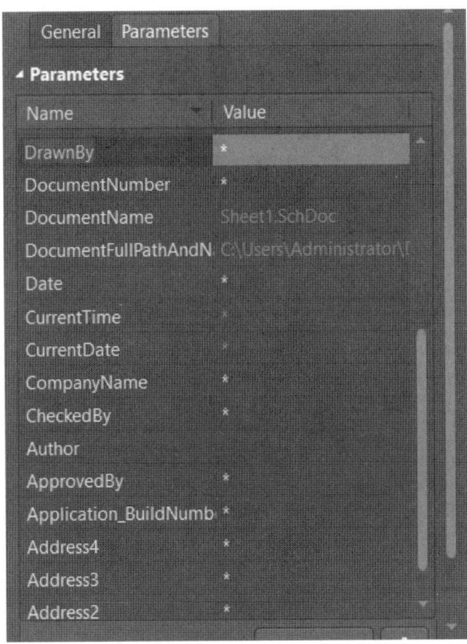

图 2-12　Parameters 选项卡

下面以 Title 参数为例，说明把图纸信息显示在原理图右下方标题栏中的方法。首先，在 Parameters 选项卡中设置 Title 参数的取值为电源电路图；然后，选择 Place / Text String 命令，在标题栏的 Title 处放置一个文本对象；最后，双击此文本对象，弹出属性对话框，设置 Text 参数的取值为=Title，效果如图 2-13 所示。

Title 电源电路图			
Size A4	Number		Revision
Date:	2021/6/15	Sheet	of
File:	C:\Users\..\Sheet1.SchDoc	Drawn By:	

图 2-13　在标题栏中显示图纸的信息

2.2.2　设置原理图的环境参数

在原理图环境设置对话框中设置原理图的环境参数，这些参数都可以采用默认的设置。原理图环境设置对话框的打开方法有两种。第一种方法选择 Tools / Preferences 命令，弹出如图 2-14 所示的原理图环境设置对话框。第二种方法右击原理图的设计界面，在弹出的菜单中选择 Preferences 命令。

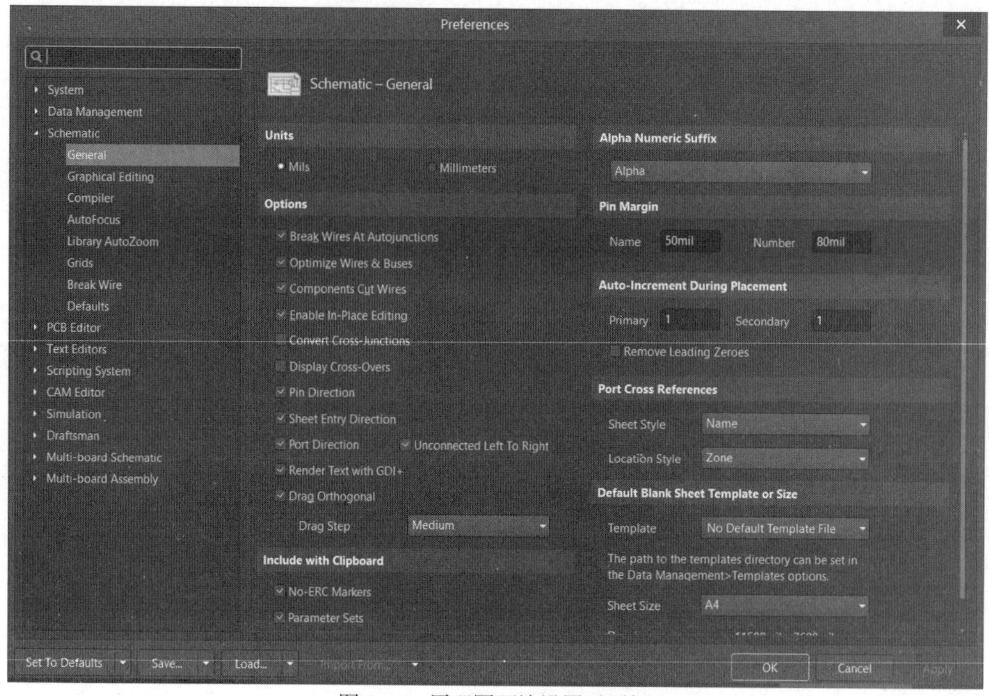

图 2-14　原理图环境设置对话框

原理图环境设置对话框的选项卡有通用(General)选项卡、图形编辑(Graphical Editing)选项卡、网格(Grids)选项卡和默认对象(Defaults)设置选项卡，下面分别介绍它们的内容。

1．通用(General)选项卡

通用选项卡如图 2-14 所示，重要参数的功能如下。

(1) Units 参数：设置原理图的长度单位，它有两个选项：Mils 和 Millimeters。Mils 表示微英寸，而 Millimeters 表示毫米。

(2) Enable In-Place Editing 参数：设置是否允许在原理图界面上直接编辑元件的属性信息，默认的设置是允许的。这个参数很重要，如果选中这个参数，可以在原理图上直接修改元件的 Designator 参数和 Value 参数，而不需要打开元件的属性对话框去修改这两个参数，从而节省了时间。

(3) Pin Margin 选项组中的 Name 参数：设置引脚名称距离边界的距离，Number 参数设置引脚号距离边界的距离，这两个参数可以使用默认的设置。

(4) Auto-Increment During Placement 选项组中的 Primary 参数：用于在原理图中放置多个元件时，设置元件标号(Designator)自动增加的数值，这个参数很重要。在原理图中，经常需要放置多个标号递增的元件，例如 R1、R2、…、R10 等，使用这个参数能够实现在放置元件时元件标号的自动增加，而不需要去修改每个元件的标号。

(5) Sheet Size 参数：设置原理图图纸默认的大小。

(6) Alpha Numeric Suffix 参数：设置具有多个部分的元件中各个部分后缀的表示方法。有

的元件比较简单，只有一个部分；而有的元件比较复杂，具有多个部分。Alpha Numeric Suffix 有三个选项：Alpha、Numeric, separated by a dot '.'和 Numeric, separated by a colon ':'。Alpha 选项表示元件中各个部分的后缀使用字母表示；Numeric, separated by a dot '.'选项表示元件中各个部分的后缀使用数字表示，间隔符使用句号表示；Numeric, separated by a colon ':'选项表示元件中各个部分的后缀使用数字表示，间隔符使用冒号表示。例如，Miscellaneous Devices.IntLib 库中排阻 Res Pack1 元件具有多个部分，各个部分的后缀如图 2-15 所示。图 2-15(a)部分的后缀使用字母表示，(b)和(c)部分的后缀使用数字表示，(b)和(c)中间隔符分别使用句号和冒号表示。

图 2-15　元件各个部分后缀的表示方法

2．图形编辑(Graphical Editing)选项卡

图形编辑选项卡如图 2-16 所示，重要参数的功能如下。

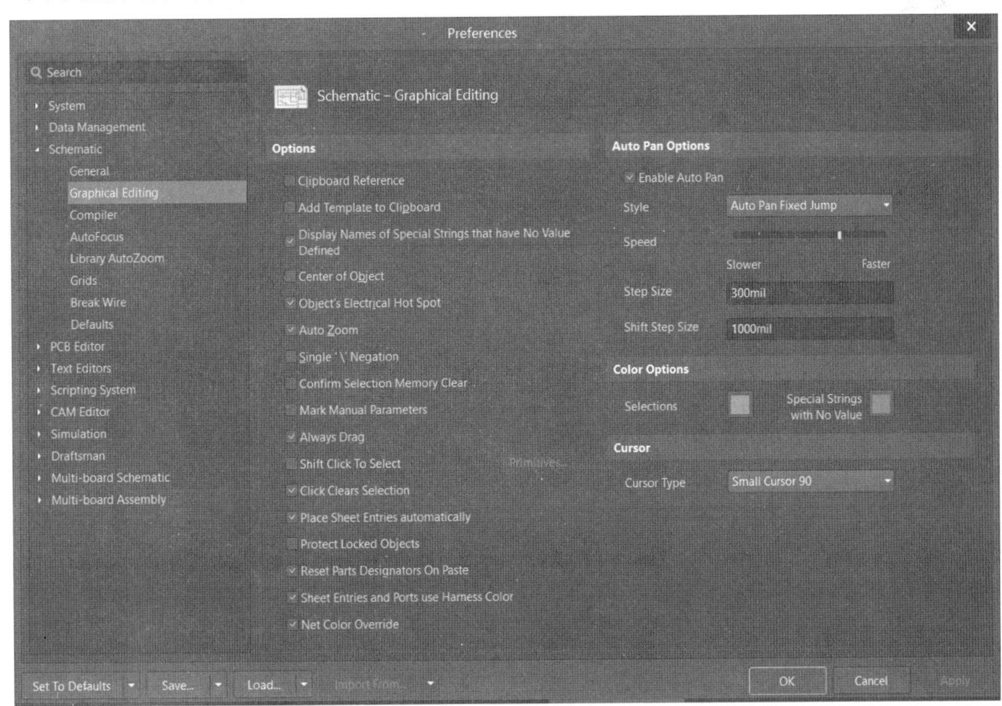

图 2-16　图形编辑选项卡

(1) Clipboard Reference 复选框：设置复制的方式。如果选中此复选框，当复制被选择的元件时，鼠标会变为十字的形状，此时单击被选择的元件，才能够完成复制操作；如果没有选中此复选框，那么当执行复制操作时，会自动复制被选择的元件。

(2) Add Template to Clip board 复选框：设置在执行复制操作时是否复制图纸文件。如果选中此复选框，当执行复制操作时，会把图纸文件复制到 Window 系统的剪贴板；反之，如果没

有选中此复选框，当执行复制操作时，只复制被选择的元件，不会复制图纸文件。

(3) Single '\' Negation 复选框：设置网络名和元件引脚名称低电平有效的表示方法(低电平有效字母的上面有一条横线)。如果选中此复选框，在所有符号的前面加一个符号\就表示低电平有效的信号；反之，如果没有选中此复选框，在每个字母的后面加一个符号\才能够表示低电平有效的信号。

(4) Auto pan Options 选项组：设置在移动元件时屏幕的移动速度。屏幕移动的方式(Style)有三种：Auto Pan Off、Auto Pan Fixed Jump 和 Auto Pan ReCenter。Auto Pan Off 表示禁止移动屏幕；Auto Pan Fixed Jump 表示以固定的间距去移动屏幕；Auto Pan ReCenter 表示以鼠标的位置为中心去移动屏幕。

(5) Speed 选项：设置屏幕移动的速度。

(6) Color Options 选项组中的 Selection 选项：设置被选择的对象的颜色，默认的颜色值是绿色。

(7) Cursor Type 选项：设置鼠标的显示方式，此选项有四种取值：Large Cursor 90、Small Cursor 90、Small Cursor 45 和 Tiny Cursor 45，它们分别表示大十字形状的正交鼠标、小十字形状的正交鼠标、斜 45 度小十字形状的鼠标和斜 45 度特小十字形状的鼠标，如图 2-17 所示。

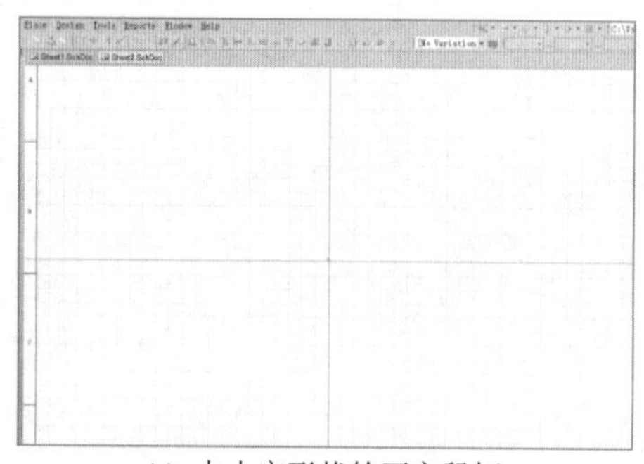

(a) 大十字形状的正交鼠标

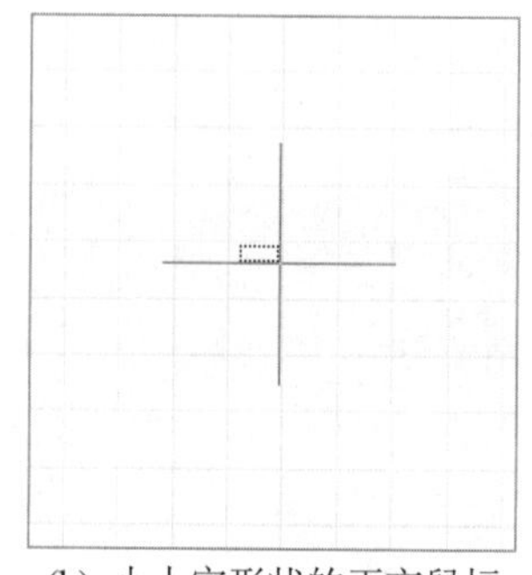

(b) 小十字形状的正交鼠标

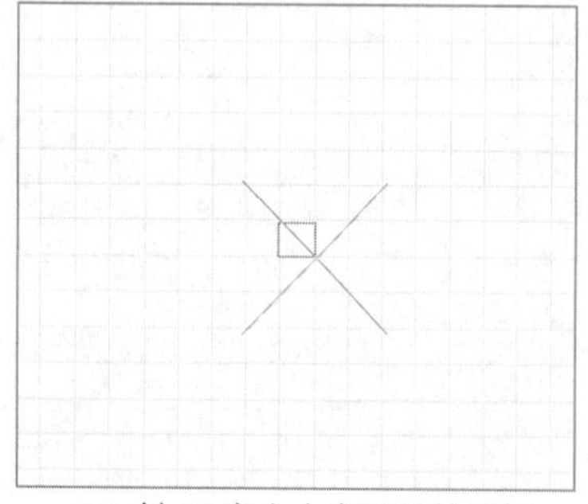

(c) 斜 45 度小十字形状的鼠标

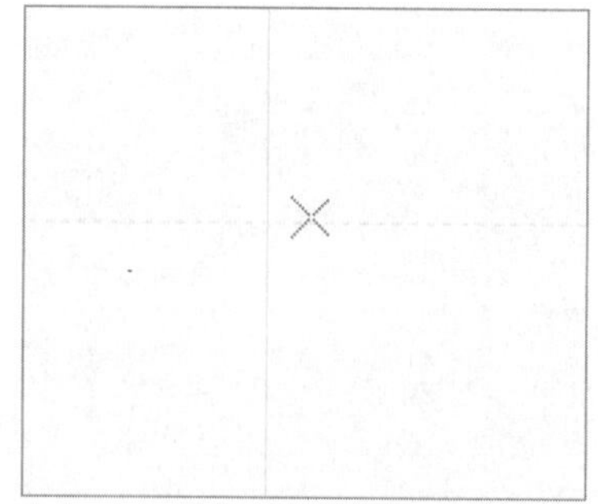

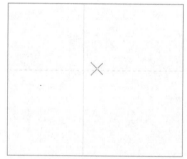

(d) 斜 45 度特小十字形状的鼠标

图 2-17　鼠标的显示方式

3. 网格(Grids)选项卡

网格选项卡如图 2-18 所示，重要参数的功能如下。

(1) Grid 选项：设置可视网格的形状，此选项有两个取值：Line Grid 和 Dot Grid。Line Grid 表示线状形式的栅格；Dot Grid 表示点状形式的栅格。

(2) Grid Color 选项：设置栅格的颜色。

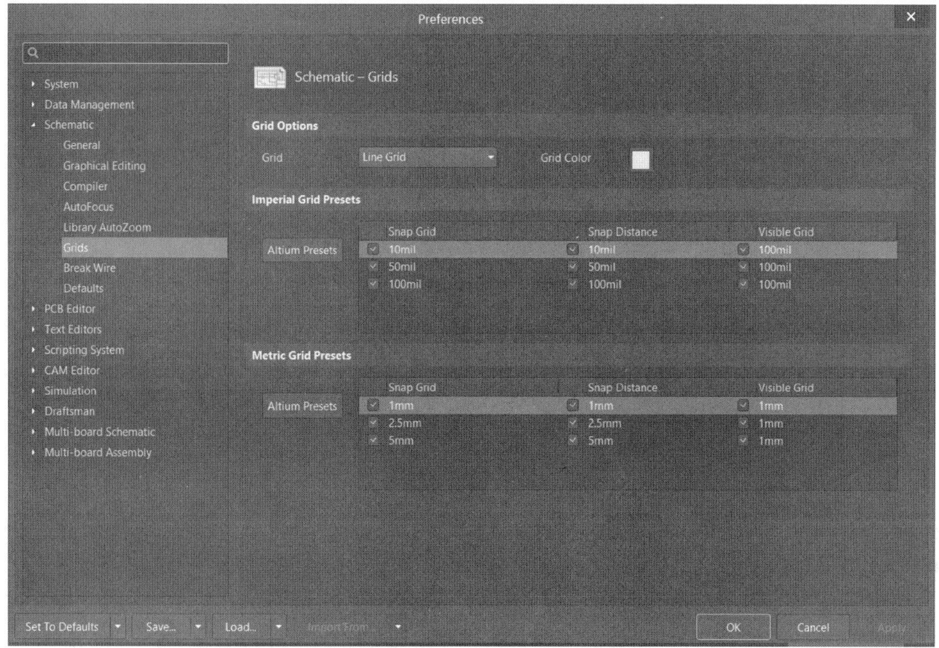

图 2-18　网格选项卡

4．默认对象(Defaults)设置选项卡

默认对象设置选项卡如图 2-19 所示。此选项卡对各种对象的特点进行设置，作为以后的默认设置。此选项卡的各种设置一般不需要改动。

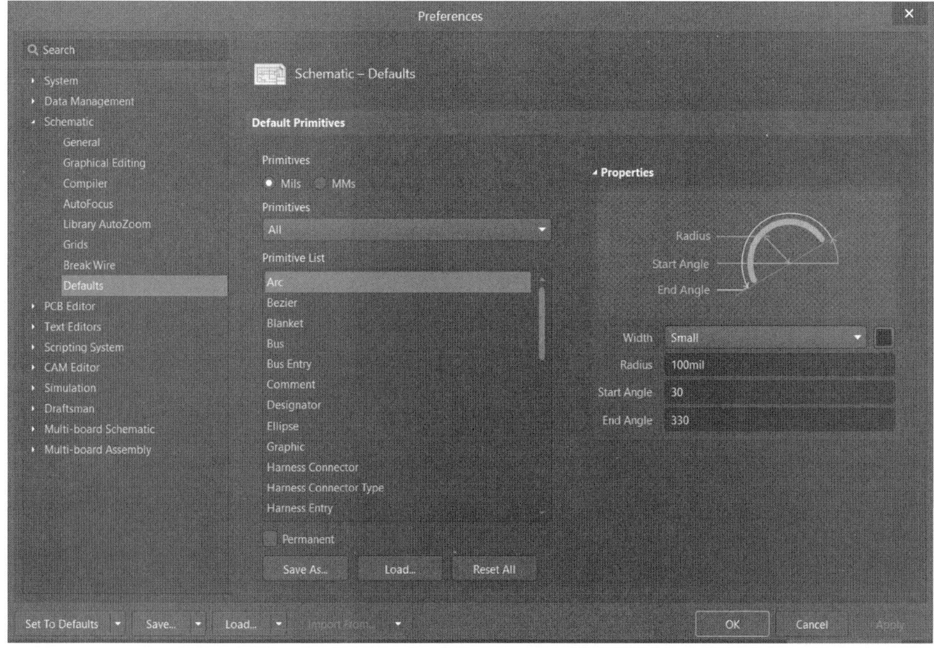

图 2-19　默认对象设置选项卡

2.2.3 加载和卸载原理图元件的库文件

在设计电路原理图之前，必须加载元件所在的库文件，否则就无法调用元件。在原理图设计界面的最右侧会显示 Libraries 按钮，如图 2-20 所示，单击此按钮，就会显示如图 2-21 所示的元件库文件的设置对话框；再次单击该按钮，此对话框就会消失。如果原理图设计界面的最右侧没有显示 Libraries 按钮，选择 View / Panels / Libraries 命令就能够把 Libraries 按钮显示出来。图 2-21 中第二栏的 Miscellaneous Devices.IntLib 表示当前的元件库文件。单击图 2-21 中第二栏右侧向下的箭头，显示已经加载过的元件库文件，此对话框中的 Design Item ID 显示出当前元件库文件所包含的所有元件。

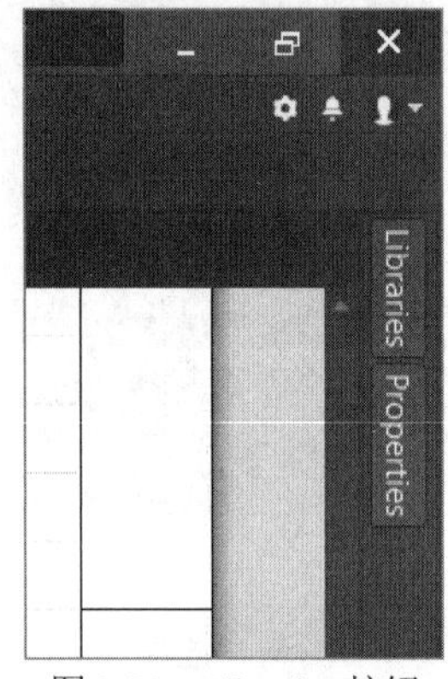

图 2-20　Libraries 按钮

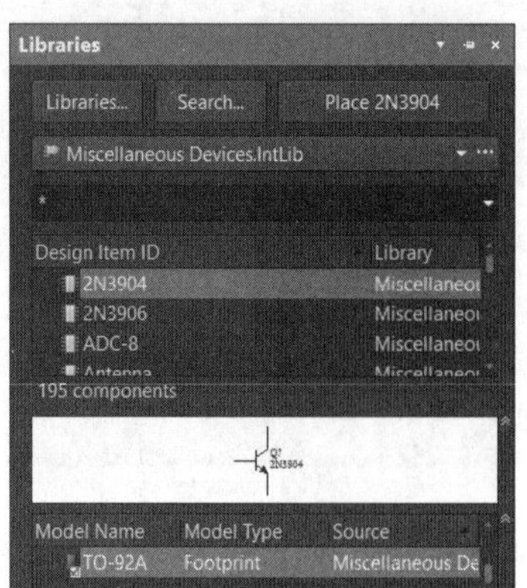

图 2-21　元件库文件的设置对话框

元件库文件的加载有以下两种方法。

(1) 使用 Libraries 按钮完成元件库文件的加载。首先单击图 2-20 中的 Libraries 按钮，弹出如图 2-21 所示的对话框；然后单击图 2-21 第一栏中的 Libraries 按钮，弹出如图 2-22 所示的对话框。下面主要介绍此对话框中的两个重要的选项卡：Project 和 Installed。Project 选项卡如图 2-22 所示，它显示当前项目中包含的元件库文件。Installed 选项卡如图 2-23 所示，它显示已经加载过的元件库文件。在 Installed 选项卡中，使用 Install 按钮加载元件库文件，使用 Remove 按钮卸载元件库文件。

图 2-22　Project 选项卡

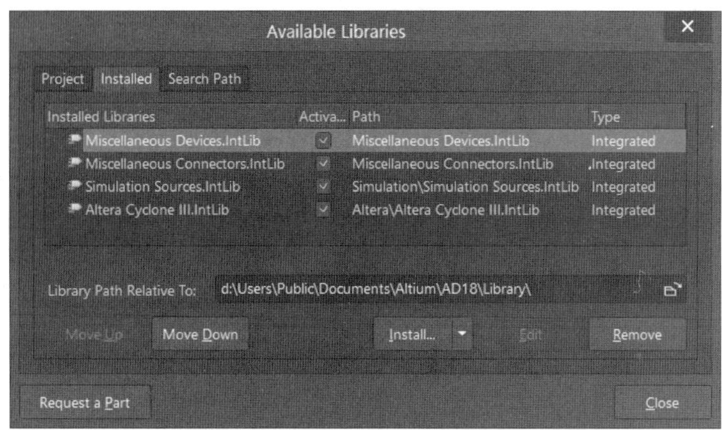

图 2-23　Installed 选项卡

(2) 选择 Design / Browse Library 命令，弹出如图 2-21 所示的对话框，后面的操作过程和第一种方法相同。

常用元件的库文件是 Miscellaneous Devices.IntLib，常用接插件的库文件是 Miscellaneous Connectors.IntLib，这两个库文件所在的目录是 D:\Users\Public\Documents\Altium\AD18 \Library。由于笔者在计算机的 D 盘下安装了 Altium Designer 18 软件，所以上述的目录在 D 盘中。如果在计算机的 C 盘下安装 Altium Designer 18 软件，则上述的目录在 C 盘中。下面有关路径说明的内容均以 D 盘为安装位置进行介绍。接插件又称为接线端子，其作用是连接电路板和其他的设备。接插件的种类有很多，如图 2-24 所示。

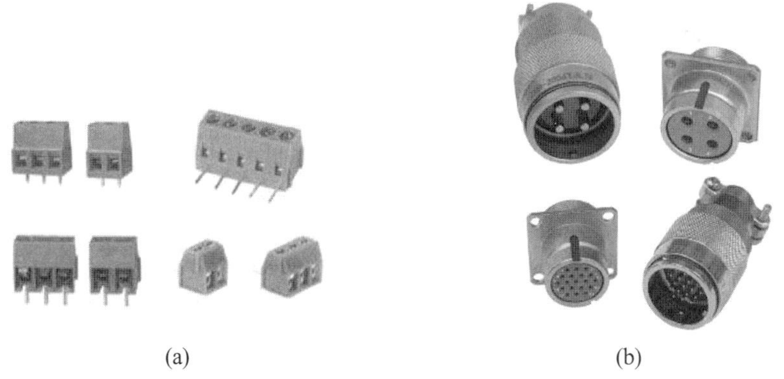

(a)　　(b)

图 2-24　各种类型的接插件

除了 Miscellaneous Devices.IntLib 和 Miscellaneous Connectors.IntLib 这两个元件库文件以外，Altium Designer 18 软件的安装文件还提供了其他的库文件，这些库文件所在的目录为 D:\Users\Public\Documents\Altium\AD18\Library，如图 2-25 所示。

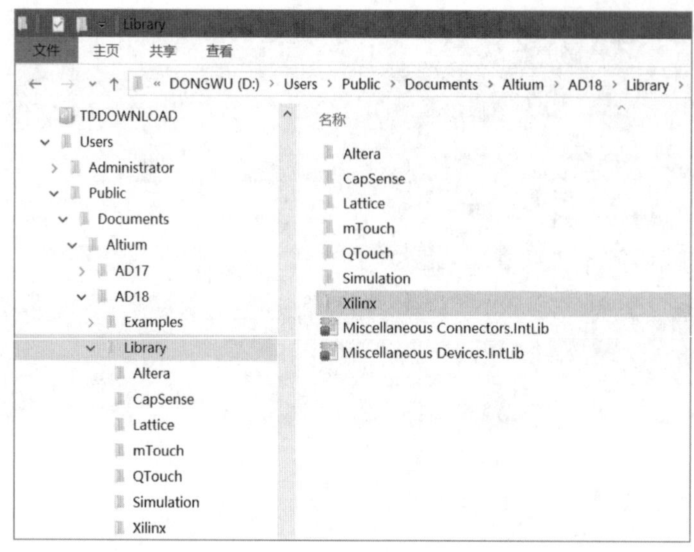

图 2-25　Altium Designer 18 软件自带的元件库文件

2.3 原理图的设计

本节介绍原理图设计的基本方法，包括电气部件的放置方法、层次原理图的设计方法、图形元件的放置方法和原理图的基本操作方法等。

2.3.1 放置原理图的电气部件

1. 放置元件(Part)

1) 元件的放置方法

在原理图中，元件的放置有以下 5 种方法。

(1) 使用原理图右侧的 Libraries 按钮。下面以放置一个电阻为例介绍这种方法的操作步骤。首先单击图 2-20 中的 Libraries 按钮，弹出如图 2-21 所示的对话框；然后，单击图 2-21 对话框中第二栏右侧向下的箭头，选择库文件 Miscellaneous Devices.IntLib；最后，把鼠标放在 Design Item ID 下面的 Res1 元件上，按下鼠标的左键不要松开，把鼠标移动到原理图中，电阻就会出现在原理图中。也可以先选中 Res1，然后把鼠标放在图 2-21 对话框中的 Place Res1 按钮上，按下鼠标的左键不要松开，把鼠标移动到原理图中，电阻就会出现在原理图中。此外，也可以右击 Res1，在弹出的菜单中选择 Place Res1，也能够把电阻放置在原理图中。

(2) 选择 Place / Part 命令，弹出如图 2-21 所示的对话框，剩下的操作步骤和第一种方法相同。

(3) 使用原理图工具栏的 Wiring 图标，如图 2-26 所示。单击图 2-26 中从左算起的第 8 个图标，弹出如图 2-21 所示的对话框，剩下的操作步骤和第一种方法相同。如果原理图的上方没

有显示 Wiring 图标，选择 View / Toolbars / Wiring 命令就能够把 Wiring 图标显示出来。

图 2-26　原理图工具栏的 Wiring 图标

(4) 使用原理图界面正上方的图标，如图 2-27 所示。图 2-27 中的图标一直显示在原理图中，单击图 2-27 中从最左边算起的第 5 个图标，就能够放置元件。

图 2-27　原理图界面正上方的图标

(5) 右击原理图的界面，在弹出的菜单中选择 Place / Part 命令，会弹出如图 2-21 所示的对话框，剩下的操作步骤和第一种方法相同。

在图 2-21 的对话框中，第三栏(也就是 Design Item ID 上面的一栏)是元件筛选栏，默认值是*。*表示通配符，能够在 Design Item ID 中显示出所有的元件。如果希望在 Design Item ID 中只显示所有以 R 字母开头的元件，需要在元件筛选栏中输入 R*。如果已经知道元件的名称，可以在元件筛选栏中输入该元件的名称，那么在 Design Item ID 中就仅仅显示这一个元件。例如，在元件筛选栏中输入 Res1，Design Item ID 就仅仅显示电阻这一个元件。

有的元件只有一个部分，有的元件有多个部分。例如，排阻由多个部分组成，如图 2-28(a)所示。在图 2-21 所示的对话框中，单击排阻元件 Res Pack1 左侧的小三角符号，就会显示出此元件的多个部分，如图 2-28(b)所示，可以把排阻的每个部分拖放到原理图中。

(a) 排阻的实物图

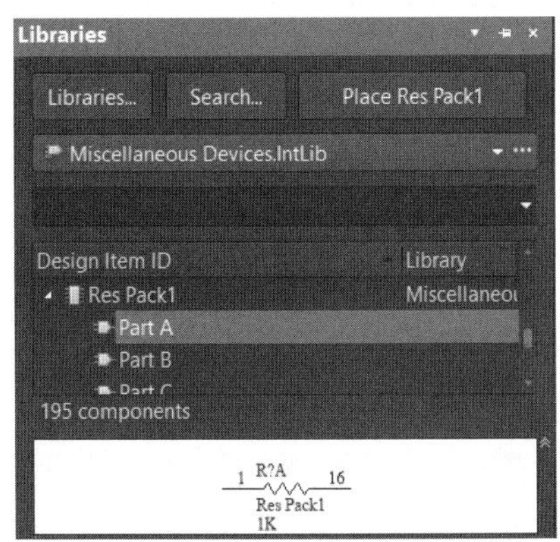

(b) 排阻 Res Pack1 的多个部分

图 2-28　排阻

下面介绍多个元件标号的自动递增技巧。首先，选中 Res1 元件，把鼠标放在图 2-21 对话框中的 Place Res1 按钮上(或者右击 Res1 元件，把鼠标放在弹出菜单的 Place Res1 上)，按下鼠标的左键不松开，把鼠标移动到原理图中，鼠标在原理图中呈现小十字的形状。然后，按下键盘的 Tab 键，弹出电阻的属性对话框，在此对话框中设置电阻的标号(Designator)为 R1，并关掉属性对话框。最后，在原理图中，连续多次单击原理图的界面，就能够放置多个电阻，这些电阻的标号是自动增加的。

2) 在库文件中查找元件的方法

在库文件中查找元件需要使用搜索对话框，该对话框有以下两种打开方法。

(1) 在图 2-21 所示的对话框中单击 Search 按钮，弹出搜索对话框，如图 2-29 所示。

(2) 选择 Tools / Find Component 命令，弹出搜索对话框。

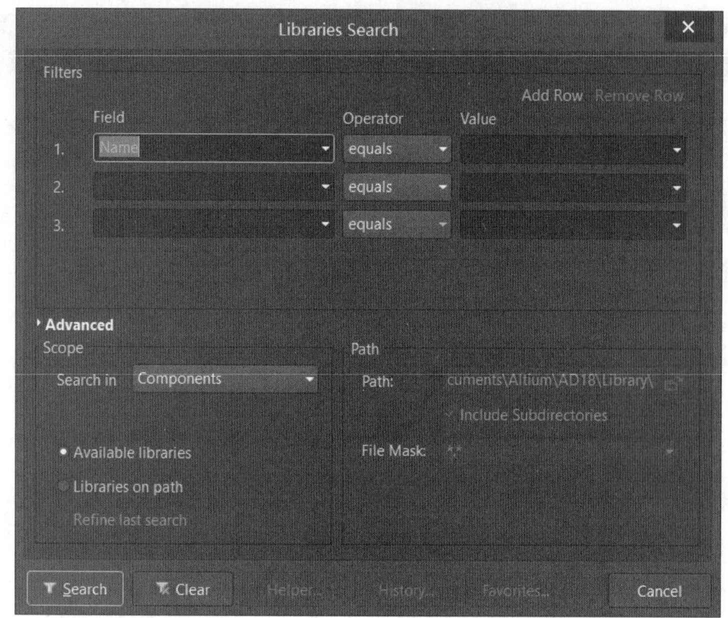

图 2-29　搜索对话框

搜索对话框中一些重要参数的功能如下。

(1) Value 参数：设置要搜索的内容。

(2) Operator 参数：设置搜索时使用的搜索方法，此参数有 4 个选项：equals、contains、starts with 和 ends with。equals 选项表示搜索的结果完全相等于 Value 参数的取值；contains 选项表示搜索的结果包含 Value 参数的取值；starts with 选项表示搜索的结果最开始的内容等于 Value 参数的取值；ends with 选项表示搜索的结果最后的内容等于 Value 参数的取值。

(3) Search in 参数：设置搜索的类别，该参数主要有两个选项：Components 和 Footprints。Components 选项表示对原理图元件的库文件进行搜索；Footprints 选项表示对 PCB 图封装的库文件进行搜索。

(4) Available libraries 参数：表示只对已经加载过的库文件进行搜索。

(5) Libraries on path 参数：表示对 Path 参数中设置的搜索目录所包含的所有库文件进行搜索。

(6) Path 参数：设置搜索的目录。单击 Search 按钮，就开始进行元件的搜索。

举例说明，假设我们不知道电阻元件的名称，但是知道电阻元件的名称中包含 res，那么在搜索对话框中，Operator 参数设置为 contains，Value 参数设置为 Res，Search in 参数设置

为 Components，选中 Libraries on path 参数，不选中 Available libraries 参数，Path 参数设置为 Altium Designer 18 软件安装时自带的库文件所在的路径，即 D:\Users\Public\Documents\Altium\AD18\Library，最后单击 Search 按钮开始进行搜索，搜索的结果如图 2-30 所示。在图 2-30 中，搜索结果有 18 个元件的名称包含 Res，从这些结果中就能很容易地找到电阻元件 Res1。

图 2-30　搜索的结果

3) 修改元件属性的方法

修改元件的属性有以下两种方法。

(1) 在元件的属性对话框中修改元件的属性。

(2) 在原理图上直接修改元件的属性。在原理图上，双击某个元件，弹出该元件的属性对话框，如图 2-31 所示。

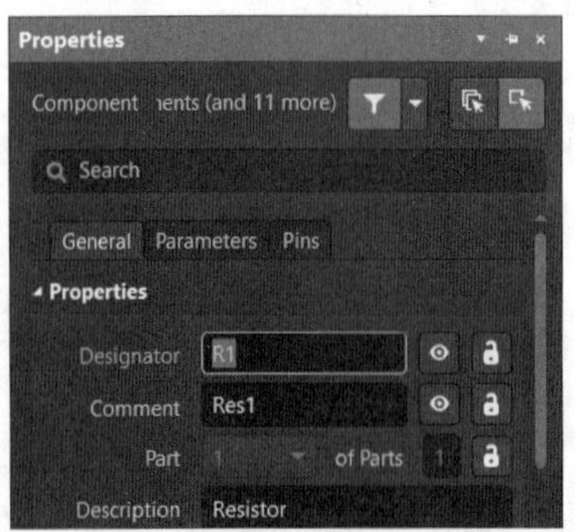

图 2-31　元件属性对话框的 General 选项卡

元件的 Designator、Comment 和 Value 这三个属性的取值会显示在原理图中，如图 2-32 所示。在图 2-32 中，R? 表示 Designator 属性的取值，Res1 表示 Comment 属性的取值，1K 表示 Value 属性的取值。一般来说，Designator 和 Value 这两个属性的取值需要显示在原理图中，Comment 属性的取值不需要显示在原理图中。在电路图上，连续两次单击元件的这三个属性的取值，就可以直接进行修改。要想在原理图上直接修改元件的这三个属性，在图 2-14 中原理图环境设置对话框的 Enable In-Place Editing 参数必须被选中。

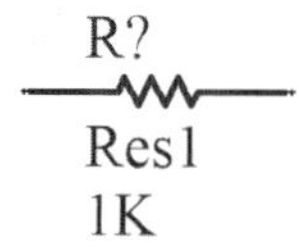

图 2-32　显示在原理图中的元件的三个属性

4) 元件属性的介绍

元件的属性对话框有三个选项卡：General 选项卡、Parameters 选项卡和 Pins 选项卡，如图 2-33 所示，下面介绍此对话框中一些重要的属性，包括 General 选项卡中的 Designator 属性、Comment 属性、Part 属性和 Footprint 属性，还包括 Parameters 选项卡中的 Value 属性和 Pins 选项卡中的 Pin 属性。

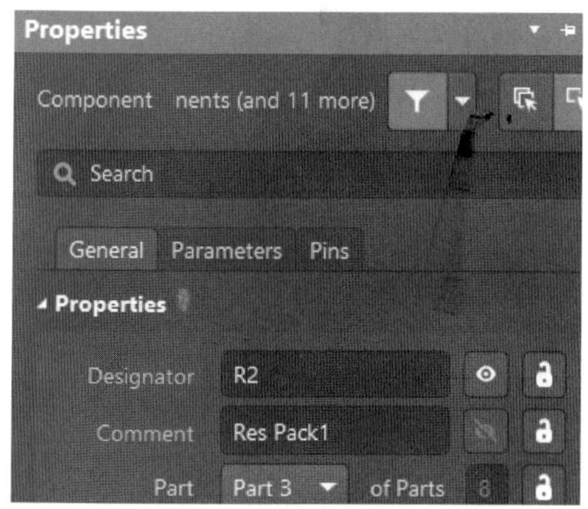

(a) General 选项卡

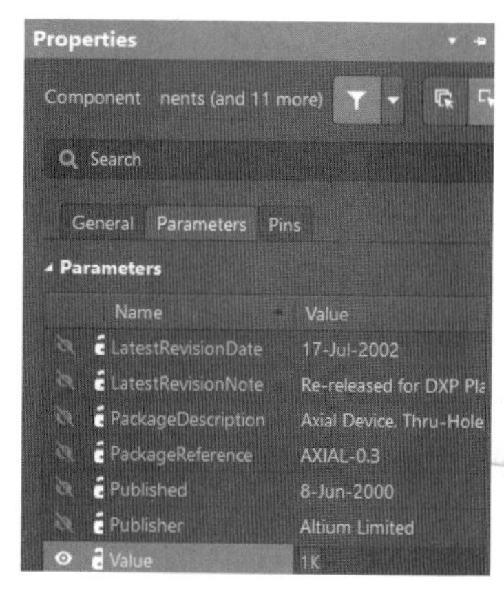

(b) Parameters 选项卡

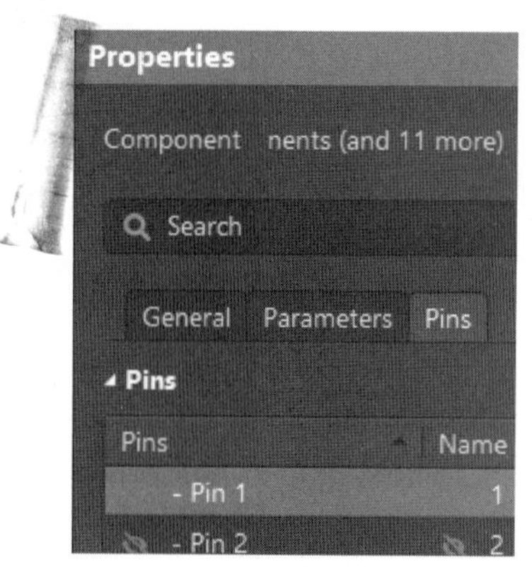

(c) Pins 选项卡

图 2-33　元件属性对话框的三个选项卡

Designator 属性设置元件的标号，该属性需要显示在原理图中。标号是元件的唯一标示，所有元件的标号是不允许重复的。如果两个元件具有相同的标号，那么 Alitum Designer 18 软件会使用红色下画线进行提示。不同类型元件的标号有不同的习惯表示方法。通常来说，电阻的标号使用 R 作为最开始的字母，例如 R1、R2 等；电容的标号使用 C 作为最开始的字母，例如

C1、C2 等；电感的标号使用 L 作为最开始的字母，例如 L1、L2 等；集成电路芯片的标号使用 U 作为最开始的字母，例如 U1、U2 等；二极管的标号使用 D 作为最开始的字母，例如 D1、D2 等；三极管的标号使用 Q 作为最开始的字母，例如 Q1、Q2 等；接插件的标号使用 J 作为最开始的字母，例如 J1、J2 等。

Comment 属性设置元件在元件库文件中的名称。这个属性不需要修改，也不需要显示在原理图上，所以常常隐藏此属性。单击 Comment 属性后面类似于人眼的图标，就能够隐藏此属性。

Part 属性用于具有多个部分的元件。在图 2-31 中，元件 R1 只有 1 个部分。在图 2-33(a)中，元件 R2 有 8 个部分，当前部分是第 3 个部分。

Footprint 属性设置元件的封装，第 3 章会详细讲解此属性。

Value 属性设置元件的属性，此属性需要显示在原理图中。例如，如果电阻的阻值是 1K 欧姆，那么该属性设置为 1K。

在图 2-33(c)Pins 选项卡中，可以直接修改元件引脚的 Designator 属性和 Name 属性，从而不需要修改元件库文件中的元件。元件引脚的 Designator 属性设置引脚的序号，而元件引脚的 Name 属性设置引脚的名称。单击 Pins 选项卡最后一栏中间的修改图标，弹出引脚属性的对话框，如图 2-34 所示。在图 2-34 中，可以修改元件引脚的 Designator 属性和 Name 属性。

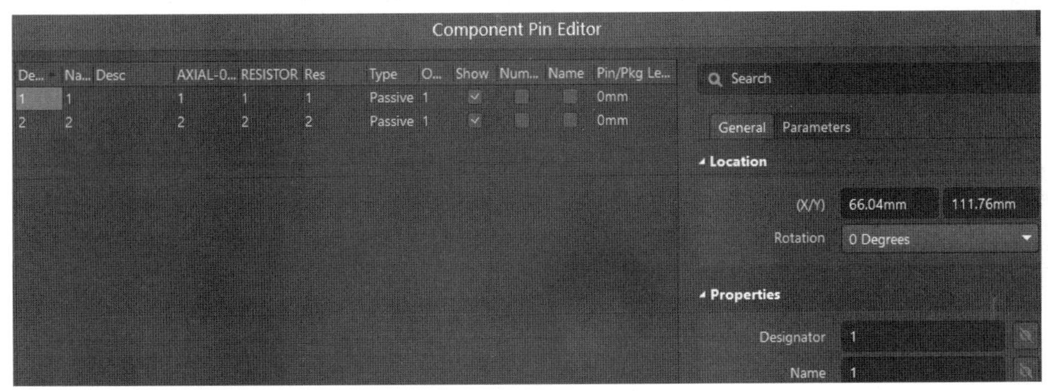

图 2-34　修改元件引脚的 Designator 属性和 Name 属性

Altium Designer 18 软件具有批量修改元件属性的功能，使用此功能能够提高画图效率，节省大量的时间。例如，在画图中，如果需要把多个元件的封装属性设置为相同的值，可以使用以下三个步骤去完成。

(1) 在原理图中选择要修改的所有元件，如图 2-35(a)所示，被选择的元件会显示绿色。

(2) 右击被选择的任意一个元件，弹出的菜单如图 2-35(b)所示。选择图 2-35(b)中的 Find Similar Objects 命令，弹出如图 2-35(c)所示的对话框，把此对话框中的 Selected 参数设置为 Same，单击此对话框的 OK 按钮，弹出如图 2-35(d)所示的对话框。

(3) 把图 2-35(d)对话框的 Footprint 属性设置为 0603，按下键盘的回车键，就能够把所有被选择的多个元件的封装属性设置为 0603。

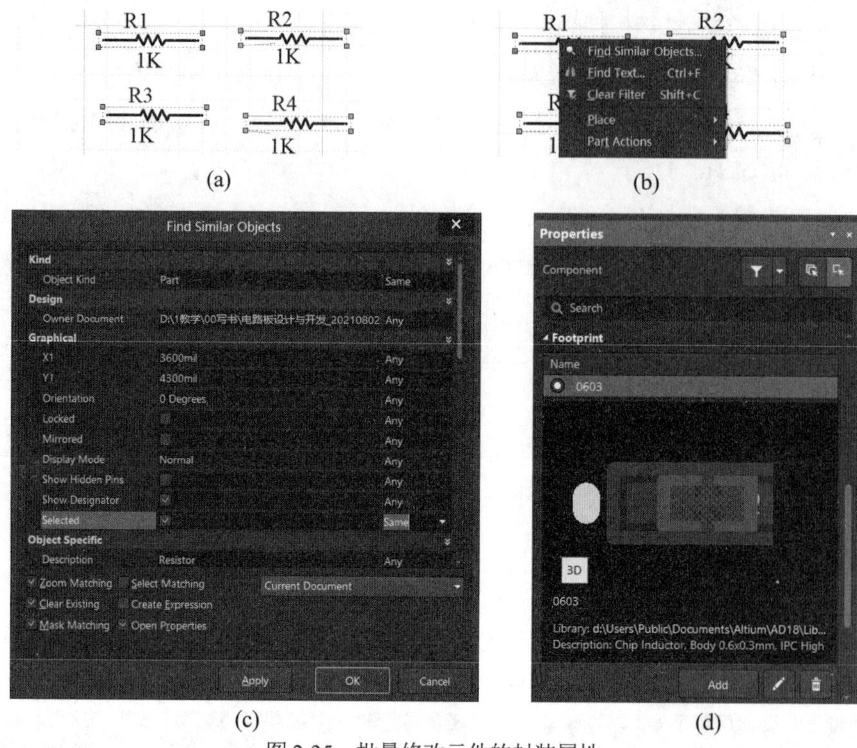

(a) (b) (c) (d)

图 2-35 批量修改元件的封装属性

5) 常用元件的介绍

原理图元件的库文件 Miscellaneous Devices.IntLib 包含常见的电子元器件，例如电阻、电位器、排阻、无极性电容、有极性电容、电感、晶体、普通二极管、发光二极管、NPN 三极管、PNP 三极管、按键、跳线、继电器、保险丝、电机和拨码开关等，如图 2-36 所示。

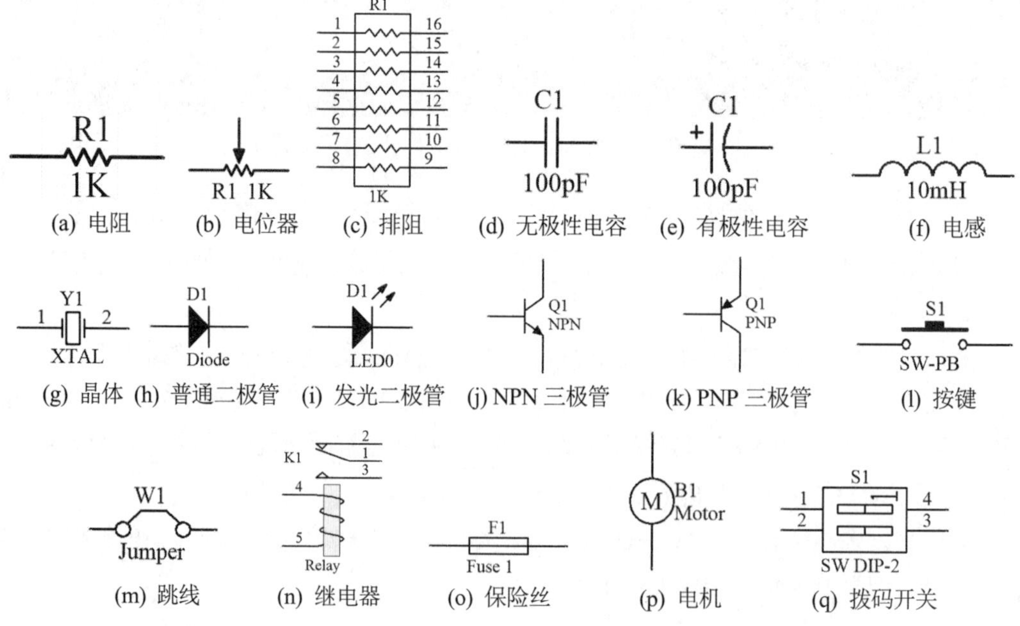

图 2-36 元件库文件 Miscellaneous Devices.IntLib 中常见的各种电子元器件

原理图元件的库文件 Miscellaneous Connectors.IntLib 包含常见的各种类型的接插件，例如 DB9 接插件、2 端子的接插件和 4 端子的接插件等，如图 2-37 所示。

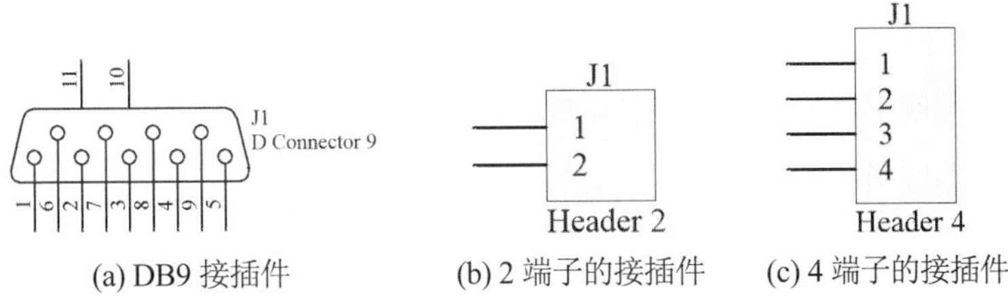

图 2-37　元件库文件 Miscellaneous Connectors.IntLib 中常见的各种接插件

2. 放置电气连接线(Wire)

在原理图中放置完所需要的元件之后，需要放置电气连接线去连接元器件的引脚。如果两个引脚之间有电气连接线，则表明这两个引脚是连接在一起的。

电气连接线有以下三种放置方法。

(1) 选择 Place / Wire 命令。

(2) 单击图 2-26 中从最左边算起的第 1 个图标。

(3) 右击原理图的界面，在弹出的菜单中选择 Place / Wire 命令。

在绘制电气连接线的过程中，鼠标会变为十字的形状，单击原理图的界面确定连线的起点和终点。在画完第一条线后，鼠标继续保持十字的形状，这时可以画第二条线，右击后退出画线状态。

双击电气连接线，弹出电气连接线的属性对话框，如图 2-38 所示。在此属性对话框中，Width 属性设置线的宽度，Width 属性后面的颜色框设置电气连接线的颜色。此对话框中的属性可以使用默认的设置。

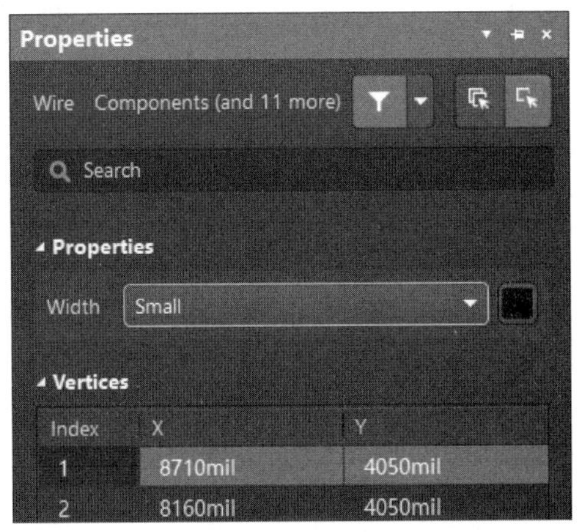

图 2-38　电气连接线的属性对话框

3．放置地网络名(GND Power Port)

Altium Designer 18 软件的网络名分为三种类型：地网络名(GND Power Port)、电源网络名(VCC Power Port)和普通网络名(Net Label)。网络名是设置元器件引脚或电气连接线所在电路网络的名称。如果地网络名或电源网络名放置在元件的引脚上或电气连接线上，则表明元件的引脚或电气连接线的网络名是地网络名或电源网络名的 Net 属性值。同理，如果普通网络名放置在元件的引脚上或电气连接线上，就表明元件的引脚或电气连接线的网络名是普通网络名的 Net Name 属性值。只要地网络名的 Net 属性、电源网络名的 Net 属性和普通网络名的 Net Name 属性具有相同的取值，Altium Designer 18 软件就认为它们是连接在一起的。

地网络名有以下三种放置方法。

(1) 单击图 2-26 中绘制工具栏的地网络名图标(从左边算起的第 6 个图标)，鼠标变为小十字的形状，单击原理图的界面，在原理图上放置地网络名，右击后退出放置状态。

(2) 使用图 2-27 中从最左边算起的第 7 个图标。

(3) 选择 Place / Power Port 命令放置地网络名。

双击地网络名，弹出它的属性对话框，如图 2-39 所示。

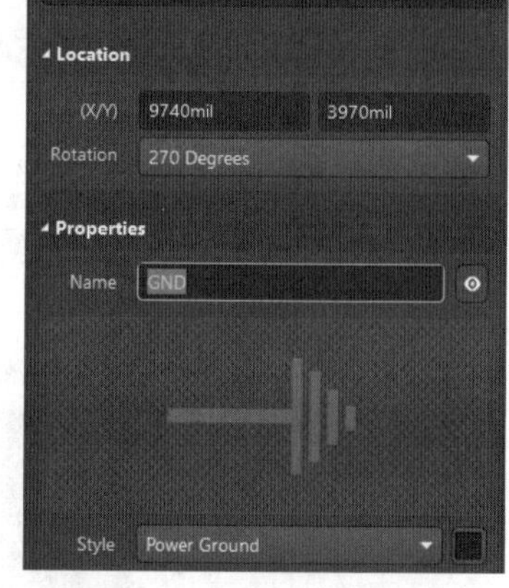

图 2-39　地网络名的属性对话框

图 2-39 中 Name 属性、Rotation 属性和 Style 属性的功能介绍如下。

(1) Name 属性：设置网络的名称，常用的地网络名是 GND。有的复杂电路中既有模拟电路，又有数字电路，那么模拟电路和数字电路使用不相同的地网络名。模拟电路的地称为模拟地，通常使用 AGND 表示；数字电路的地称为数字地，通常使用 DGND 表示。Name 属性右边类似于人眼的图标设置是否在原理图中显示 Name 属性的值。

(2) Rotation 属性：设置地网络名旋转的角度。

(3) Style 属性：设置地网络名的形状，它的取值包括 Power Ground、Signal Ground 和 Earth。Power Ground 通常表示功率地，Signal Ground 通常表示信号地，而 Earth 通常表示地球大地，如图 2-40 所示。

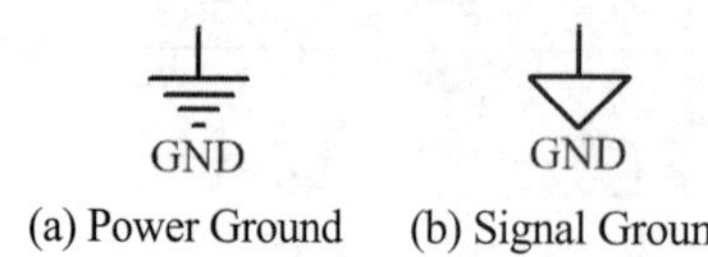

(a) Power Ground　(b) Signal Ground　(c) Earth

图 2-40　地网络名 Style 属性的三种取值

4．放置电源网络名(VCC Power Port)

电源网络名有以下两种放置方法。

(1) 单击图 2-26 中绘制工具栏的电源网络名图标(从最左边算起的第 7 个图标)，鼠标变为小十字的形状，单击原理图的界面，在原理图上放置电源网络名，如图 2-41 所示，右击后退出放置状态。

图 2-41　电源网络名

(2) 选择 Place / Power Port 命令放置电源网络名。

双击电源网络名，弹出它的属性对话框，如图 2-42 所示。下面说明此对话框中的 Name 属性和 Style 属性的功能。Name 属性通常设置为 VCC。一般来说，VCC 通常表示+5V 的电源。在电路板中，电源还有其他很多种类型，例如 24V、+15V、−15V、+12V、−12V、+5V、−5V、3.3V、2.5V、1.9V、1.8V 和 1.2V 等。Style 属性通常设置为 Bar。

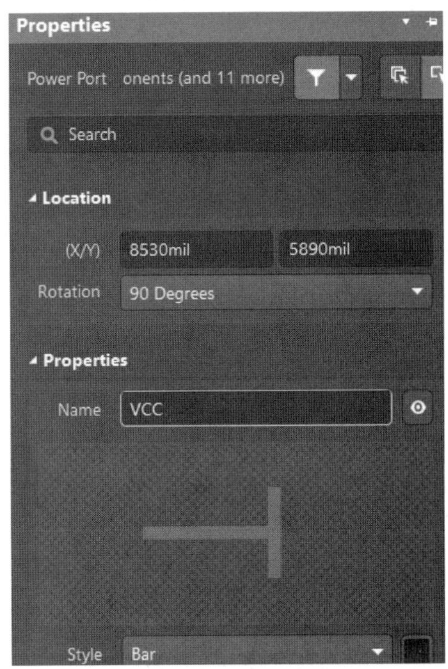

图 2-42　电源网络名的属性对话框

此外，可以使用工具栏中的 Utilities 图标放置电源网络名和地网络名，如图 2-43(a)所示。单击图 2-43(a)中从最左边算起的第 3 个图标右侧向下的箭头，弹出如图 2-43(b)所示的多个菜单，使用这些菜单可以放置各种类型的电源网络名和地网络名。如果原理图的上方没有显示 Utilities 工具栏，选择 View / Toolbars / Utilities 命令把 Utilities 图标显示出来。

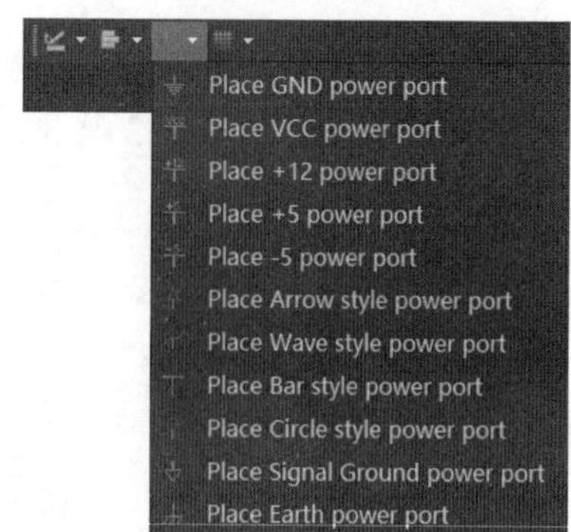

(a) Utilities 图标

(b) 电源网络名和地网络名

图 2-43 使用 Utilities 图标放置地网络名和电源网络名

5．放置普通网络名(Net Label)

把普通网络名放置在元件的引脚上或电气连接线上，表示元件引脚所在的网络名称或电气连接线所在的网络名称。普通网络名有以下两种放置方法。

(1) 选择 Place / Net Label 命令，鼠标变为十字的形状，在原理图上单击就能够放置普通网络名，右击后退出放置状态。

(2) 使用图 2-26 中工具栏从最左边算起的第 5 个图标，放置普通网络名。

双击原理图中的普通网络名，弹出它的属性对话框，如图 2-44 所示。图 2-44 中的 Net Name 属性设置网络的名称，网络名可以是任意长度的字符串。除了从属性对话框中修改网络的名称外，还能够直接在原理图上修改网络的名称。在原理图上，连续两次单击普通网络名，就可以对普通网络名进行修改。

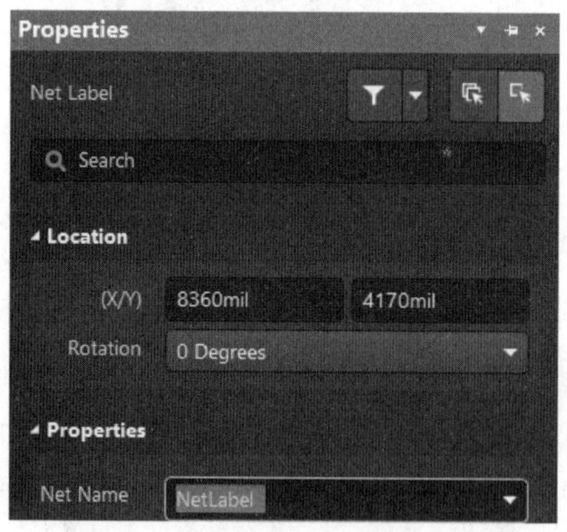

图 2-44 普通网络名的属性对话框

在放置普通网络名时，要注意普通网络名的位置。普通网络名的左下角必须放置在导线的中间位置或导线的末端，也可以放置在元器件引脚的末端，不能放置在其他位置。图 2-45(a)和(b)给出了普通网络名常见的两种放置方法。图 2-45(c)和(d)给出了普通网络名各种类型的正确放置方法和错误放置方法。

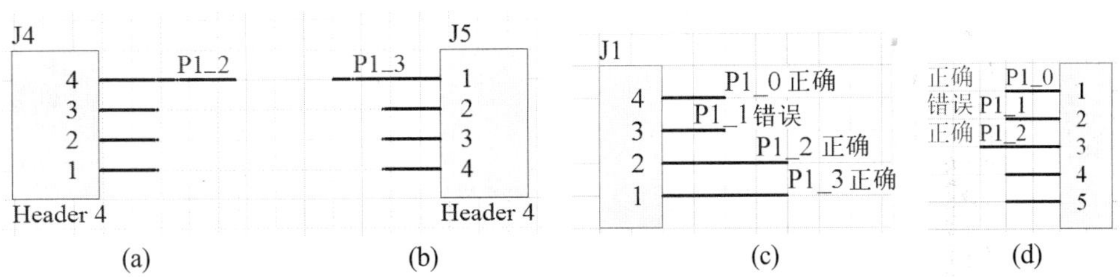

图 2-45　普通网络名的放置方法

Altium Designer 18 软件规定具有相同网络名的元件引脚和电气连接线在电气上是连接在一起的。在原理图中，表示元件引脚连接在一起有以下两种方法。

(1) 使用电气连接线(Wire)把两个引脚连接在一起，如图 2-46(a)所示。这种方法适合于两个引脚距离比较近的情况。

(2) 在两个引脚上都放置相同的普通网络名(或地网络名、电源网络名)，如图 2-46(b)所示。这种方法适合于在原理图中两个引脚距离比较远的情况。

(a) 在两个引脚之间放置电气连接线　　(b) 在两个引脚之间放置相同的普通网络名

图 2-46　两个引脚的连接方法

在绘制原理图时，经常使用多个连续递增的网络名，例如地址线的网络名 A0~A7、数据线的网络名 D0~D7 等。如果逐个修改网络名的名称，会非常浪费时间，这种情况下可以使用 Altium Designer 18 软件网络名的自动递增功能。首先，单击普通网络名图标后，按下键盘的 Tab 按键，弹出网络名的属性对话框，设置该对话框中 Net Name 属性为 A0，按下回车键；然后，在原理图上不断地单击，就能够连续放置多个自动递增的网络名。

也可以使用普通网络名表示地网络名和电源网络名，只需要把普通网络名的 Net Name 属性设置为相应的地网络名(即 GND)或电源网络名(即 VCC)就可以了。

6. 放置总线(Bus)

总线的放置有以下两种方法。

(1) 选择 Place / Bus 命令，鼠标变为十字的形状，单击原理图的界面确定总线的起点和终点，右击就表示画完了第一条线，下面开始画第二条线。连续两次右击，退出总线的放置状态。

(2) 单击图 2-26 中从最左边算起的第 2 个图标放置总线。

双击总线，弹出总线的属性对话框，如图 2-47 所示。在图 2-47 中，Width 属性设置总线的宽度，它有 4 个取值：Smallest、Small、Medium 和 Large。Width 属性后面的颜色图标设置总线的颜色。这两个属性都可以使用默认的设置。

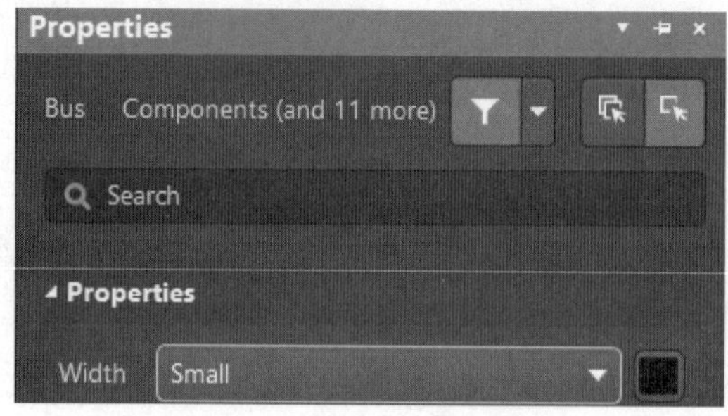

图 2-47　总线的属性对话框

7．放置总线分支(Bus Entry)

总线分支有以下两种放置方法。

(1) 选择 Place / Bus Entry 命令，鼠标变为小十字的形状，单击原理图的界面放置总线分支，右击后退出放置状态。

(2) 单击图 2-26 中从最左边算起的第 4 个图标放置总线分支。

双击总线分支，弹出它的属性对话框，如图 2-48 所示。使用总线和总线分支的例子如图 2-49 所示。这里要注意总线和总线分支仅仅是一种示意性的连线，还必须使用网络名去描述各部分的连接关系。当然也可以不使用总线和总线分支，直接使用网络名去建立连接关系。

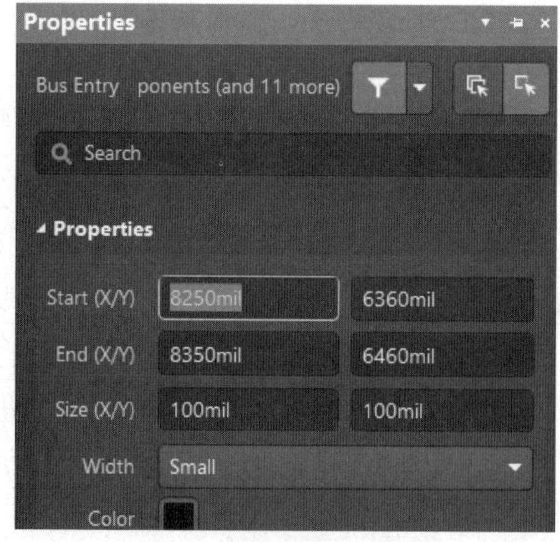

图 2-48　总线分支的属性对话框

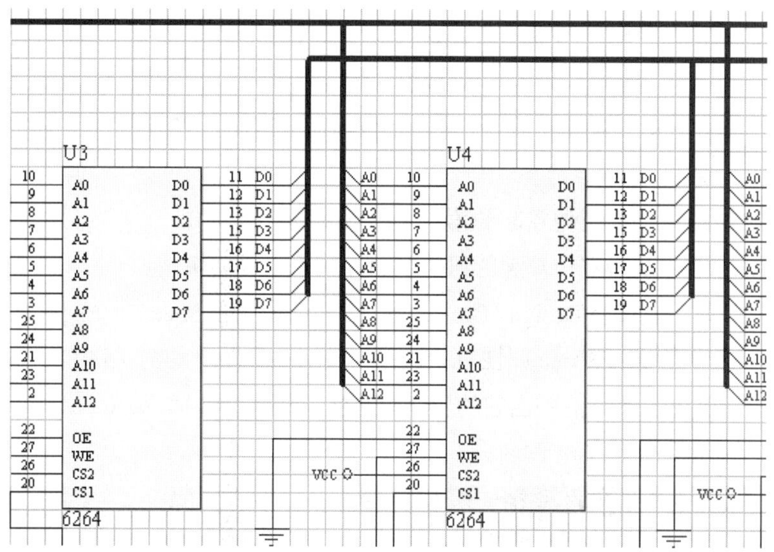

图 2-49　使用总线和总线分支的例子

2.3.2　层次原理图的设计

对于大规模的电路，需要从功能、人员、空间和时间上考虑，把整个电路按功能划分成多个功能模块，再对每一个功能模块画一张原理图，如图 2-50 所示。例如，把一个电子系统分为电源模块、传感器模块、输出模块、CPU 模块、高压模块、继电器模块、电机模块和网络接口模块等。电路图的模块化设计方法可以大大提高设计效率和设计速度。

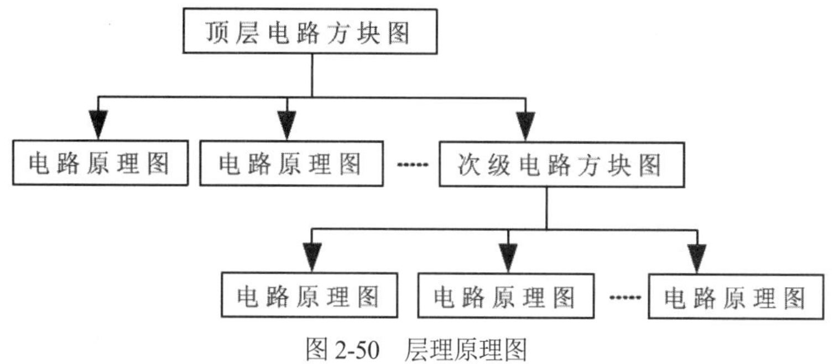

图 2-50　层理原理图

层次原理图有两种设计方法，下面分别进行介绍。

1. 层次原理图的第一种设计方法

这种设计方法只使用电路模块(sheet symbol)这一个对象，如图 2-51 所示。在这种方法中，各个原理图中只要引脚或电气连接线的网络名相同，就表示它们是连接在一起的。这种方法适用于小型项目的电路图设计。

这种设计方法有以下两个步骤。首先，绘制所有底层原理图的电路图；其次，在高层原理图上放置和底层原理图相关联的电路模块。

电路模块放置在高层原理图中，表示多个原理图之间的层次关系。电路模块有以下 4 种放置方法。

(1) 选择 Place / Sheet Symbol 命令，鼠标变为十字的形状，单击原理图的界面放置电路模块，右击后退出放置状态。

(2) 使用图 2-26 中从最左边算起的第 9 个图标放置电路模块。

(3) 使用图 2-27 中从最左边算起的第 9 个图标放置电路模块。

(4) 在高层原理图上选择 Design / Create Sheet Symbol From Sheet 命令放置电路模块，这种方法生成的电路模块的 File Name 属性自动设置为底层原理图文件的文件名。

单击原理图中的电路模块，弹出它的属性对话框，如图 2-52 所示。在图 2-52 中，File Name 属性设置为底层原理图文件的文件名。

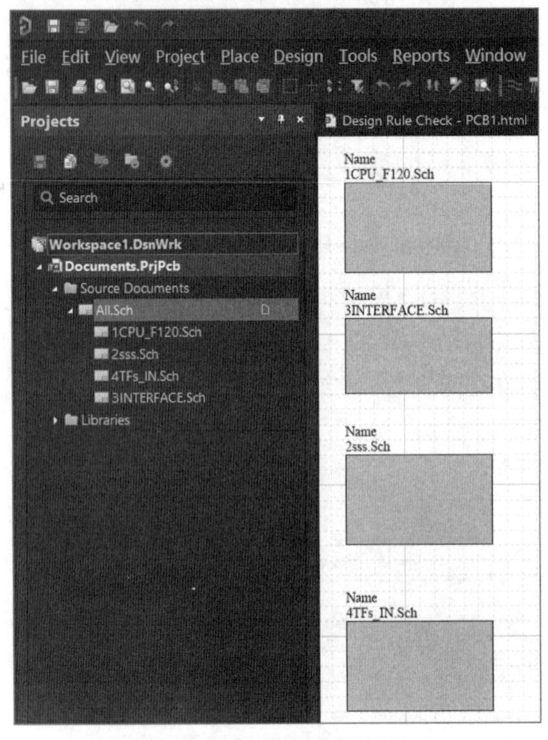

图 2-51　层次原理图的例子

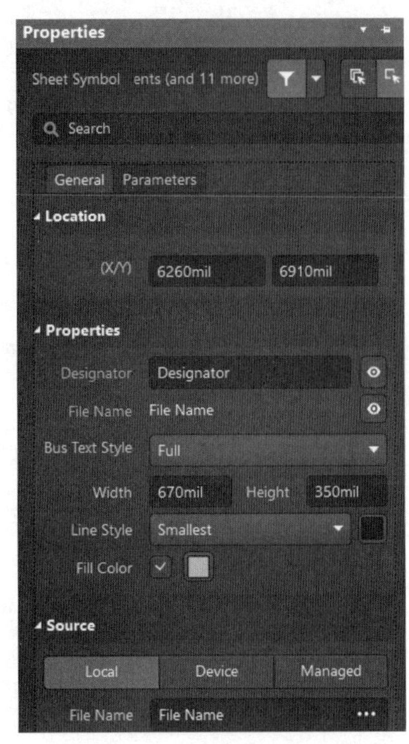

图 2-52　电路模块的属性对话框

2. 层次原理图的第二种设计方法

这种方法使用 3 个对象：电路模块(sheet symbol)、端口(port)和模块端口(sheet entry)。这种方法使用端口和模块端口进行各个原理图之间的信号连接，适用于大型项目的电路图设计。在高层原理图上放置电路模块和模块端口，如图 2-53 所示；在底层原理图上放置端口，如图 2-54 所示。

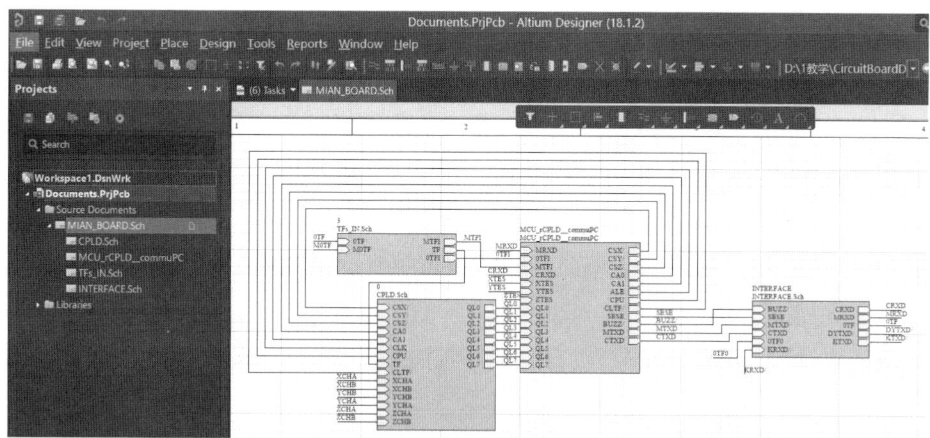

图 2-53　高层原理图

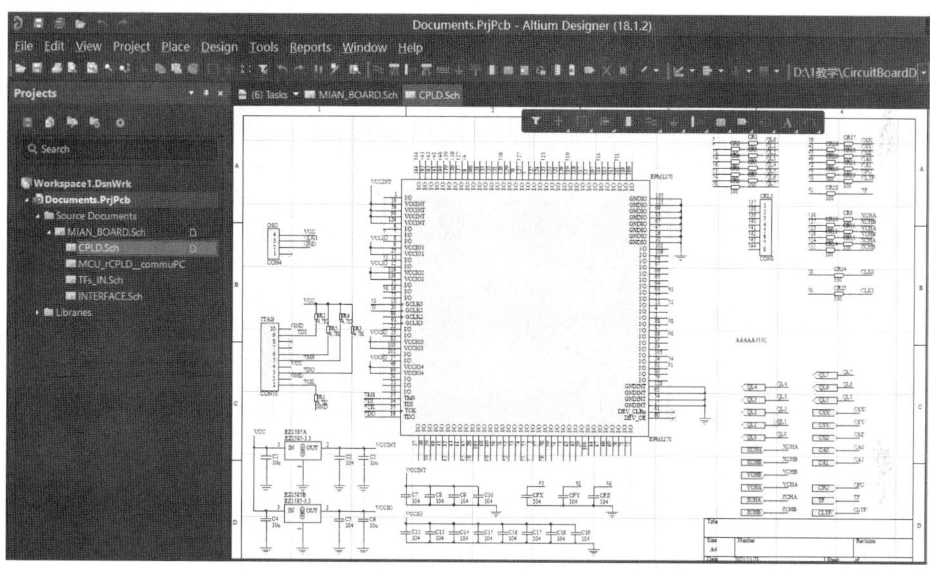

图 2-54　底层原理图

1) 设计步骤

具体来说，这种方法可以分为自底向上的设计和自顶向下的设计。

自底向上的设计有以下 4 个步骤。

(1) 先绘制所有底层原理图中的电路图。

(2) 在底层原理图中，把需要对外连接的网络名使用端口进行连接，如图 2-54 所示。

(3) 在高层原理图上，选择 Design / Create Sheet Symbol From Sheet 命令自动生成和底层原理图相关联的电路模块和模块端口，自动生成的模块端口和底层原理图中的端口具有一一对应的关系。

(4) 在高层原理图上，使用电气连接线把需要连接的模块端口连接在一起，如图 2-53 所示。

自顶向下的设计有以下三个步骤。

(1) 先绘制高层原理图。

(2) 在高层原理图上，放置电路模块和模块端口，并把模块端口之间的连线画好。

(3) 选择 Design / Create Sheet From Sheet Symbol 命令自动生成底层原理图，同时在底层原理图上自动生成端口，自动生成的端口和高层原理图中的模块端口具有一一对应的关系。

(4) 在底层原理图上，完成其他电路的设计。

2) 端口的放置方法

端口放置在底层原理图中，表示此底层原理图的信号和其他原理图的信号具有连接关系。端口有以下三种放置方法。

(1) 选择 Place / Port 命令，鼠标变为小十字的形状，单击原理图的界面放置端口，右击后退出放置状态。

(2) 单击图 2-26 中从最左边算起的第 14 个图标放置端口。

(3) 单击图 2-27 中从最左边算起的第 10 个图标放置端口。

双击端口，弹出端口的属性对话框，如图 2-55 所示。图 2-55 中的 Name 属性设置对外连接的信号的名称。

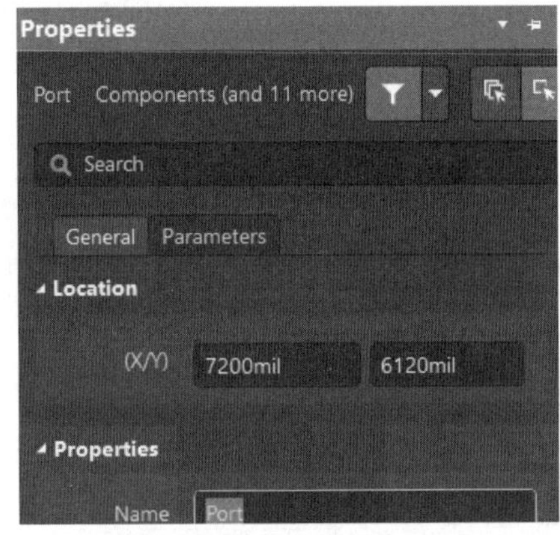

图 2-55　端口的属性对话框

3) 模块端口的放置方法

模块端口放置在高层原理图中电路模块的内部，每一个模块端口对应着底层原理图中的一个端口，这里的底层原理图指模块端口所在的电路模块的 File Name 属性所表示的原理图。模块端口有以下两种放置方法。

(1) 选择 Place / Sheet Entry 命令，鼠标变为小十字的形状，单击电路模块的内部放置端口，右击后退出放置状态。

(2) 单击图 2-26 中从最左边算起的第 10 个图标放置模块端口。

双击模块端口，弹出它的属性对话框，如图 2-56 所示。图 2-56 中的 Name 属性设置为底层原理图中所对应端口的名称。

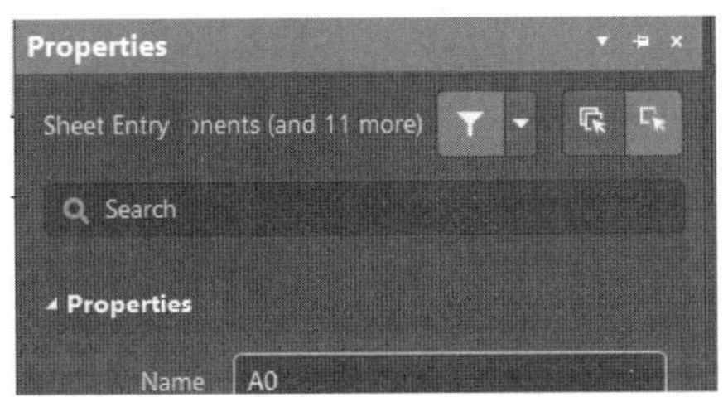

图 2-56　模块端口的属性对话框

在完成层次原理图的设计之后，选择 Project / Compile PCB project Test0.PrjPcb 命令，能够在项目面板中显示出层次关系，如图 2-57(a)所示。在图 2-57(a)中，Sheet1.SchDoc 表示高层原理图，单击文件名 Sheet1.SchDoc 左侧的三角形，显示出底层原理图，如图 2-57(b)所示。

(a)

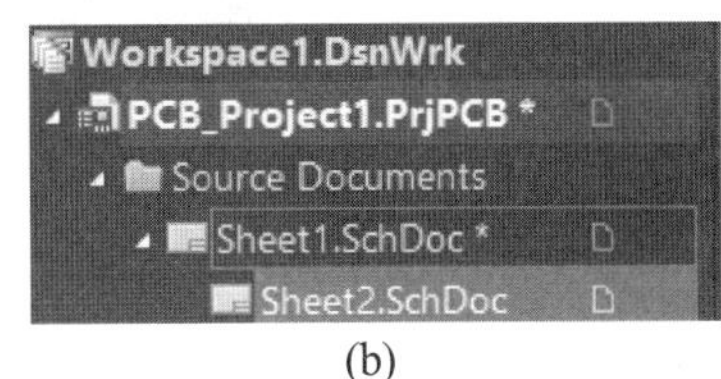

(b)

图 2-57　层次原理图的层次关系

选择 Tools / Up Down Hierarchy 命令，鼠标变为小十字的形状，单击高层原理图的电路模块，会自动跳转到此电路模块所对应的底层原理图中。

2.3.3　放置原理图的图形元件

原理图的图形元件没有电气特性，在原理图中放置图形元件和文字的目的是使原理图更加完美、更加容易被理解。

图形元件有以下两种放置方法。

(1) 执行 Place / Drawing Tools 命令，在子菜单中选择所需的图形元件，如图 2-58 所示。

(2) 单击图 2-43(a)中工具栏 Utilities 最左边图标右侧向下的箭头，出现图形元件的图标，如图 2-59 所示。

图 2-58 中的图形元件包括圆弧、圆、椭圆、直线段、实心矩形、圆角矩形、多边形、曲线和图片。在图 2-59 中，还包括单行文本图标和多行文本图标。

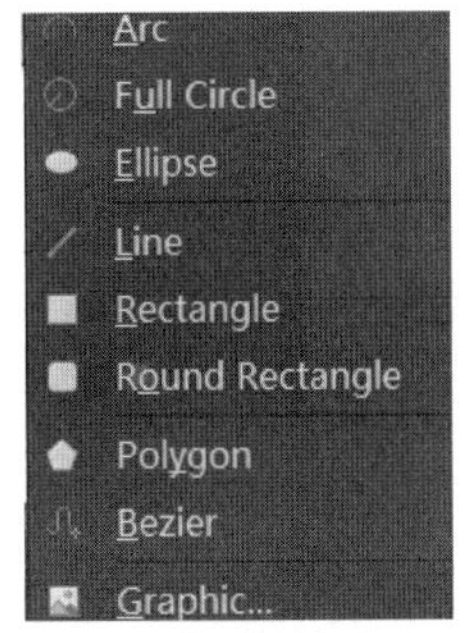

图 2-58　原理图的图形元件

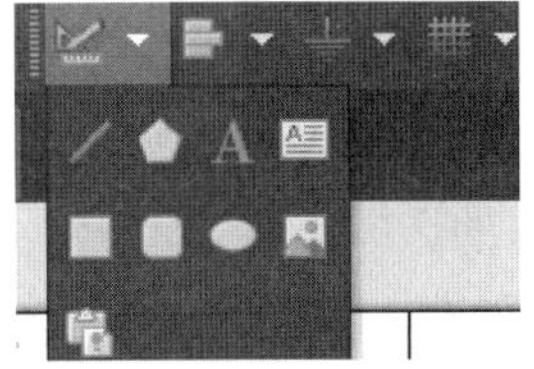

图 2-59　图形元件的图标

单击单行文本图标A，在原理图中放置单行文本。在原理图中，双击单行文本图标，弹出它的属性对话框，如图 2-60 所示。

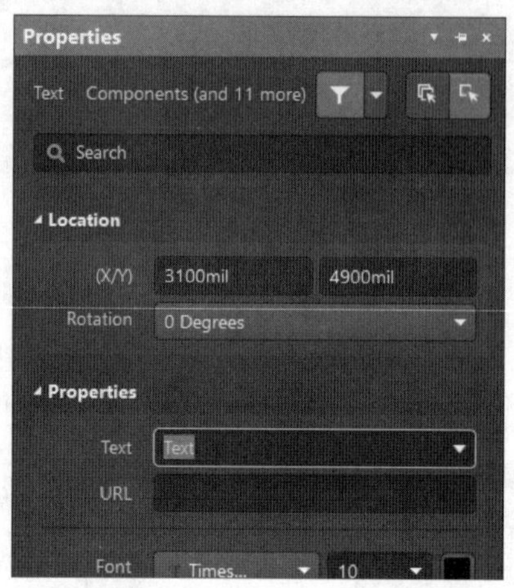

图 2-60　单行文本的属性对话框

单行文本的内容有以下两种修改方法。第一种方法是修改图 2-60 属性对话框中的 Text 属性。第二种方法在原理图上连续两次单击单行文本图标，可直接修改单行文本的内容。使用图 2-60 中的 Font 属性，可修改文本内容的字体类型、字体大小和字体的颜色。

2.3.4　原理图的基本操作

原理图的基本操作包括对象的编辑操作、视图的操作及其他操作等。

1．对象的编辑操作

1) 对象的选择

对象的选择是对象的复制操作、剪切操作和删除操作的基础。只有先选择一个对象或多个对象，才能对选择的对象进行复制操作、剪切操作和删除操作。

在原理图上，单击某个对象，就表示选择了该对象。多个对象的选择分为两种情况：多个对象的位置比较靠近和多个对象分布在原理图的不同位置。如果多个对象靠近在一起，在原理图上按下鼠标的左键不松开，并画一个矩形框，此矩形框把多个对象包围住，那么在矩形框内的多个对象就被选择了。也可以通过 Edit / Select 命令中的子菜单选择对象。如果多个对象分布在原理图的不同位置，按下键盘的 Shift 键不要松开，单击要选择的多个对象，这些对象就被选择了。

在默认的情况下，被选择的对象呈现绿色。在图 2-16 原理图环境设置对话框的图形编辑选项卡中，使用 Color Options 选项组中的 Selections 属性可设置被选择对象的颜色值。

2) 取消对象的选择

单击原理图的空白区域，取消对象的选择。此外，使用 Edit / DeSelect 命令中的子菜单，也能够取消对象的选择。

3) 复制选择的对象

在选择完一个或多个对象之后，同时按下键盘的 Ctrl 键和 C 键，完成被选择对象的复制操作。此外，选择 Edit / Copy 命令也能够完成复制操作。

4) 粘贴选择的对象

在完成复制操作之后，同时按下键盘的 Ctrl 键和 V 键，完成粘贴操作。此外，选择 Edit / Paste 命令也能够完成粘贴操作。

5) 剪切选择的对象

在选择完一个或多个对象之后，同时按下键盘的 Shift 键和 Delete 键，完成被选择对象的剪切操作。此外，选择 Edit / Cut 命令也能够完成剪切操作。

6) 删除选择的对象

在选择完一个或多个对象之后，按下键盘的 Delete 键，删除被选择的对象。选择 Edit / Delete 命令，每次只能删除一个对象。选择 Edit / Clear 命令，能够删除选择的所有对象。

2. 视图的操作

1) 视图的放大和缩小

按下键盘的 Ctrl 键不松开，并向前或向后滚动鼠标的中间键，能够放大或缩小视图。使用键盘的 PgUp 键和 PgDn 键，也能够放大和缩小视图。此外，菜单 View / Zoom In 和 View / Zoom Out 也具有这个功能。

2) 显示整张电路图

选择 View / Fit Document 命令能够显示整张电路图。

3) 显示全部的元件

选择 View / Fit All Objects 命令，显示原理图中全部的元件。组合按键 Ctrl＋PgDn 也具有这个功能。

4) 移动原理图

按下鼠标的右键不松开，并移动鼠标，就能够移动原理图。此外，使用视图上下方向的进度条和左右方向的进度条也能够移动原理图。

3. 重复和取消上一次的操作

选择 Edit / Redo 命令重复上一次的操作。选择 Edit / Undo 命令取消上一次的操作。

4. 旋转原理图中的对象

在按下键盘的空格键之后，鼠标变为小十字的形状，单击原理图中的某个对象，该对象就被翻转 90°。

把鼠标放在原理图的某个对象上，并按下鼠标的左键不松开，此时按下键盘的 X 键可左右翻转该对象，按下键盘的 Y 键可上下翻转该对象。

5. 在原理图中查找元件

选择 Edit / Find Text 命令或使用组合键 Ctrl＋F，弹出查找对话框，如图 2-61 所示。

在查找对话框中，Text To Find 参数设置要查找的内容，Sheet Scope 参数设置查找的范围。Sheet Scope 参数有两个取值：Current Document 和 Project Documents。Current Document 取值表示在当前的原理图中进行查找。Project Documents 取值表示对当前项目中所有的原理图进行查找。

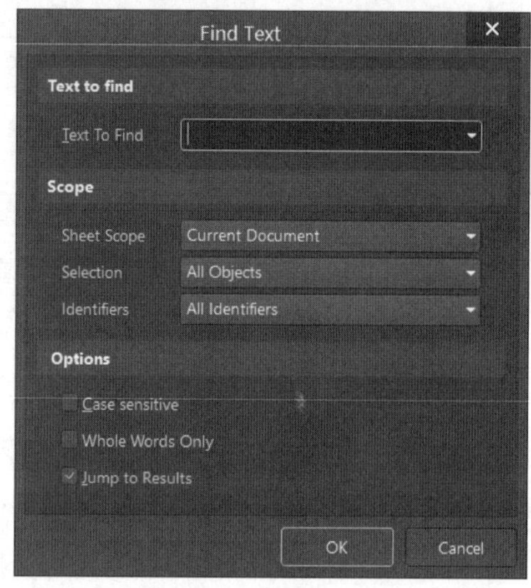

图 2-61　查找对话框

6. 常用的 View 菜单的介绍

下面主要介绍 View 菜单中部分子菜单的功能。Full Screen 子菜单表示在显示器上全屏显示 Altium Designer 18 软件。Status Bar 子菜单表示在 Altium Designer 18 软件的下方显示状态栏。Toggle Units 子菜单表示 Altium Designer 18 软件在 mm 和 mil 这两个单位之间进行相互的转换。

2.4 原理图的处理

本节介绍原理图处理的一些常用操作，包括元件标号的自动标注方法、原理图的电气规则检查方法、原理图封装管理器的使用方法、原理图元件统计信息的方法和原理图 PDF 文件的制作方法等。

2.4.1 元件标号的自动标注

一个电路板项目可能包含多个原理图，Altium Designer 18 软件规定这些原理图中每个元件的标号是唯一的，是不允许重复的。如果一个电路板项目中元件的数量很少，可以使用人工标注。但是，如果一个电路板项目有很多的元件，人工标注存在以下两个缺点。第一，人工标注很容易出现重复标号的情况；第二，人工标注需要花费很多的时间。所以，在这种情况下，需要使用 Altium Designer 18 软件的自动标注功能。选择 Tools / Annotation / Annotate Schematics 命令，弹出自动标注的对话框，如图 2-62 所示。

自动标注对话框中各个参数的功能如下。Order of Processing 参数设置自动标注的顺序，它的取值有 4 个：Across Then Down、Across Then Up、Up Then Across 和 Down Then Across。Across Then Down 表示按照先从左到右、后由上到下的顺序标注元件的标号。Across Then Up 表示按照先从左到右、后由下到上的顺序标注元件的标号。Up Then Across 表示按照先从下到上、后由左到右的顺序标注元件的标号。Down Then Across 表示按照先从上到下、后由左到右的顺序标注元件的标号。这四种标注顺序如图 2-63 所示。在 Schematic Sheets 参数中，选中需要自动标注的原理图。Start Index 参数设置原理图元件标号的起始值，Suffix 参数设置原理图元件标号的后缀。单击 Reset All 按钮，把所有元件的标号恢复为默认的状态，例如电阻的标号恢复为 R？，电容的标号恢复为 C？。

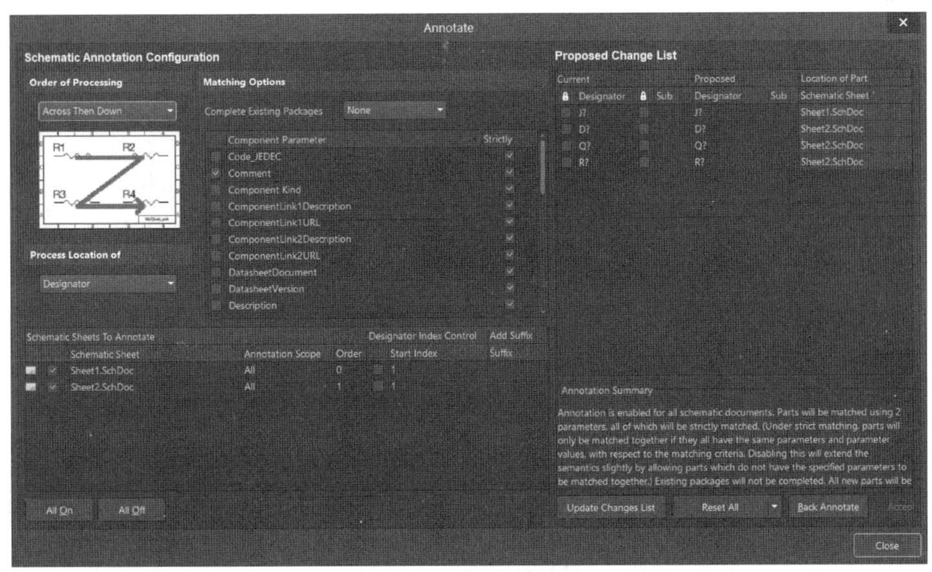

图 2-62　自动标注的对话框

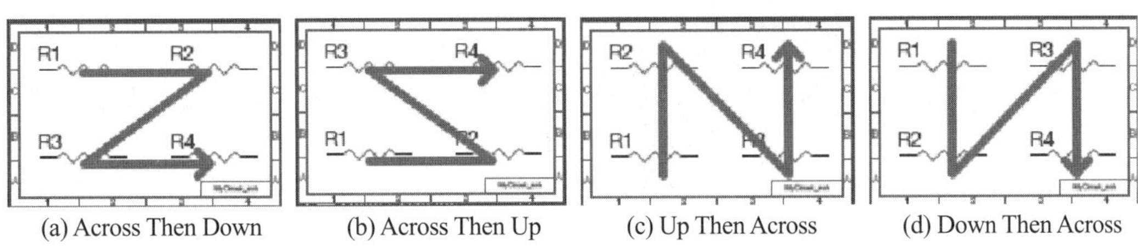

图 2-63　自动标注的四种顺序

在图 2-62 的自动标注对话框中，首先单击 Update Changes List 按钮，按照 Order of Processing

的设置要求自动设置元件的标号；然后单击 Accept Changes 按钮，弹出元件标号改变确认对话框，如图 2-64 所示。

在图 2-64 中，Affected Object 表示原来的标号和改变后的标号，Affected Document 表示标号所在的原理图文件，单击 Execute Changes 按钮完成元件标号的改变。

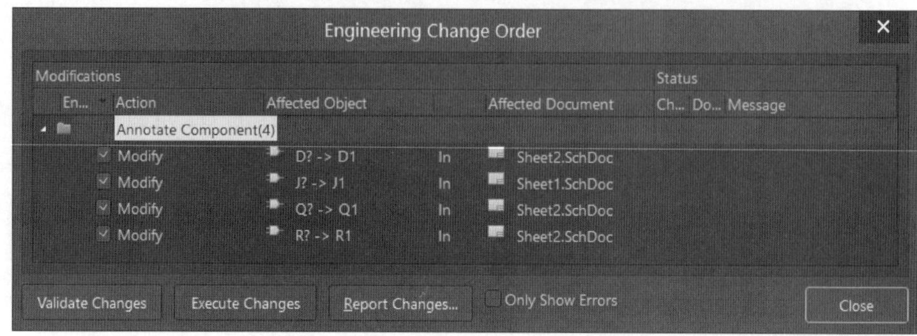

图 2-64　元件标号改变的确认对话框

2.4.2　原理图的电气规则检查

在绘制完电路原理图后，必须检查原理图中的错误。原理图的检查有以下两种方法。

(1) 人工检查原理图中的错误，但人工检查容易出现疏漏。

(2) 使用 Altium Designer 18 软件提供的检查功能自动检查电路连接的合理性。

原理图检查的结果分为两种情况：警告和错误。选择 Project / Project Option 命令，弹出如图 2-65 所示的对话框。图 2-65 中的 Error Reporting 选项卡设置错误、警告各种可能的情况，此选项卡可以使用默认的设置。

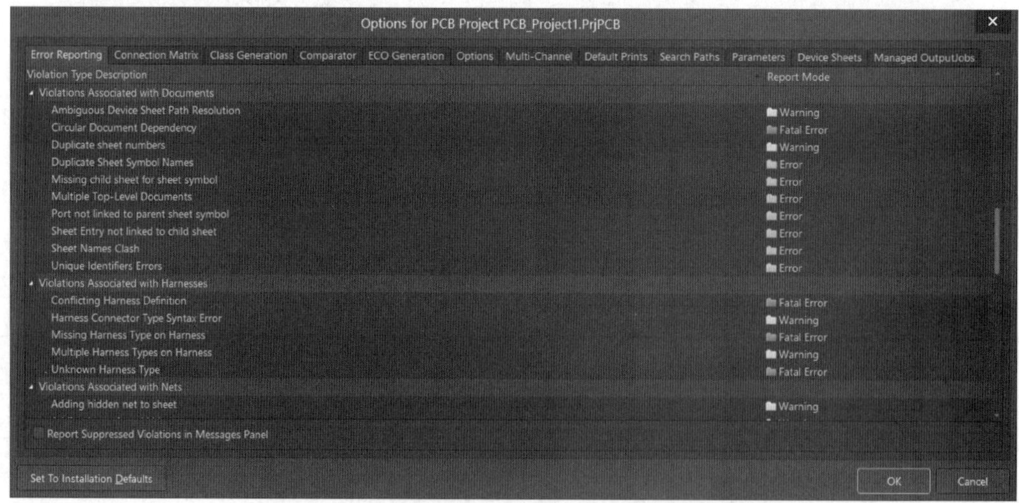

图 2-65　电气规则检查中错误、警告的各种可能情况

在 Altium Designer 18 软件中，选择 Project / Compile PCB Project PCB_Project1.PrjPCB 命令，弹出 Message 对话框，此对话框包含原理图的检查结果，下面举例进行说明。对图 2-66(a)进行

电气规则检查，弹出包含检查结果的 Message 对话框，如图 2-66(b)所示。

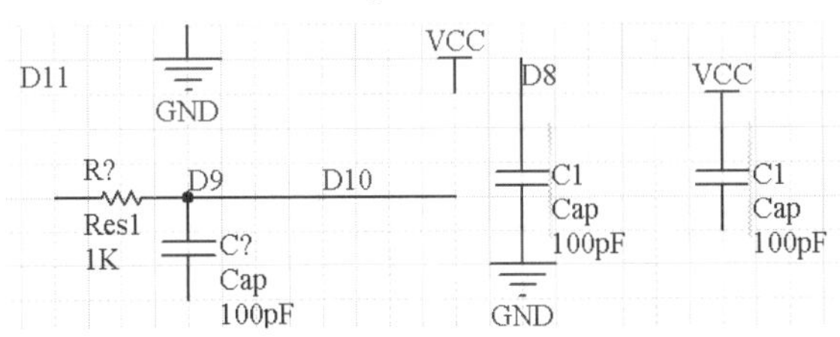

(a) 有错误的原理图

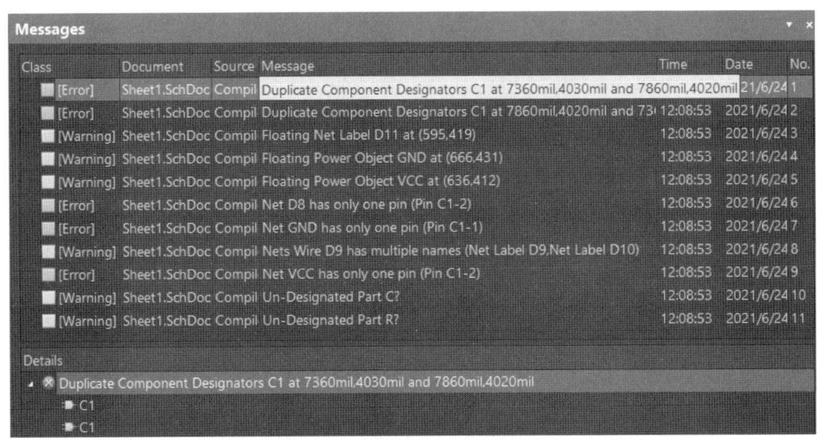

Messages

Class	Document	Source	Message	Time	Date	No.
[Error]	Sheet1.SchDoc	Compil	Duplicate Component Designators C1 at 7360mil,4030mil and 7860mil,4020mil		21/6/24	1
[Error]	Sheet1.SchDoc	Compil	Duplicate Component Designators C1 at 7860mil,4020mil and 73	12:08:53	2021/6/24	2
[Warning]	Sheet1.SchDoc	Compil	Floating Net Label D11 at (595,419)	12:08:53	2021/6/24	3
[Warning]	Sheet1.SchDoc	Compil	Floating Power Object GND at (666,431)	12:08:53	2021/6/24	4
[Warning]	Sheet1.SchDoc	Compil	Floating Power Object VCC at (636,412)	12:08:53	2021/6/24	5
[Error]	Sheet1.SchDoc	Compil	Net D8 has only one pin (Pin C1-2)	12:08:53	2021/6/24	6
[Error]	Sheet1.SchDoc	Compil	Net GND has only one pin (Pin C1-1)	12:08:53	2021/6/24	7
[Warning]	Sheet1.SchDoc	Compil	Nets Wire D9 has multiple names (Net Label D9,Net Label D10)	12:08:53	2021/6/24	8
[Error]	Sheet1.SchDoc	Compil	Net VCC has only one pin (Pin C1-2)	12:08:53	2021/6/24	9
[Warning]	Sheet1.SchDoc	Compil	Un-Designated Part C?	12:08:53	2021/6/24	10
[Warning]	Sheet1.SchDoc	Compil	Un-Designated Part R?	12:08:53	2021/6/24	11

Details
Duplicate Component Designators C1 at 7360mil,4030mil and 7860mil,4020mil
C1
C1

(b) 对(a)中的原理图进行电气规则检查的结果

图 2-66　电气规则检查的例子

下面解释图 2-66(b)中检查结果的内容。

(1) 检查结果的第一栏和第二栏表示两个错误，其内容都含有 Duplicate Component Designators C1，这表明图 2-66(a)中有两个元件的标号都是 C1。

(2) 检查结果的第三栏表示一个警告，其内容是 Floating NET Label D11 at (595,419)，这表明原理图 2-66(a)中的普通网络名 D11 没有放置在元件的引脚上或电气连接线上。

(3) 检查结果的第四栏表示一个警告，其内容是 Floating Power Object GND at (666,431)，这表明原理图 2-66(a)中的地网络名 GND 没有放置在元件的引脚上或电气连接线上。

(4) 检查结果的第五栏表示一个警告，其内容是 Floating Power Object VCC at (636,412)，这表明原理图 2-66(a)中的电源网络名 VCC 没有放置在元件的引脚上或电气连接线上。

(5) 检查结果的第六栏表示一个错误，其内容是 Net D8 has only one pin (Pin C1-2)，这表明图 2-66(a)中的普通网络名 D8 只存在于一个引脚上，其他引脚和电气连接线没有放置此网络名。检查结果的第七栏和第六栏类似，表明图 2-66(a)中的地网络名 GND 只存在于一个引脚上，其他引脚和电气连接线没有放置此网络名。

(6) 检查结果的第八栏表示一个警告，其内容是 Nets Wire D9 has multiple names (Net Label D9,Net Label D10)，这表示图 2-66(a)中的普通网络名 D9 和 D10 放置在同一个电气连接线上。

(7) 检查结果的第九栏和第六栏类似，表明图 2-66(a)中的电源网络名 VCC 只存在于一个引脚上，其他引脚和电气连接线没有放置此网络名。

(8) 检查结果的第十栏和第十一栏的内容分别是Un-Designated Part C?和Un-Designated Part R?，这表明图2-66(a)中电容和电阻这两个元件的标号是默认值C？和R？，没有进行修改。

2.4.3 原理图的封装管理器

元件的封装属性是元件的重要属性之一，在绘制PCB图之前，必须完成元件封装属性的设置。在设置完元件的封装属性之后，需要人工检查每个元件的封装属性是否正确。在检查每个元件的封装属性时，需要打开每个元件的属性对话框，显然这种操作方法需要花费大量的时间。Altium Designer 18软件提供了原理图的封装管理器，使用此封装管理器不需要打开每个元件的属性对话框，就能够检查每个元件的封装属性是否正确，并且能够修改元件的封装属性。

选择Tools / Footprint Manager命令，弹出封装管理器的对话框，如图2-67所示。

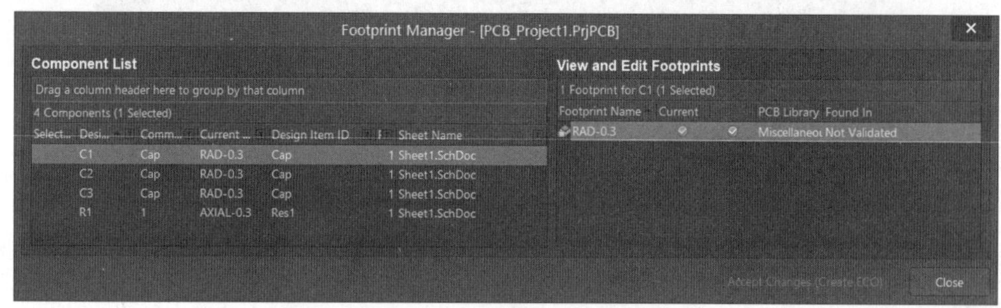

图2-67　封装管理器的对话框

在图2-67左侧的Component List中查看原理图每个元件的封装属性，在此图右侧的View and Edit Footprints中修改每个元件的封装属性。例如，希望修改电容C1的封装属性，首先在Component List中选中C1元件，然后右击右侧View and Edit Footprints中C1元件的封装RAD-0.3，在弹出的菜单中选择Add命令，会弹出封装属性设置的对话框，如图2-68所示，在此对话框中重新设置元件的封装属性。

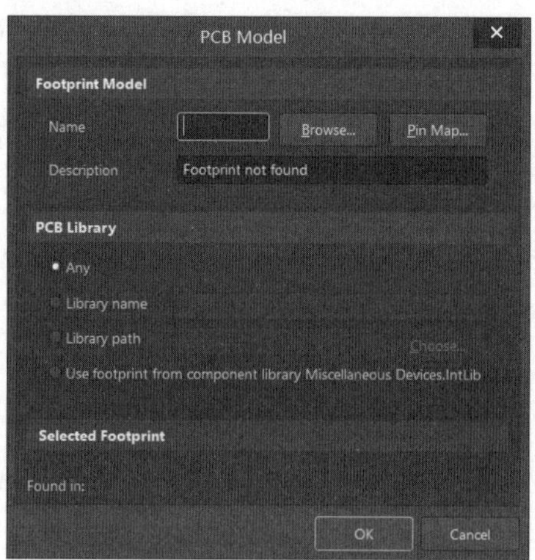

图2-68　元件封装属性的设置对话框

2.4.4　原理图的元件统计信息

在绘制完原理图之后，需要统计所有元件的属性、封装和数量，方便以后购买元器件。可以人工进行元件的统计，但是人工统计容易出错，而且需要花费大量的时间。Altium Designer 18 软件提供了元件统计的功能，使用此功能能够非常方便地获得元件的统计信息，并且比人工统计节省大量的时间。选择 Report / Bill of Material 命令，弹出元件统计的对话框，如图 2-69 所示。图 2-69 包含原理图所有元件的封装、标号、属性和数量等统计信息。单击图 2-69 左下方的 Export 按钮，得到包含统计信息的 Excel 文件，方便对统计信息进行保存和打印。

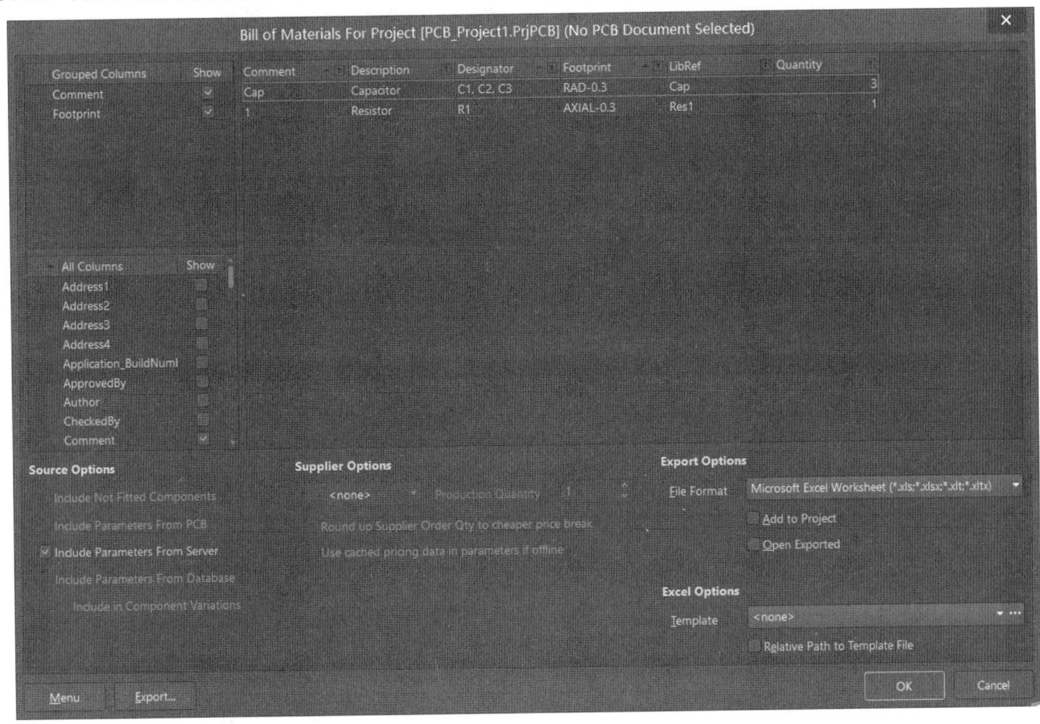

图 2-69　元件统计的对话框

2.4.5　PDF 文件的制作

使用 Altium Designer 18 软件设计的电路原理图文件的扩展名是 SchDoc，这种类型的文件只能使用 Altium Designer 18 软件打开。Altium Designer 18 软件是一种专业软件，很多计算机都没有安装此软件，所以无法打开这种原理图文件。Altium Designer 18 软件提供了把原理图文件转变为 PDF 文件的功能。PDF 文件是一种经常使用的文件格式，很多计算机都安装了能够打开 PDF 文件的软件。

选择 File / Smart PDF 命令，弹出 PDF 文件制作的对话框，如图 2-70 所示。在图 2-70 中，单击 Next 按钮，把扩展名为 SchDoc 的原理图文件转换成 PDF 文件。

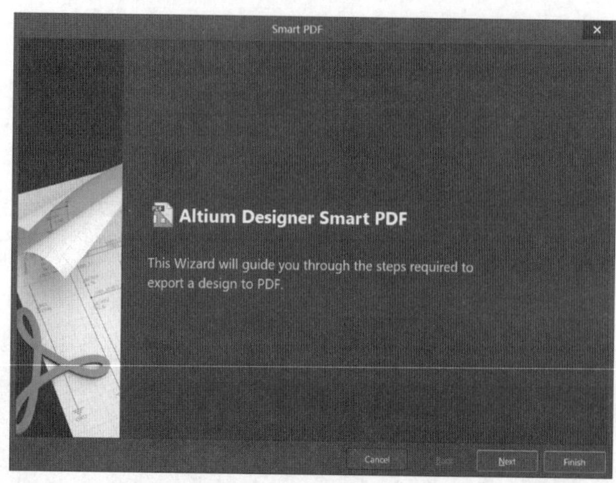

图 2-70　PDF 文件制作的对话框

2.4.6　原理图的打印

选择 File / Print 命令，弹出打印的对话框，如图 2-71 所示。在图 2-71 中，设置好打印参数，然后单击 OK 按钮即可打印原理图。

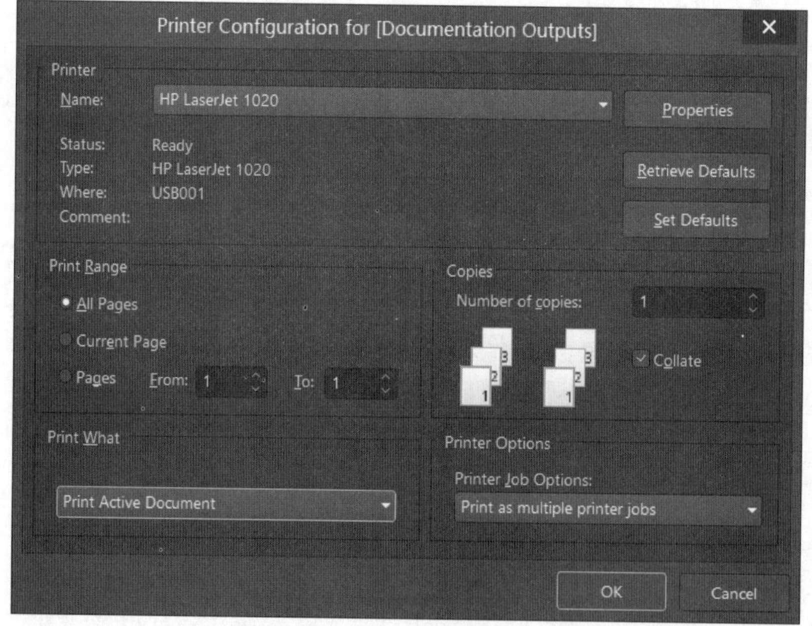

图 2-71　打印对话框

2.5　编辑原理图的元件库文件

本节介绍原理图元件库文件的编辑方法，包括元件库文件中元件的编辑方法、元件库文件

参数的设置方法、元件创建的例子和提取原理图中所有元件的方法等。

2.5.1　元件库文件中元件的编辑

1. 元件库文件的创建

在新建完一个电路板项目后，选择 File / New / Library / Schematic Library 命令新建一个原理图的元件库文件，并把此库文件加入到该电路板项目中，如图 2-72 所示。在图 2-72 中，项目面板中的 Schlib1.SchLib 表示新建的元件库文件。此外，右击项目面板中的项目文件，在弹出的菜单中选择 Add New to Project / Schematic Library 命令，也能够新建一个元件库文件，如图 2-73 所示。

新建元件库文件之后，选择 File / Save 命令保存此文件。

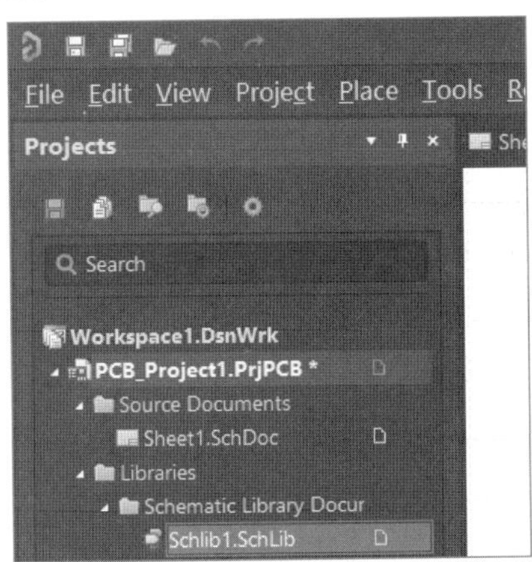

图 2-72　新建元件库文件

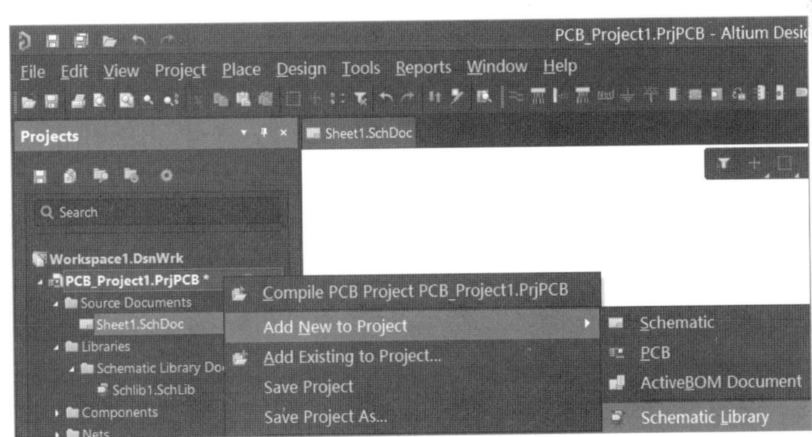

图 2-73　使用右击快捷菜单新建元件库文件

2. 元件的常用操作

元件的常用操作包括打开元件编辑界面、添加元件、删除元件、修改元件名称、复制元件、粘贴元件、剪切元件等，下面对其分别进行介绍。

1) 打开元件的编辑界面

打开元件的编辑界面有以下两个步骤。

(1) 在 Altium Designer 18 软件左侧的项目面板(Projects)中，单击元件库文件。

(2) 单击项目面板左下方的 SCH Library 按钮，出现元件的编辑界面，该界面的左侧是 SCH Library 面板，如图 2-74 所示。

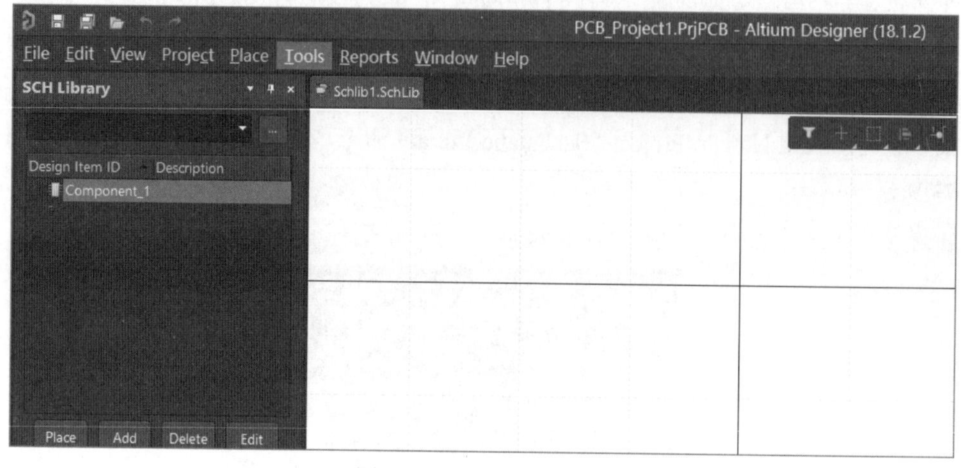

图 2-74　元件的编辑界面

2) 元件的添加

在元件库文件中，元件的添加有以下两种方法。

(1) 单击 SCH Library 面板中的 Add 按钮，弹出一个对话框，在此对话框中输入元件的名称，单击此对话框的 OK 按钮，就在元件库文件中添加了一个新元件。

(2) 选择 Tools / New Component 命令，添加一个新元件。

3) 元件的删除

在元件库文件中，元件的删除有以下三种方法。

(1) 首先选中 SCH Library 面板中的某个元件，然后单击 SCH Library 面板的 Delete 按钮，能够删除选中的元件。

(2) 首先选中 SCH Library 面板中的某个元件，然后选择 Tools / Remove Component 命令，能够删除选中的元件。

(3) 右击 SCH Library 面板中的某个元件，在弹出的菜单中选择 Delete 命令，能够删除此元件。

4) 元件名称的修改

在元件库文件中，元件名称的修改有以下两种方法。

(1) 双击 SCH Library 面板中的某个元件，弹出该元件的属性对话框，如图 2-75 所示，在该对话框中修改 Design Item ID 属性的取值，该属性就是此元件的名称。

(2) 首先选中 SCH Library 面板中的某个元件，然后单击 SCH Library 面板的 Edit 按钮，弹出该元件的属性对话框，在该对话框中修改元件的名称。

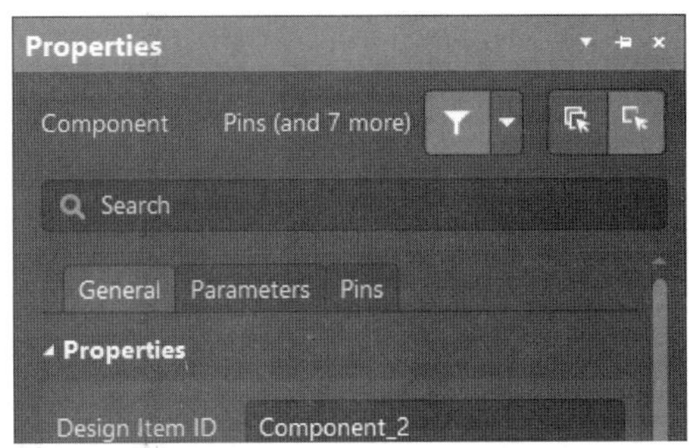

图 2-75　元件的属性对话框

5) 元件的复制

元件的复制有以下两种方法。

(1) 首先选中 SCH Library 面板中的某个元件，然后选择 Tools / Copy Component 命令，执行该元件的复制操作。

(2) 右击 SCH Library 面板中的某个元件，在弹出的菜单中选择 Copy 命令，执行该元件的复制操作。

6) 元件的粘贴

元件的粘贴有一种方法。首先右击 SCH Library 面板中元件的下方，在弹出的菜单中选择 Paste 命令，执行元件的粘贴操作。

7) 元件的剪切

元件的剪切有一种方法。首先右击 SCH Library 面板中的某个元件，在弹出的菜单中选择 Cut 命令，执行该元件的剪切操作。可以同时打开多个元件库文件，在这些元件库文件之间进行元件的复制、粘贴和剪切操作。

8) 元件的自动更新

在设计完原理图之后，如果发现某个元件有错误，应该首先在元件库文件中修改此元件，然后在原理图中重新调用此元件。如果原理图中此类错误元件的数量比较多，使用上述的操作步骤就会花费很多的时间，在这种情况下可以使用元件的自动更新功能，从而能够提高画图效率，节省画图时间。在元件库文件中修改完某个元件之后，使用元件的自动更新功能，自动修改原理图中对应的元件，不需要在原理图中重新调入此元件。首先修改 SCH Library 面板中的某个元件，然后右击此元件，在弹出的菜单中选择 Update Schematic Sheets 命令，自动修改原理图中的此元件，从而完成元件的自动更新操作。

9) 设计元件的图形和引脚

在元件库文件中添加完元件之后，需要设计元件的图形和引脚。一般来说，元件包含两部分：元件的图形和元件的引脚。选择 Place / Rectangle 命令，把矩形框放置在图 2-74 中右侧元件编辑界面的中心位置处。此外，单击 Utilities 工具栏从最左边算起第 2 个图标右侧向下的箭头，会出现很多图标，使用里面的矩形图标放置矩形框，如图 2-76 所示。单击 Utilities 工具栏最左边图标右侧向下的箭头，出现很多图形的图标，如图 2-77 所示。此外，选择 Place 的子菜单和 Place / IEEE Symbols 的子菜单，也能够放置很多各种类型的图形。

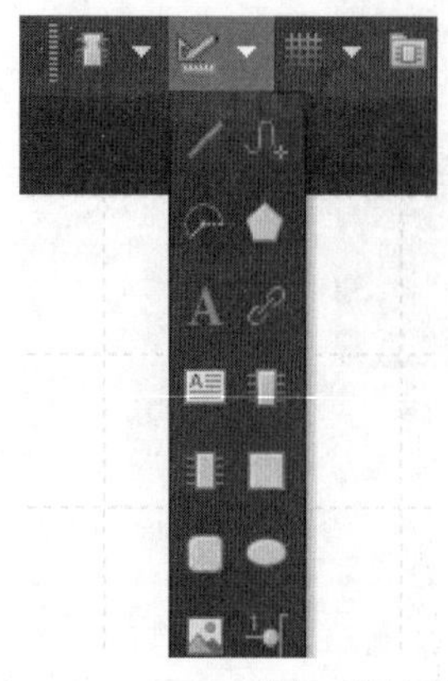

图 2-76　Utilities 的矩形图标和引脚图标

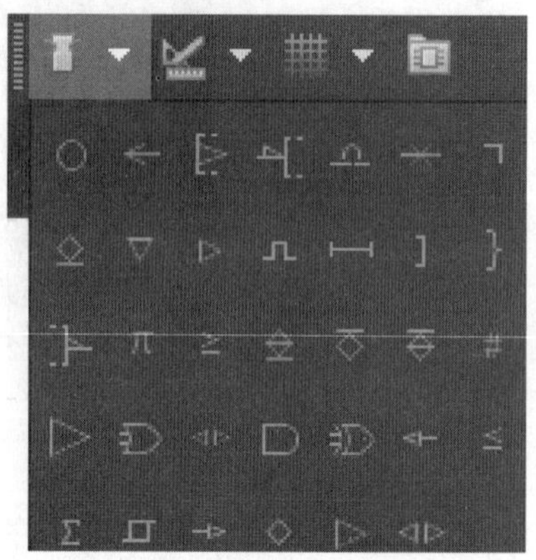

图 2-77　各种类型的图形

选择 Place / Pin 命令或者图 2-76 中第二列最下面的引脚图标，放置元件的引脚。双击元件的引脚，弹出它的属性对话框，如图 2-78 所示。元件引脚有两个重要的属性：Designator 和 Name。Designator 属性设置引脚的序号，例如 1、2、3 等。Name 属性设置引脚的名称。

有的元件只有一个部分，而有的元件有多个部分。选择 Tools / New Component 命令增加的元件只有一个部分。选择 Tools / New Part 命令，能够增加元件的其他部分。

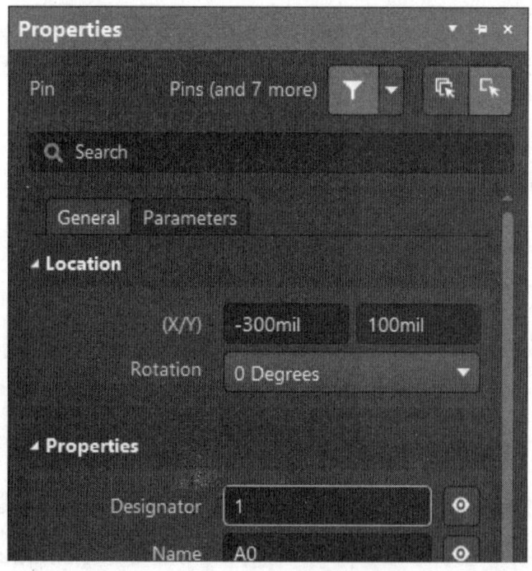

图 2-78　引脚的属性对话框

3．调用新创建的元件

如果元件所在的元件库文件和原理图在同一个项目中，不需要加载元件库文件，使用以下三个步骤去使用新创建的元件。

(1) 单击图 2-20 中的 Libraries 按钮，弹出如图 2-21 所示的对话框。

(2) 单击图 2-21 中第二栏右侧向下的箭头，出现元件所在的库文件，单击此库文件，在 Design Item ID 一栏中会出现新创建的元件。

(3) 在 Design Item ID 一栏中选中新创建的元件，单击图 2-21 中第二行最右侧包含 Place 和元件名称的按钮，把新创建的元件放置到原理图中。

如果元件所在的元件库文件和原理图不在同一个项目中，需要先加载此元件库文件，才能够调用此元件。在“2.2.3 加载和卸载原理图元件的库文件”中，已经介绍了加载元件库文件的操作步骤。

2.5.2　元件库文件的参数设置

元件库文件的参数包括两部分：文档参数和环境参数。选择 Tools / Document Options 命令，弹出文档参数的设置对话框，如图 2-79 所示。文档参数设置对话框中的很多参数和“2.2.1 设置原理图图纸的参数”介绍的原理图图纸参数相同，这里不再介绍。选择 Tools / Preferences 命令，弹出元件库文件的环境参数设置对话框，如图 2-80 所示。右击元件库文件中右侧的界面，在弹出的菜单中选择 Preferences 命令，也能够弹出环境参数设置对话框。元件库文件的环境参数和“2.2.2 设置原理图的环境参数”介绍的原理图环境参数相同，这里不再介绍。

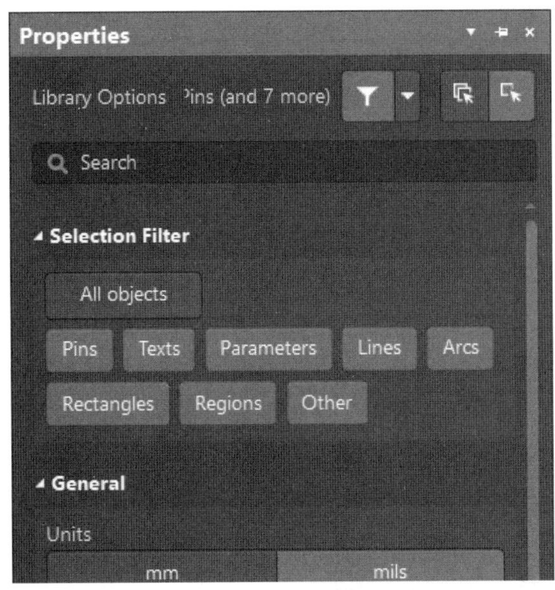

图 2-79　元件库文件的文档参数设置对话框

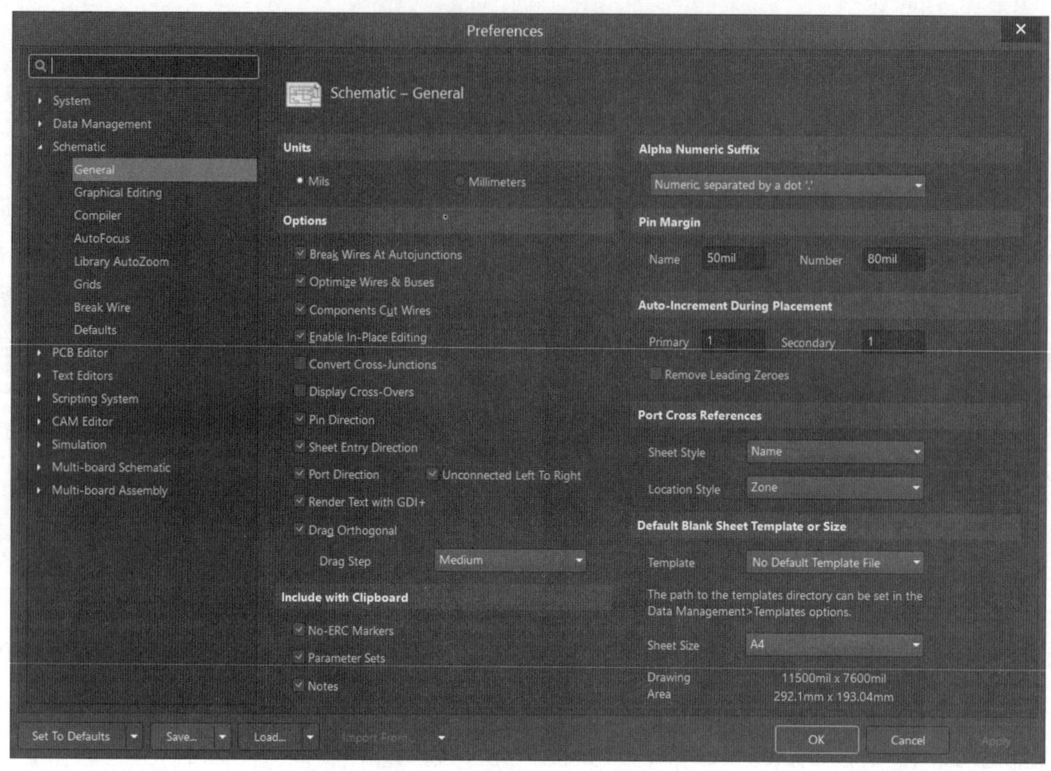

图 2-80　元件库文件的环境参数设置对话框

2.5.3　创建元件的例子

AD9835 是一种波形产生芯片，此芯片由 ADI 半导体公司生产，在 ADI 公司的网站上能够下载此芯片的数据手册。此芯片的数据手册包含其引脚分布图，如图 2-81 所示。下面以此芯片为例，说明创建元件的操作步骤。第一步，新建一个原理图的元件库文件，并打开元件库文件的界面。第二步，在此元件库文件中创建一个新的元件，此元件的名称设置为 AD9835。第三步，给 AD9835 这个元件放置 1 个矩形边框和 16 个引脚，并设置每个引脚的标号和姓名，如图 2-82 所示。

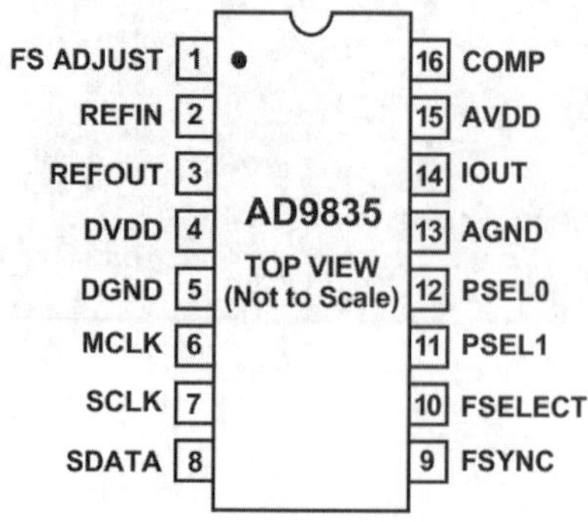

图 2-81　AD9835 芯片的引脚分布图

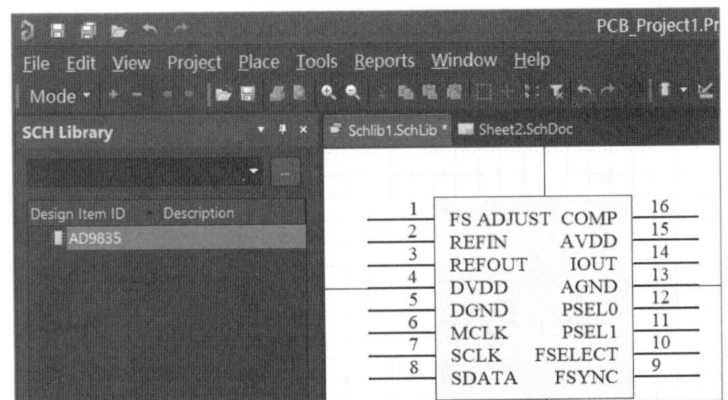

图 2-82　AD9835 元件的创建

AD8066 是一种集成运放芯片，其内部包含两个集成运放。此芯片的数据手册包含其引脚分布图，如图 2-83 所示。在元件库文件中，AD8066 元件包含两个部分，选择 Tools / New Component 命令增加 AD8066 元件的第二个部分。对于 AD8066 元件的每个部分，选择 Place / IEEE Symbols / Invertor 命令放置图形，并放置元件的引脚，如图 2-84(a)和(b)所示。

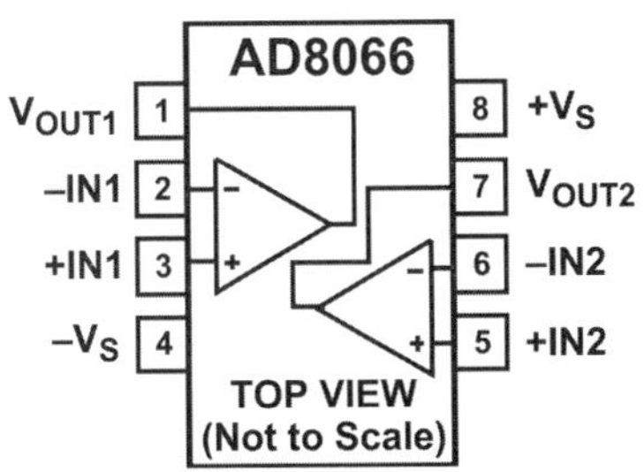

图 2-83　AD8066 芯片的引脚分布图

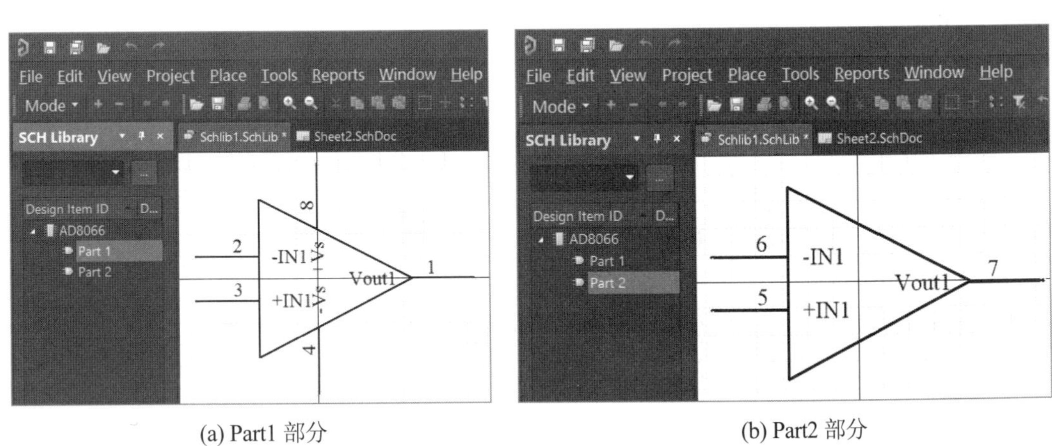

(a) Part1 部分　　(b) Part2 部分

图 2-84　AD8066 元件的两个部分

2.5.4　提取原理图中所有的元件

有时在元件库文件中没有找到某个元件，但是此元件已经使用在某个原理图文件中，这时可以使用 Altium Designer 18 软件自动提取元件的功能。首先，打开使用此元件所在的原理图文件；然后，选择 Design / Make Schematic Library 命令，把此原理图文件使用的所有元件提取出来，并创建一个元件库文件，把所有的元件放到此元件库文件中。显然，此元件库文件包含了希望使用的元件。使用这种方法，不需要去设计此元件，显然节省了时间。

2.6 原理图设计的技巧总结

在本章的上述内容中介绍了原理图设计的很多使用技巧，这些技巧的熟练使用能够提高画图效率，节省画图时间。本节对电路原理图的设计技巧进行总结。

(1) 可直接在原理图上修改元件的属性(标号和参数)、网络名、文本对象，不需要在它们的属性对话框中修改。

(2) 使用元件标号属性的自动递增功能。

(3) 掌握低电平有效网络名的表示方法。

(4) 掌握批量修改元件属性的方法。

(5) 使用网络名的自动递增功能。

(6) 使用元件的翻转功能。

(7) 使用元件标号的自动标注功能。

(8) 在元件库文件中，使用自动更新功能修改原理图中的元件。

(9) 使用鼠标进行视图的放大和缩小。

思考练习

(1) 原理图的设计有哪些步骤？

(2) 原理图有哪些重要的参数？

(3) 原理图中元件和电气连接线的放置方法有哪些？

(4) 元件标号自动标注的操作方法是什么？

(5) 原理图的设计有哪些技巧？

第3章 PCB图的设计

第 2 章介绍了电路原理图的设计方法。完成电路原理图的设计之后，可以进行 PCB 图的设计。本章详细介绍 PCB 图的设计方法，主要内容包括 PCB 图的基础知识、PCB 图参数的设置和 PCB 图设计的详细步骤等。本章是这本书的重点内容。

3.1 PCB 图的基础知识

本节主要介绍电路板的分类、电路板的组成、PCB 图的设计流程和 PCB 图示例。

1. 电路板的分类

印刷电路板又称为电路板或线路板，它的内部是绝缘材料，外表面有使用导电铜箔制造的导线。电路板分为三种类型：单层电路板、双层电路板和多层电路板。单层电路板只有一个外表面可以放置铜箔导线，即只有一个布线层。单层电路板的成本低，所以价格便宜。双层电路板有两个外表面：顶层和底层，这两个外表面都可以放置铜箔导线。在双层电路板中，把这两个外表面称为两个布线层。在多层电路板中，除了顶层和底层中可以放置铜箔导线之外，电路板的中间信号层也可以放置铜箔导线。此外，多层电路板还包含中间平面层。中间平面层中不能放置铜箔导线，中间平面层连接着电源信号或地信号，通常把中间平面层称为电源平面层或地平面层。

2. 电路板的组成

电路板包含焊盘、铜箔导线、过孔、安装孔、绝缘体、阻焊材料和标识性符号，如图 3-1 所示。

焊盘的功能是放置焊锡，用来焊接电子元器件的引脚。焊盘分为两种类型：插针式焊盘(又称为穿透式焊盘)和表面安装式焊盘。焊盘有两种颜色：银白色和金黄色。银白色焊盘是由于在焊盘上放置了锡金属，而金黄色焊盘是由于对焊盘进行了电镀金的处理。铜箔导线连接着电路板中的焊盘，它的作用是传递电信号。过孔的功能是连接电路板中不同层的对象。安装孔(也称为定位孔)没有网络属性，一般在安装孔中放置螺丝固定电路板。电路板的中间部分是绝缘物质，一般是环氧树脂。阻焊材料放置在电路板表面焊盘以外的区域中，阻焊材料一般是绿色或蓝色。标识性符号包括两部分：电子元器件的标号(例如 R1、C1、L1 和 U1 等)和说明性符号(例如公司的名称、电路板的版本号和电路板的设计日期等)。

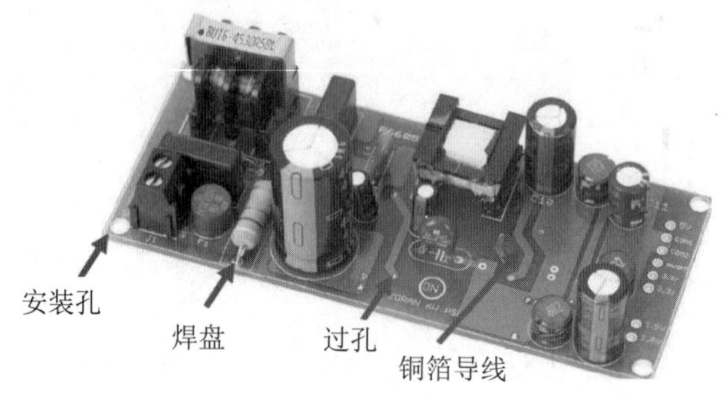

图 3-1　电路板的组成部分示意图

3. PCB 图的设计流程

PCB 图的设计流程如图 3-2 所示，它包括以下 6 个步骤。

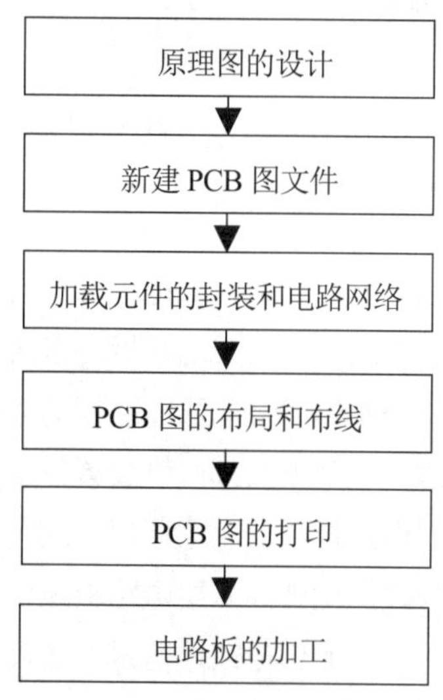

图 3-2　PCB 图的设计流程

(1) 根据第 2 章介绍的内容完成原理图的设计。对于复杂的电路，使用层次原理图完成原理图的设计。

(2) 新建一个 PCB 图文件，并设置 PCB 图的相关参数。

(3) 在 PCB 图中，加载原理图元件的封装和电路网络。

(4) 对 PCB 图中的封装进行布局操作和布线操作。

(5) 打印 PCB 图并验证封装的正确性。

(6) 把 PCB 图交给电路板加工厂，进行电路板的加工制造。

4. PCB 图示例

学生在大学四年的学习过程中，经过多次的练习，能够熟练掌握双层电路板的设计技能，双层电路板 PCB 图的示例如图 3-3 所示。

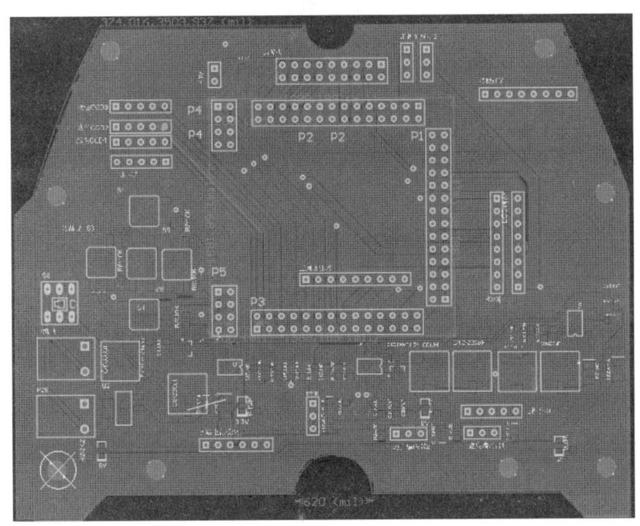

图 3-3 两层电路板 PCB 图的示例

学生毕业走上工作岗位之后，从事三四年的电路板设计工作，能够掌握四层电路板的设计技能，四层电路板 PCB 图的示例如图 3-4 所示。

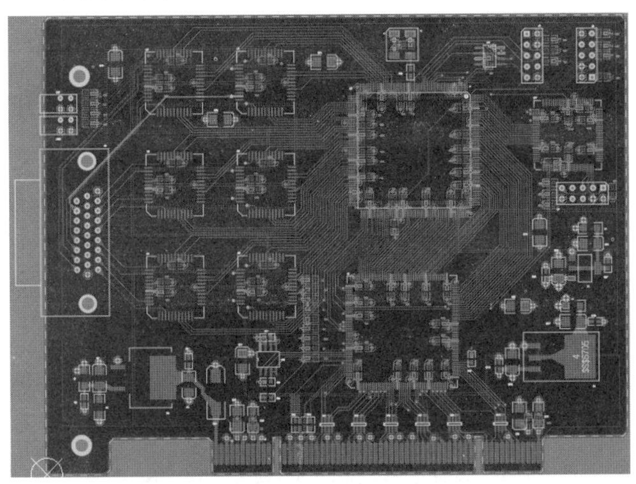

图 3-4 四层电路板 PCB 图的示例

计算机的主板是一个复杂的四层电路板，需要多个硬件工程师一起完成主板 PCB 图的设计，如图 3-5 所示。

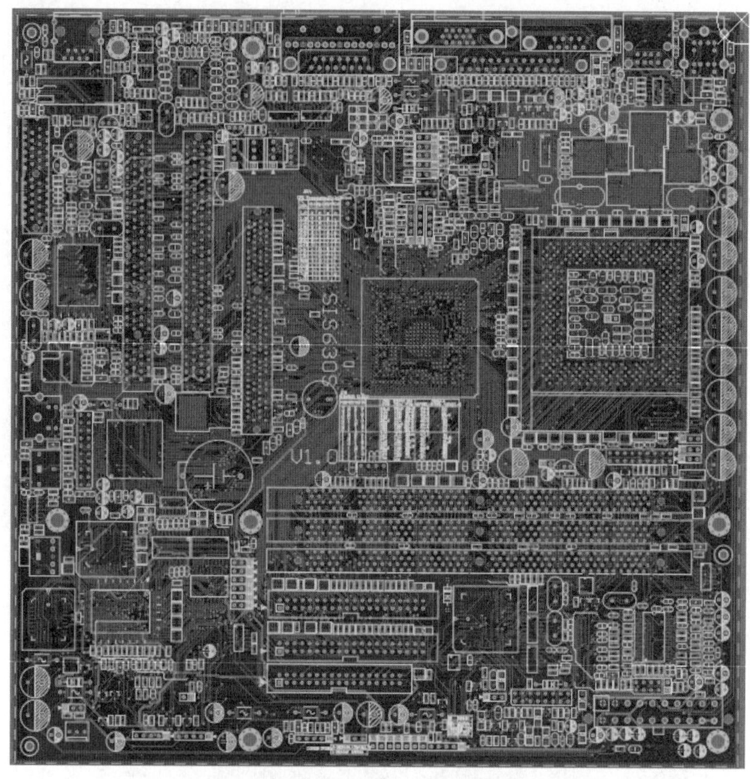

图 3-5　计算机主板 PCB 图的示例

3.2　设置 PCB 图的参数

本节介绍 PCB 图参数的设置，包括 PCB 图文件的创建、PCB 图中层的功能、PCB 图中对象颜色的设置和 PCB 图环境参数的设置等。

3.2.1　PCB 图文件的创建

首先新建一个项目文件并保存，然后选择 File / New / PCB 命令新建一个 PCB 图文件，如图 3-6 所示。新建完 PCB 图文件之后，Altium Designer 18 软件没有提示保存此文件，这时一定要保存此文件。如果不保存此文件，那么将无法进行 PCB 图后续的操作。

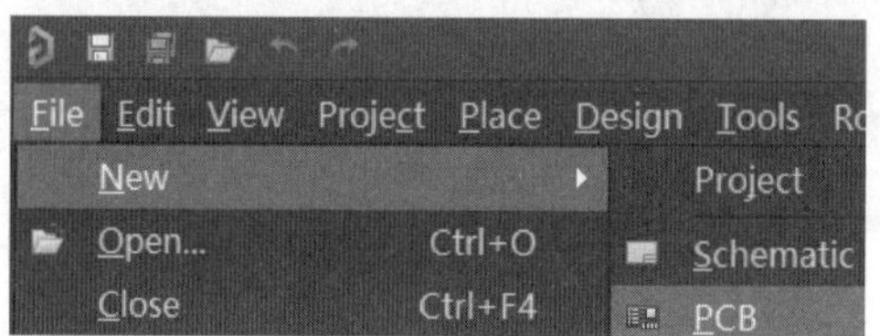

图 3-6　使用菜单命令新建一个 PCB 图文件

此外，也可以使用右击后弹出的菜单命令新建一个 PCB 图文件，具体操作如下：右击 Altium Designenr 18 软件左侧项目面板处的项目名称，在弹出的菜单中选择 Add New to Project 命令，弹出新的菜单，在新弹出的菜单中选择 PCB 命令新建一个 PCB 图文件，如图 3-7 所示。

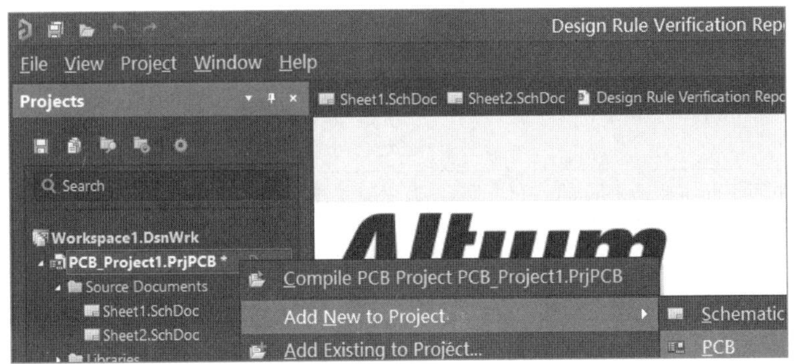

图 3-7　使用右击快捷菜单命令新建一个 PCB 图文件

3.2.2　PCB 图中层的功能

PCB 图的层包括信号层(Signal Layers)、平面层(Plane Layers)、丝印层(Overlay Layers)、阻焊层(Solder Layers)、防锡膏层(Paste Layers)、机械层(Mechanical Layers)、穿透层(Multi-Layers)和禁止布线层(Keep-Out Layers)等，下面分别介绍它们的特点。

(1) 信号层的功能是放置铜箔导线。单层电路板只包括一个信号层，即顶层信号层(Top Layer)。双层电路板包括两个信号层：顶层信号层和底层信号层(Bottom Layer)。多层电路板包括顶层信号层、底层信号层和电路板中间的信号层。顶层信号层和底层信号层位于电路板的上下两个表面。

(2) 平面层用于多层电路板的设计，它位于电路板中间绝缘体的内部。在平面层中不能放置铜箔导线。平面层分为两种类型：电源平面层和地平面层，分别对应连接着电源网络名和地网络名。

(3) 丝印层分为两种类型：顶层丝印层(Top Overlay)和底层丝印层(Bottom Overlay)，其功能是放置封装的标号和边框、对电路板做说明性文字和符号等。电路板加工完成之后，丝印层中的文字和符号显示在电路板的表面，呈现白色。

(4) 阻焊层分为两种类型：顶层阻焊层(Top Solder)和底层阻焊层(Bottom Solder)。在电路板上焊盘和过孔以外的所有区域中，涂覆一层阻焊材料，阻止焊锡在这些区域上流动。

(5) 防锡膏层分为两种类型：顶层防锡膏层(Top Paste)和底层防锡膏层(Bottom Paste)，其功能是当使用机器焊接电子元器件时，使用防锡膏层制作印刷锡膏的钢网。

(6) 机械层的功能是放置电路板实际的物理边界线，在此层上放置长度参数和物理边界线。此外，在机械层中还可以放置指示和说明性的文字和符号。

(7) 穿透层的功能是放置贯穿多个层的对象，这种对象包括两种类型：过孔和插针式焊盘。

(8) 禁止布线层的功能是放置电路板的电气边界线，要求电路板中所有的铜箔导线、过孔和封装等对象放置在禁止布线层边界线的内部。

表 3-1 总结了 PCB 图中主要层的名称和功能。

表 3-1　PCB 图中主要层的名称和功能

PCB 图的层	功能
三种信号层：顶层信号层、底层信号层和中间信号层	顶层信号层和底层信号层放置铜箔导线和焊盘；中间信号层只能放置铜箔导线，不能放置焊盘
两种平面层：电源平面层和地平面层	电源平面层连接电源网络信号，地平面层连接地网络信号
两种丝印层：顶层丝印层和底层丝印层	放置元件的标号和边框、说明性的文字和符号等
两种阻焊层：顶层阻焊层和底层阻焊层	在焊盘和过孔外的区域涂履阻焊材料，阻止焊锡流动
两种防锡膏层：顶层防锡膏层和底层防锡膏层	制作印刷锡膏的钢网
机械层	放置电路板实际的物理边界线和长度对象等
穿透层	放置贯穿多个层的对象
禁止布线层	放置电路板的电气边界线

3.2.3　PCB 图中对象的颜色设置

在 PCB 图中，按下键盘的 L 键，弹出如图 3-8 所示的 PCB 图的颜色设置对话框。此对话框的功能是设置 PCB 图中每个层的颜色和其他对象的颜色。

在图 3-8 中层名称的左侧有一个类似于人眼的图标，此图标的功能是设置是否在 PCB 图的界面中显示这个层。此外，图 3-8 中层名称的左侧有一个颜色图标，此图标的功能是设置层的颜色。

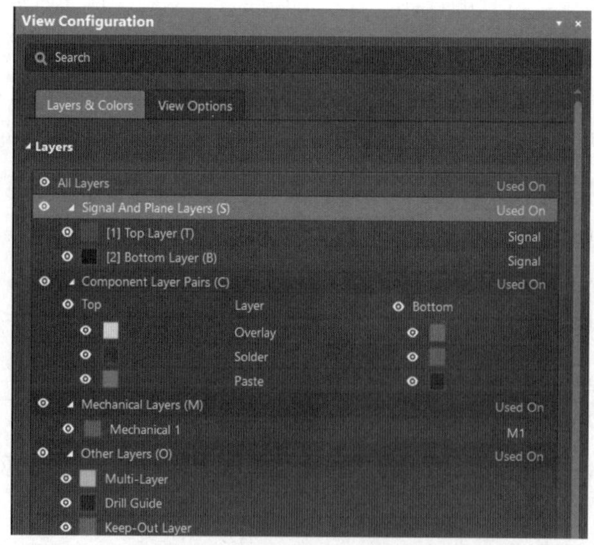

图 3-8　PCB 图的颜色设置对话框

在 Altium Designer 18 软件中，PCB 图使用不同的颜色表示不同层中的对象，不同层中对象默认的颜色如表 3-2 所示。在表 3-2 中，顶层中对象颜色的默认值是红色，底层中对象颜色的默认值是深蓝色，禁止布线层和机械层中对象颜色的默认值都是紫色，插针式焊盘的孔颜色的默认值是浅蓝色，过孔中的孔颜色的默认值是棕色，顶层丝印层中对象颜色的默认值是黄色，底层丝印层中对象颜色的默认值是某种浅的颜色。在观察 PCB 图时，根据对象的颜色就能够确定该对象位于 PCB 图的哪一层中。

在图 3-8 中，单击左下方 System Colors 左侧的三角形，出现如图 3-9 所示的内容，图 3-9 设置 PCB 图中其他对象的颜色值。Connection Lines 前面的颜色图标设置飞线的颜色值。在 PCB 图中加载完元件的封装之后，Altium Designer 18 软件在需要连接在一起的引脚之间设置引导线，这种引导线称为飞线。Selection 所在行的第一个颜色图标设置所选择对象的颜色值。Pad Holes 前面的颜色图标设置焊盘的颜色值。Via Holes 前面的颜色图标设置过孔的颜色值。Area 所在行的第二个图标设置 PCB 图的颜色值。

表 3-2 PCB 图不同层中对象颜色的默认值

PCB 图的层	默认的颜色
顶层	红色
底层	深蓝色
插针式焊盘中的孔	浅蓝色
过孔中的孔	棕色
顶层丝印层	黄色
底层丝印层	某种浅颜色
机械层	紫色
禁止布线层	紫色

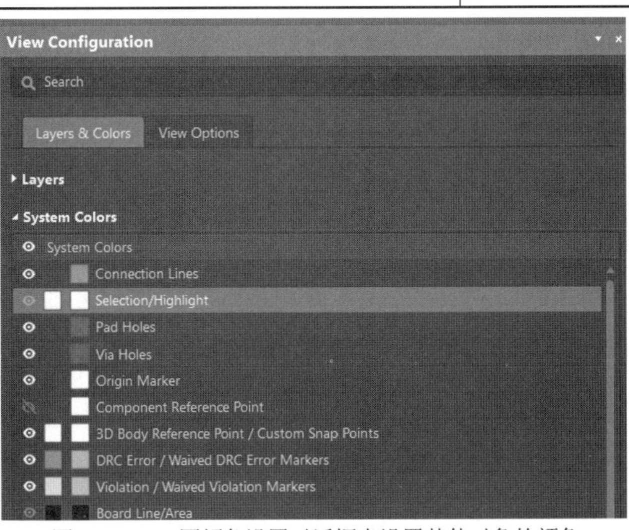

图 3-9 PCB 图颜色设置对话框中设置其他对象的颜色

3.2.4 PCB 图环境参数的设置

选择 Tools / Preferences 命令，弹出 PCB 图的环境参数设置对话框，如图 3-10 所示。右击 PCB 图的界面，在弹出的菜单中选择 Preferences 命令，也能够弹出此对话框。此对话框有三个重要的选项卡：General 选项卡、Defaults 选项卡和 Layer Colors 选项卡，下面介绍这三个选项卡中的内容。

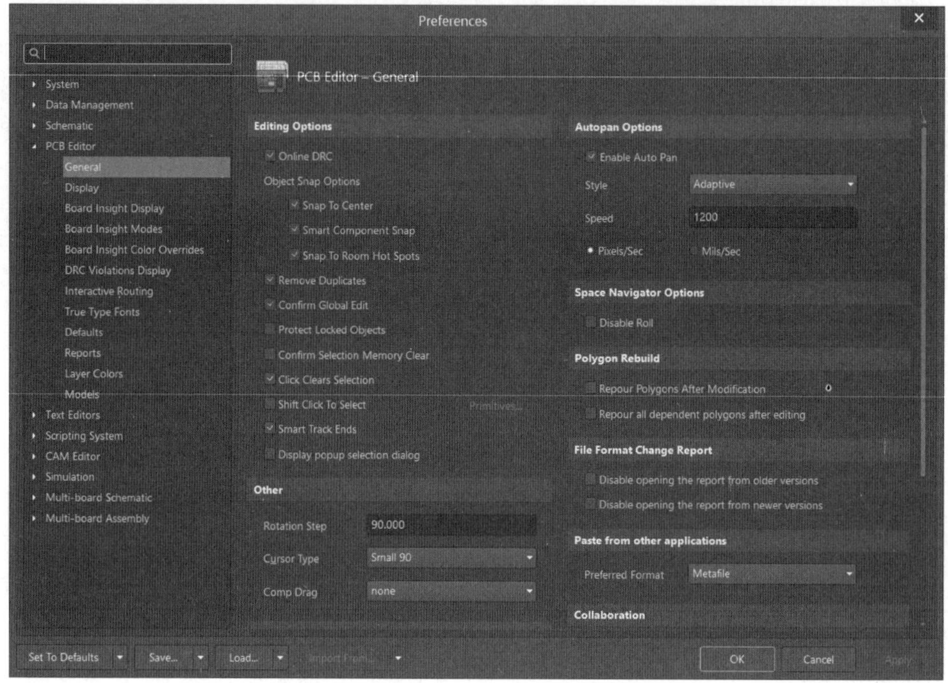

图 3-10　PCB 图的环境参数设置对话框

1. General 选项卡

General 选项卡如图 3-10 所示，它有 8 个重要的参数：Online DRC、Snap To Center、Click Clears Selection、Protect Locked Objects、Autopan Options、Polygon Rebuild、Rotation Step 和 Cursor Type，这些参数的功能如下。

(1) Online DRC 复选框：设置是否在线地检查 PCB 图的错误。如果选中该复选框，那么在画 PCB 图时，根据设定的规则随时自动地检查 PCB 图的错误；如果没有选中该复选框，那么在画 PCB 图时不会自动检查 PCB 图的错误，只能在画完 PCB 图之后，再检查 PCB 图的错误，显然这种错误检查方式会浪费画图的时间。所以，一般要选中此复选框。选择 Tools / Design Rule Check 命令弹出自动检查的设置对话框，在该对话框的 Online 一列中选择在线检查使用的设计规则。

(2) Snap To Center 复选框：设置在移动封装或字符串时鼠标所在的位置。如果选中该复选框，那么在移动封装或字符串时，鼠标会自动移动到封装或字符串的中心位置；如果没有选中该复选框，那么在移动封装或字符串时，鼠标不会移动到封装或字符串的中心位置。

(3) Click Clears Selection 复选框：设置 PCB 图中取消对象选择的方式。如果选中该复选框，单击 PCB 图中任意的空白位置，会取消 PCB 图中对象的选择；如果没有选中该复选框，单击 PCB 图中任意的空白位置，不会取消 PCB 图中对象的选择。

(4) Protect Locked Objects 复选框：设置在 PCB 图中被锁定对象的移动方式。如果选中该复选框，在 PCB 图中将无法移动被锁定的对象(包括走线和过孔，不包括封装)；如果没有选中该复选框，当在 PCB 图中移动被锁定的对象时，会弹出提示确认移动的对话框。在 PCB 图中，一旦选中了封装的锁定属性，就不能在 PCB 图中移动封装。

(5) Polygon Rebuild 参数：设置重新铺铜的方式，它有两个选项：Repour Polygons After Modification 和 Repour all dependent polygons after editing。如果选中 Repour Polygons After Modification 复选框，当移动多边形铺铜时，会重新生成铺铜；如果没有选中此复选框，那么当移动多边形铺铜时，不会重新生成铺铜。如果选中 Repour all dependent polygons after editing 复选框，在修改铺铜的设计规则之后，会重新生成所有的铺铜；如果没有选中此复选框，在修改铺铜的设计规则之后，就不会重新生成所有的铺铜。

(6) Rotation Step 参数：设置 PCB 图中对象旋转的角度。在 PCB 图中，把鼠标放在某个对象上并按下鼠标的左键，鼠标变成小十字的形状，这时按下键盘的空格键，该对象旋转一定的角度。该参数的默认值是 90°。

(7) Cursor Type 参数：设置鼠标的显示形式，它有三个取值：Large 90、Small 90 和 Small 45。Large 90 取值表示以大十字的形状显示鼠标，Small 90 取值表示以小十字的形状显示鼠标，Small 45 表示以斜 45 度十字的形状显示鼠标，如图 3-11 所示。

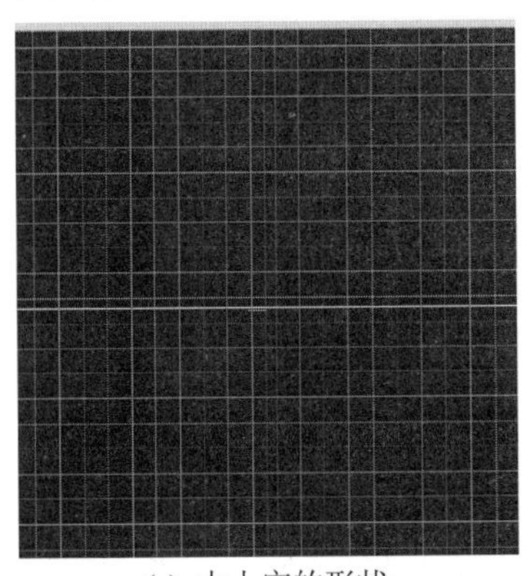

(a) 大十字的形状

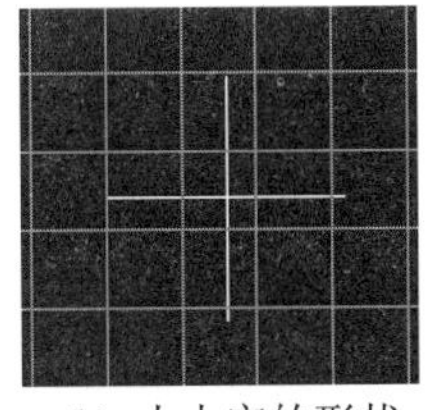

(b) 小十字的形状

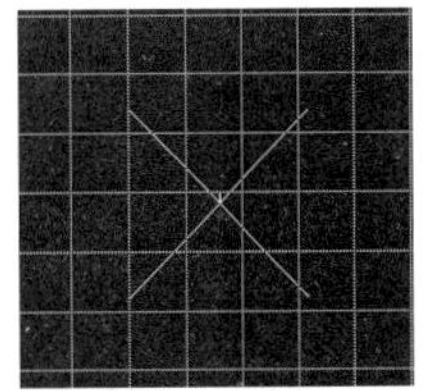

(c) 斜 45 度十字的形状

图 3-11　在 PCB 图中鼠标的三种形状

2. Defaults 选项卡

在图 3-10 中，单击左侧的 Defaults 命令，弹出 Defaults 选项卡，如图 3-12 所示。可以在此选项卡中设置 PCB 图中各种对象的默认设置，也可以使用默认的设置值。

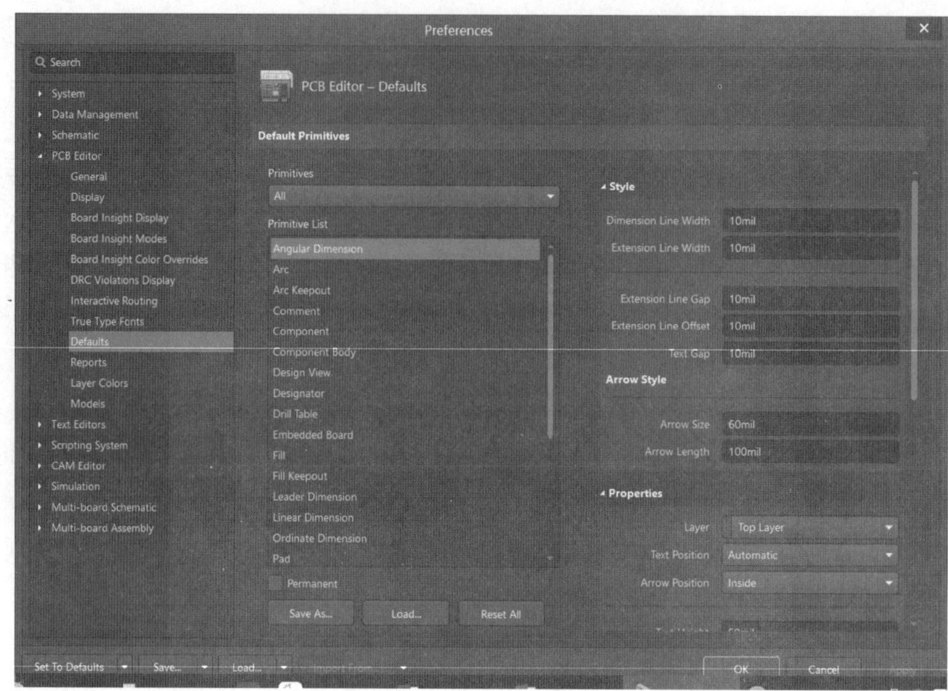

图 3-12　PCB 图环境参数设置对话框的 Defaults 选项卡

3. Layer Colors 选项卡

在图 3-10 中，单击左侧的 Layer Colors 命令，弹出 Layer Colors 选项卡，如图 3-13 所示。可以在该选项卡中设置 PCB 图中各种对象的颜色值，也可以使用默认的设置值。

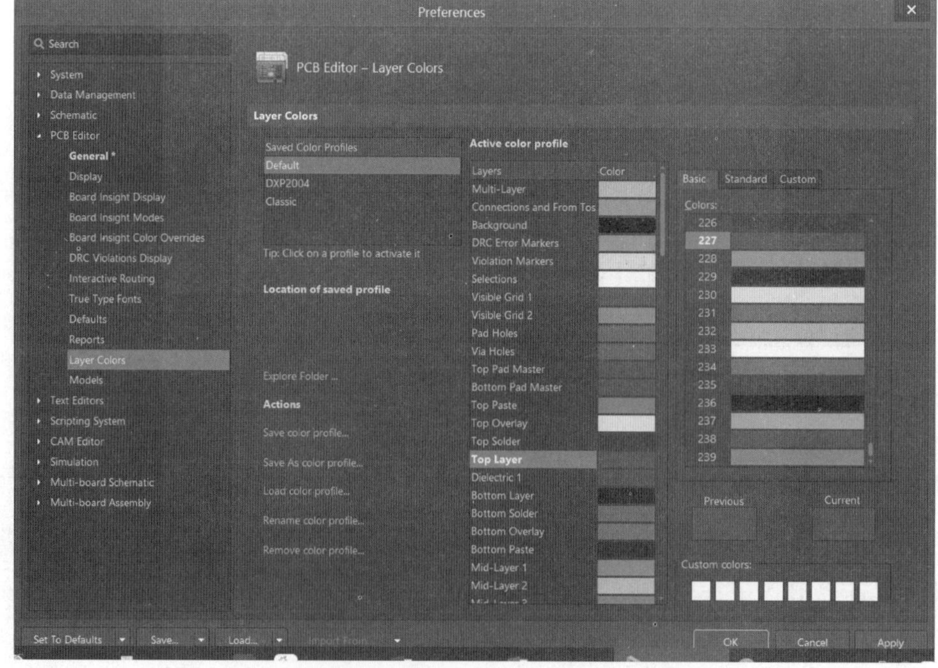

图 3-13　PCB 图环境参数设置对话框的 Layer Colors 选项卡

3.3 PCB 图的设计步骤

本节介绍 PCB 图设计的详细步骤，包括电路板的形状和尺寸的设置方法、原理图中元件封装属性的设置方法、原理图中元件的封装和电路网络的加载方法、PCB 图对象的放置方法、PCB 图常用的编辑操作方法、封装的布局方法、封装的自动布线和人工布线方法，以及多层电路板的设计方法等。

3.3.1 设置电路板的形状和尺寸

1. 设置电路板实际的物理边界线

PCB 图有两个边界线：电路板的物理边界线和电气边界线。电路板的物理边界线决定了电路板的形状和大小。在 PCB 图中，单击 PCB 图界面下方的 Mechanical 1 按钮把当前的工作层设置为机械层，并选择 Place / Line 命令画出电路板的物理边界线，如图 3-14 所示。在 PCB 图中的正上方有一行图标，如图 3-15 所示，使用此图中最右边的图标也能够画出电路板的物理边界线。图 3-14 中最外侧的边界线是电路板的物理边界线，物理边界线是长方形，所以最后制作好的电路板也是长方形。在实际工程中，应根据实际的工程需求设计电路板的形状和大小。

图 3-14　PCB 图中机械层的物理边界线和禁止布线层的电气边界线

图 3-15　PCB 图中正上方的图标

单击机械层的物理边界线，弹出它的属性对话框，如图 3-16 所示，此对话框中一些重要属性的功能介绍如下。

(1) Net 属性：设置物理边界线所在的网络名称。机械层的物理边界线不需要设置网络名称，所以它的 Net 属性设置为 No Net。

(2) Layer 属性：设置机械层物理边界线所在的层，该属性设置为 Mechanical 1。

(3) Start(X/Y)属性和 End(X/Y)属性：分别设置机械层物理边界线的起始坐标和结束坐标。

(4) Width 属性：设置机械层物理边界线的宽度。

(5) Location 属性：设置边界线的起始坐标。Location 属性右侧有一个锁定图标，单击此图标后，就表示机械层物理边界线被锁定了，如果再去移动机械层物理边界线，会弹出一个确认移动的对话框，如图 3-17 所示。完成机械层物理边界线的设计之后，可以使用此锁定功能，防止误操作改变机械层边界线在 PCB 图中的位置。

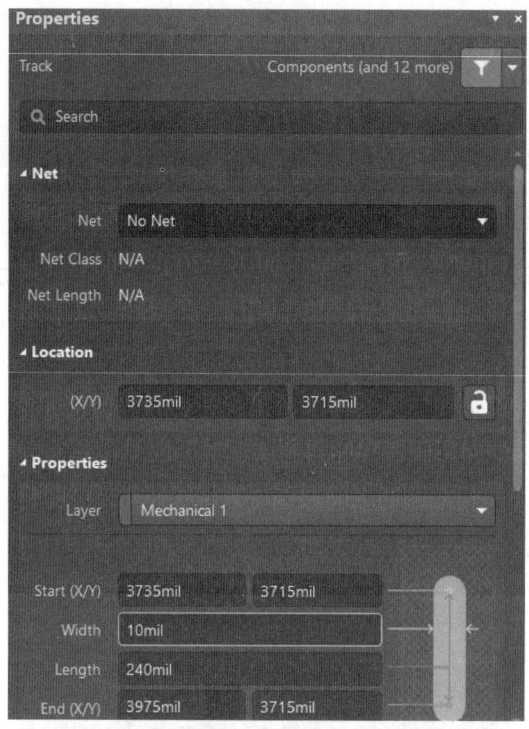

图 3-16　PCB 图中机械层物理边界线的属性对话框

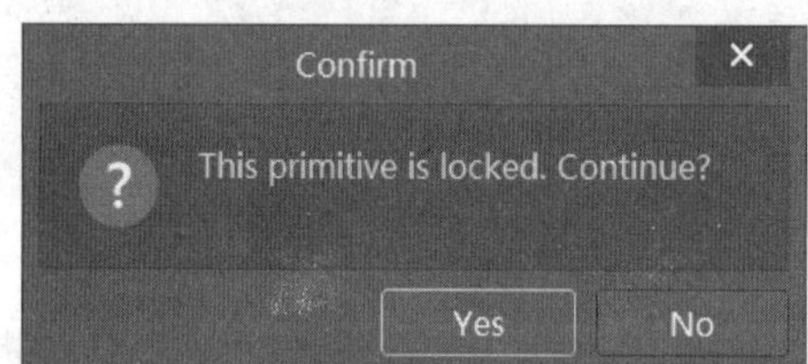

图 3-17　改变 PCB 图中已锁定对象位置的确认对话框

2. 设置电路板的电气边界线

单击 PCB 图下方的 Keep-Out Layer 按钮把 PCB 图的当前工作层设置为禁止布线层，并选择 Place / KeepOut / Track 命令画出 PCB 图的电气边界线，如图 3-14 所示。单击图 3-15 中从最右侧算起的第 4 个图标，也能画出 PCB 图的电气边界线。图 3-14 中最里边的边界线是禁止布线层的边界线，也就是说禁止布线层的边界线在机械层物理边界线的内部。此外，禁止布线层

的边界线和机械层的物理边界线都是闭合的曲线。Altium Designer 18 软件规定，PCB 图中的封装、过孔和导线等所有对象都应该放在禁止布线层闭合边界线的内部。

单击禁止布线层中的边界线，弹出它的属性对话框，如图 3-18 所示，此对话框中一些重要属性的功能介绍如下。

(1) Location 属性：设置边界线的起始坐标。Location 属性右侧有一个锁定图标，使用此图标能够锁定边界线，防止误操作改变边界线在 PCB 图中的位置。

(2) Restricted for Layer 属性：设置边界线所在的层，该属性设置为 Keep-Out Layer。

(3) Start(X/Y)属性和 End(X/Y)属性：分别设置边界线的起始坐标和结束坐标。

(4) Width 属性：设置边界线的宽度。

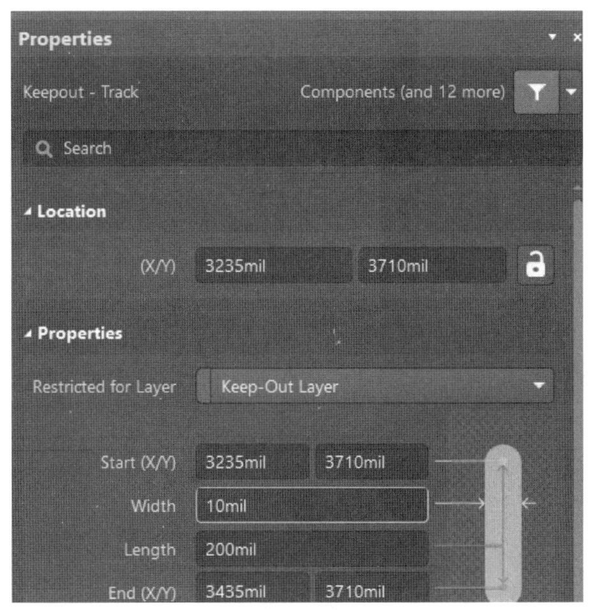

图 3-18　PCB 图中禁止布线层边界线的属性对话框

3. PCB 图的坐标原点

PCB 图是一个二维的平面图，该图坐标原点(Origin)的默认值位于 PCB 图的左下角，如图 3-19 所示。在图 3-19 中，坐标原点的符号包括两部分：一个圆和一个具有斜 45 度的小十字形状。

选择 Edit / Origin / Set 命令，能够改变 PCB 图中坐标原点的位置。单击 PCB 图中 Utilities 工具栏中最左边图标右侧向下的箭头，弹出四行图标，单击其中第二行第一列的图标也能够改变坐标原点的位置，如图 3-20 所示。如果 Utilities 工具栏没有显示在 PCB 图的上方，选择 View / Toolbars / Utilities 命令把 Utilities 工具栏显示出来。PCB 图的坐标原点没有属性对话框。

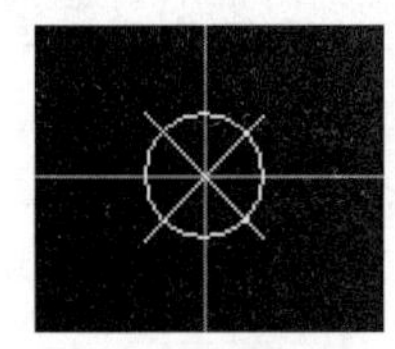

图 3-19　PCB 图的坐标原点符号

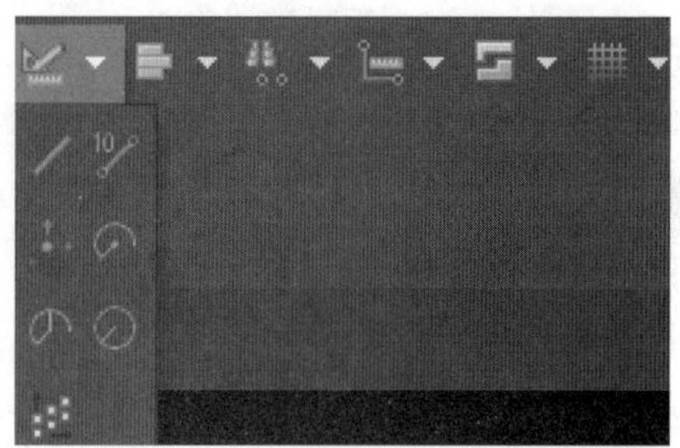

图 3-20　PCB 图中工具栏 Utilities 的图标

获得鼠标在 PCB 图中当前位置的二维坐标值有以下两种方法。

(1) PCB 图的左上角会显示鼠标的坐标值，如图 3-21 所示。图 3-21 中的 x 值和 y 值分别表示鼠标当前位置的横坐标和纵坐标。如果 PCB 图的左上角没有显示指示信息，那么同时按下键盘的 Shift 键和 H 键可以显示指示信息。

(2) Altium Designer 18 软件的左下角显示鼠标当前位置的二维坐标，如图 3-22 所示。

PCB 图左上角的指示信息会指示当前层的名称，如图 3-21 所示。在图 3-21 中，使用黄色显示 Top Layer 字符，表示 PCB 图的当前层是顶层。单击 PCB 图最下方各个层的按钮，改变 PCB 图的当前层。例如，单击 PCB 图最下方的 Bottom Layer 按钮，把 PCB 图的当前层改为底层，在 PCB 图的左上角就会使用黄色显示 Bottom Layer 字符。

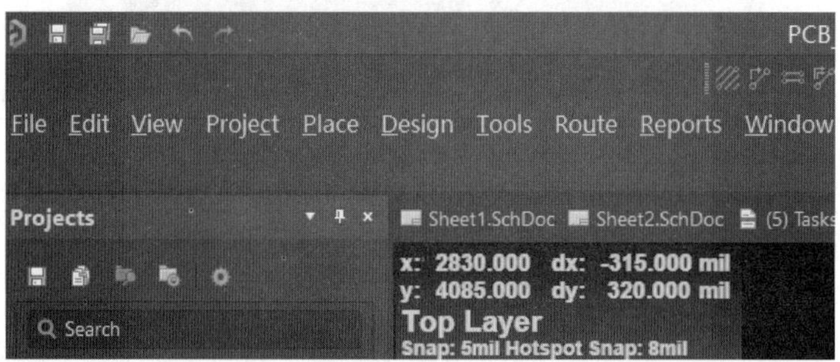

图 3-21　PCB 图的左上角显示鼠标的坐标值

图 3-22　软件的左下角显示鼠标当前位置

4. 放置 PCB 图的长度测量值

长度测量值(Dimension)的功能是表示 PCB 图中两点之间的长度值。长度测量值有以下 3 种放置方法。

(1) 选择 Place / Dimension / Standard 命令放置长度测量值。

(2) 单击图 3-15 中从最左边算起的第 11 个图标放置长度测量值。

(3) 单击图 3-20 工具栏 Utilities 中从最左边算起的第 4 个图标放置长度测量值。

长度测量值放置在 PCB 图的机械层中。长度测量值的长度单位可以是 mm，也可以是 mil，如图 3-23 所示。按下键盘的 Q 键，能够在 mm 和 mil 这两种长度单位之间进行转换。

(a) 长度测量值的单位是 mil　　(b) 长度测量值的单位是 mm

图 3-23　PCB 图中的长度测量值

双击长度测量值，弹出它的属性对话框，如图 3-24 所示，此对话框一些属性的功能介绍如下。

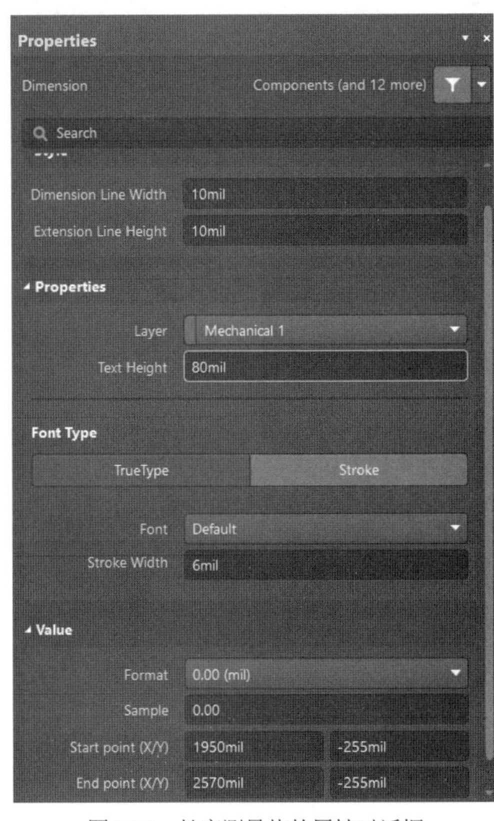

图 3-24　长度测量值的属性对话框

(1) Dimension Line Width 属性和 Extension Line Height 属性：分别设置长度指示线的宽度和高度。

(2) Layer 属性：设置长度测量值所在层的名称，该属性设置为 Mechanical 1。

(3) Text Height 属性：设置长度指示值的高度。

(4) Start Point 属性和 End Point 属性：分别设置长度测量值起始点的坐标和结束点的坐标。

使用坐标原点和长度测量值这两个对象设置电路板的形状有以下 3 个步骤。

(1) 把坐标原点设置为 PCB 图的左下角。

(2) 使用长度测量值确定 PCB 图的边界点。

(3) 分别画出机械层的物理边界线和禁止布线层的边界线，机械层的物理边界线在外边，禁止布线层的边界线在里面。例如，设置一个长方形电路板的边界线，该长方形的长度和高度分别是 5cm 和 3cm，如图 3-25 所示。

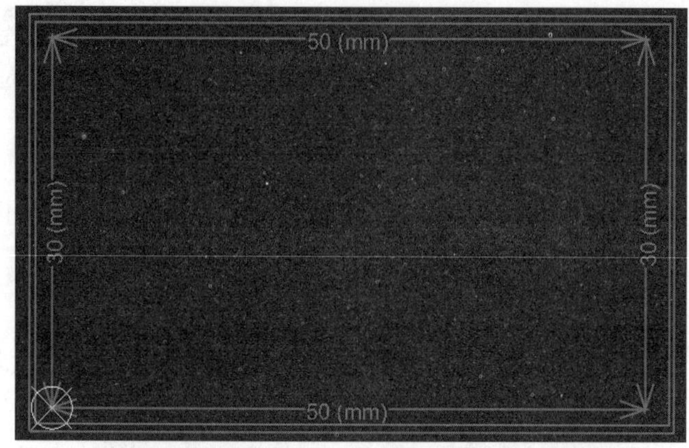

图 3-25　使用坐标原点和长度测量值设置电路板的形状

3.3.2　设置原理图中元件的封装属性

在 PCB 图中加载原理图元件的封装之前，必须设置原理图中每个元件的封装属性。在原理图中，双击某个元件，弹出它的属性对话框，如图 3-26 所示。在图 3-26 中单击 Add 按钮，弹出如图 3-27 所示的对话框。

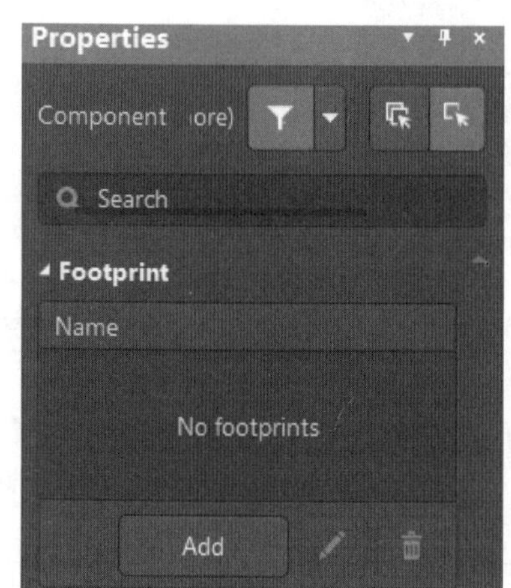

图 3-26　元件的属性对话框

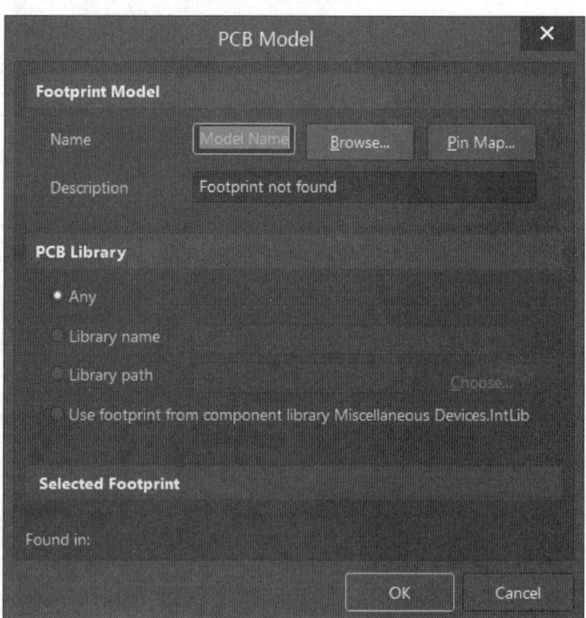

图 3-27　元件的封装设置对话框

在图 3-27 中，单击 Browse 按钮，弹出如图 3-28 所示的对话框。

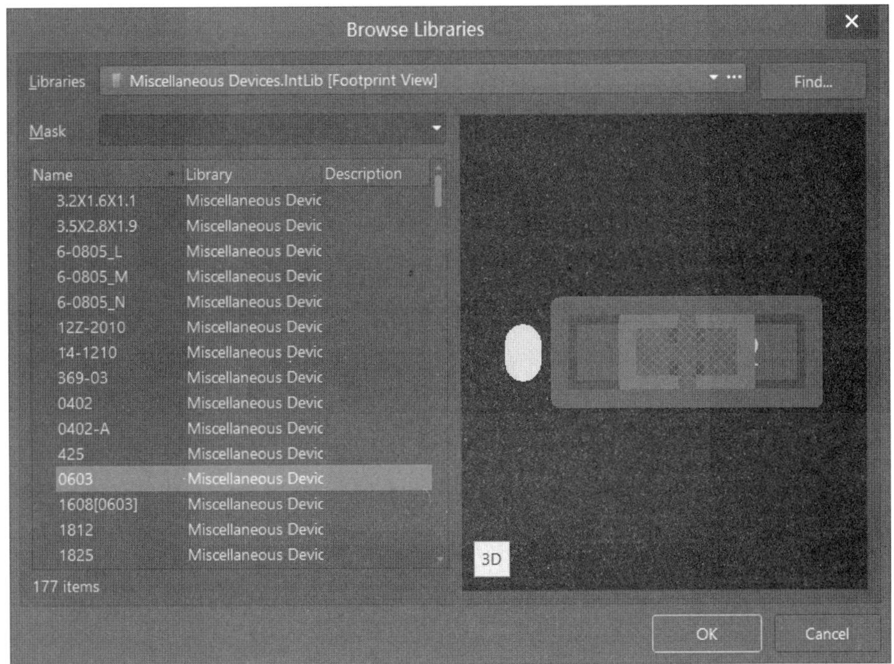

图 3-28　选择封装的对话框

在图 3-28 中，单击第一栏右侧向下的箭头，显示已经加载过的封装库文件，选择其中某个封装库文件，那么此对话框的左侧显示此封装库文件的所有封装，单击此对话框左侧的某个封装，并单击此对话框的 OK 按钮，就完成了设置该元件封装属性的操作。

如果没有加载某个元件的封装所在的封装库文件，那么应该首先加载此封装库文件。在图 3-28 中，单击第一栏右侧的“…”按钮，弹出加载封装库文件的对话框，如图 3-29 所示。此外，单击原理图右侧的 Libraries 按钮，弹出如图 3-30 所示的对话框，单击此对话框第一行的 Libraries 按钮，也能够弹出加载封装库文件的对话框。如果原理图的右侧没有显示 Libraries 按钮，则选择 View / Panels / Libraries 命令，弹出如图 3-30 所示的对话框。

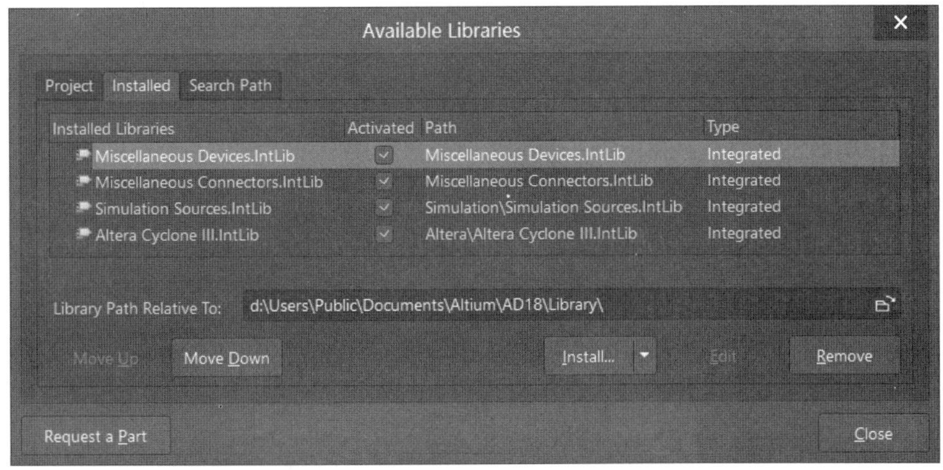

图 3-29　加载封装库文件对话框的 Installed 选项卡

图 3-30　单击原理图右侧的 Libraries 按钮弹出的对话框

在图 3-29 中，首先单击 Installed 选项卡中下方的 Install 按钮，在弹出的下拉菜单中单击 Install from file 按钮，弹出如图 3-31 所示的对话框。在图 3-31 中，首先在该图右下方的文件类型选择框中选择 All Files(*.*)类型，然后单击某个封装库文件，就完成了封装库文件的加载过程。

图 3-31　打开封装库文件的对话框

如果只知道元件封装的名称，但是不知道封装在哪一个封装库文件中，可以使用搜索对话框搜索封装的位置。在图 3-28 中，单击 Find 按钮，弹出封装的搜索对话框，如图 3-32 所示。此外，选择 Find / Component 命令也能够弹出搜索对话框。

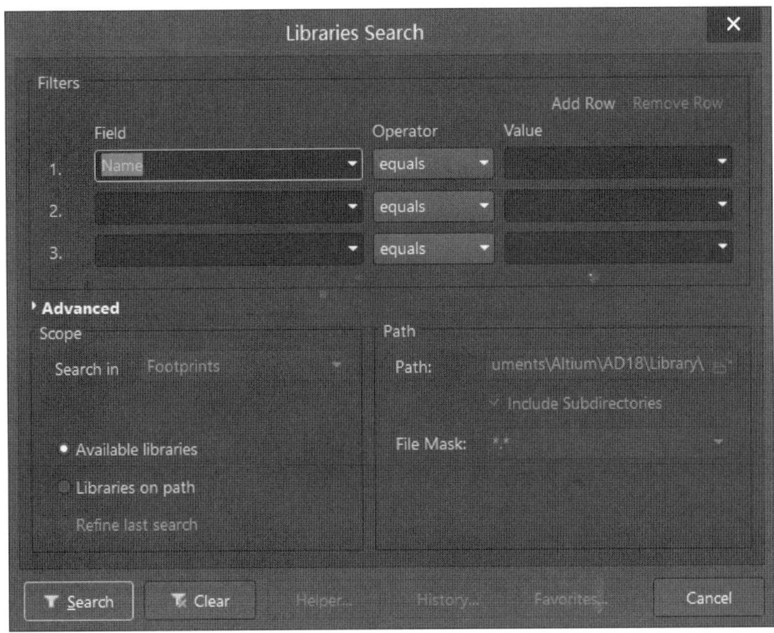

图 3-32　封装的搜索对话框

搜索对话框中一些重要参数的功能介绍如下。

(1) Operator 参数：设置使用的搜索方法，该参数一般使用 contains 选项，此选项表示搜索的结果包含 Value 参数的取值。

(2) Value 参数：设置要搜索的封装名称。

(3) Scope 选项区域：设置搜索的范围。其中，Search in 参数设置为 Footprints，表示要进行封装的搜索。Available libraries 单选项表示在已经加载的封装库文件中进行封装的搜索。Libraries on path 单选项表示在搜索目录中的封装库文件中进行封装的搜索。

(4) Path 参数：设置搜索的目录，此参数一般设置为 D:\Users\Public\Documents\Altium\AD18\Library。

单击 Search 按钮开始进行封装的搜索。例如，某个元件的封装名称是 EQFP144_L，希望找到该封装所在的封装库文件，并且加载此封装库文件，那么在搜索对话框中，Operator 参数设置为 contains，Value 参数设置为 EQFP144，Search in 参数设置为 Footprints，不选中 Available libraries 单选项，选中 Libraries on path 单选项，Path 参数设置为 D:\Users\Public\Documents\Altium\AD18\Library，单击 Search 按钮，会出现搜索结果，如图 3-33 所示。

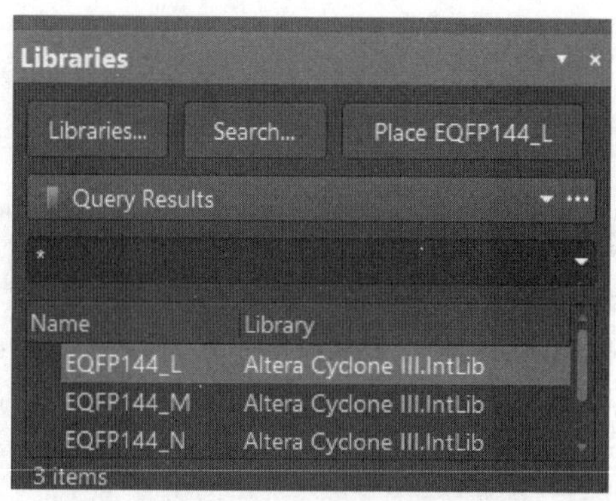

图 3-33　搜索的结果

由图 3-33 的搜索结果可以知道，EQFP144_L 封装所在的库文件是 Altera Cyclone III.IntLib。在图 3-33 中，单击 EQFP144_L 字符，弹出如图 3-34 所示的提示对话框，单击此对话框的 Yes 按钮，就能够加载 EQFP144_L 封装所在的 Altera Cyclone III.IntLib 封装库文件。

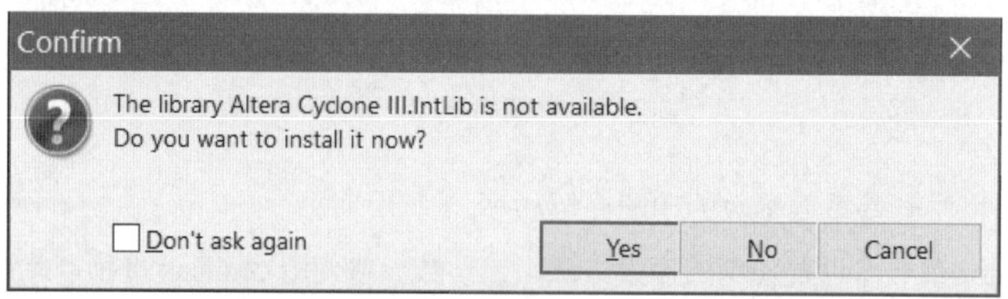

图 3-34　提示对话框

设置完原理图中所有元件的封装属性之后，还需要检查所有元件的封装属性是否正确，有以下两种方法能够检查元件的封装属性。

(1) 打开每个元件的属性对话框，检查该元件的封装属性是否正确。显然，如果原理图中元件的数量比较多，这一种检查方法就会花费大量的时间。

(2) 使用原理图的封装管理器。在原理图中，选择 Tools / Footprint Manager 命令弹出封装管理器对话框，如图 3-35 所示。图 3-35 左侧的 Component List 中列出了所有元件的封装属性，右击该图右侧 View and Edit Footprints 中的某个具体元件，使用弹出的菜单命令改变元件的封装属性。

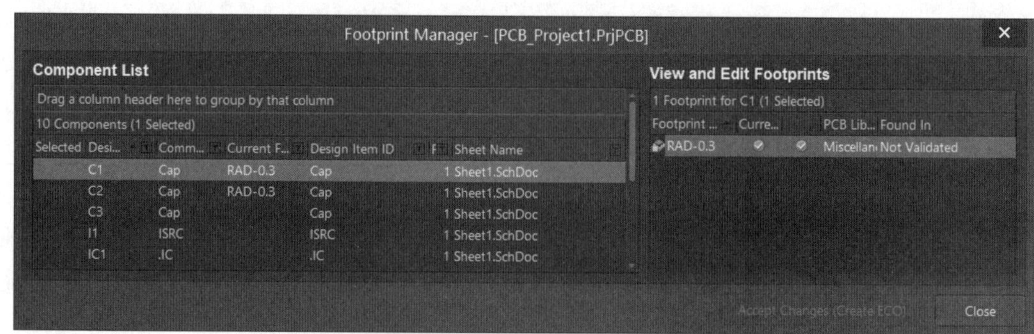

图 3-35　封装管理器对话框

常用电子元器件的封装库文件是 Miscellaneous Devices.IntLib，常用接插件的封装库文件是 Miscellaneous Connectors.IntLib，这两个封装库文件在计算机硬盘的目录是 D:\Users\Public\Documents\Altium\AD18\Library。此外，上述的目录中还包括一些国际著名半导体公司生产的电子元器件的封装库文件，如 Altera Cyclone III.IntLib、Cypress CapSense.IntLib、Lattice FPGA ECP2.IntLib、Microchip mTouch.IntLib、Atmel QTouch.IntLib 和 Xilinx Spartan-3AN.IntLib。

3.3.3　加载原理图中元件的封装和电路网络

1. 加载方法

在 PCB 图文件中，选择 Design / Import Changes from X.PrjPcb 命令加载原理图中所有元件的封装和电路网络。在加载封装时，有时菜单命令 Design / Import Changes from X.PrjPcb 呈现浅灰色而无法使用，如图 3-36 所示。出现这种情况的原因是因为只单独打开了 PCB 图文件，而没有打开此 PCB 图文件所在的项目文件。首先打开 PCB 图所在的项目文件，然后打开 PCB 图文件，再选择 Design / Import Changes from X.PrjPcb 命令，就不会出现这种问题。如果 PCB 图文件没有被包含在一个电路板项目中，就需要首先新建一个电路板项目，然后把此 PCB 图文件添加到此电路板项目中，就能够选择 Design / Import Changes from X.PrjPcb 命令了。

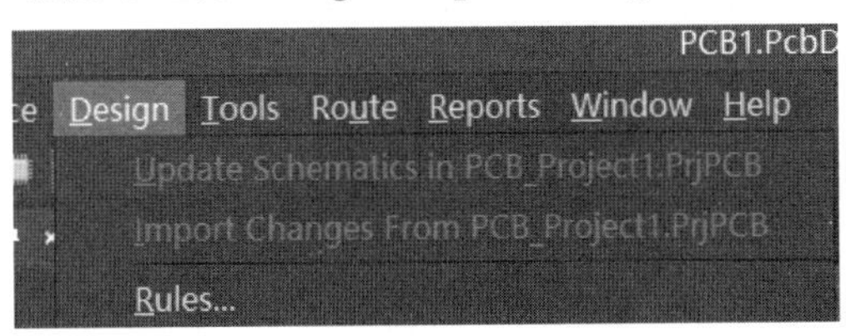

图 3-36　加载封装的菜单无法使用

在 PCB 图文件中，当选择 Design / Import Changes from X.PrjPcb 命令时，有时弹出如图 3-37 所示的对话框。这种情况是因为没有保存 PCB 图文件。首先保存 PCB 图文件，再选择上述的命令，就不会弹出如图 3-37 所示的对话框。

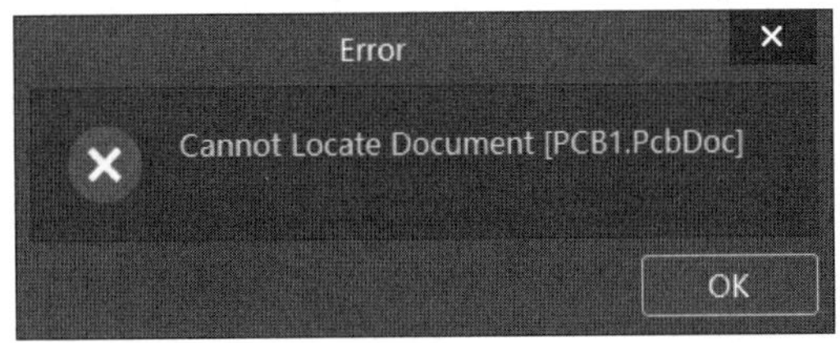

图 3-37　无法加装封装的提示对话框

正常情况下，选择 Design / Import Changes from X.PrjPcb 命令之后，弹出如图 3-38 所示的对话框。

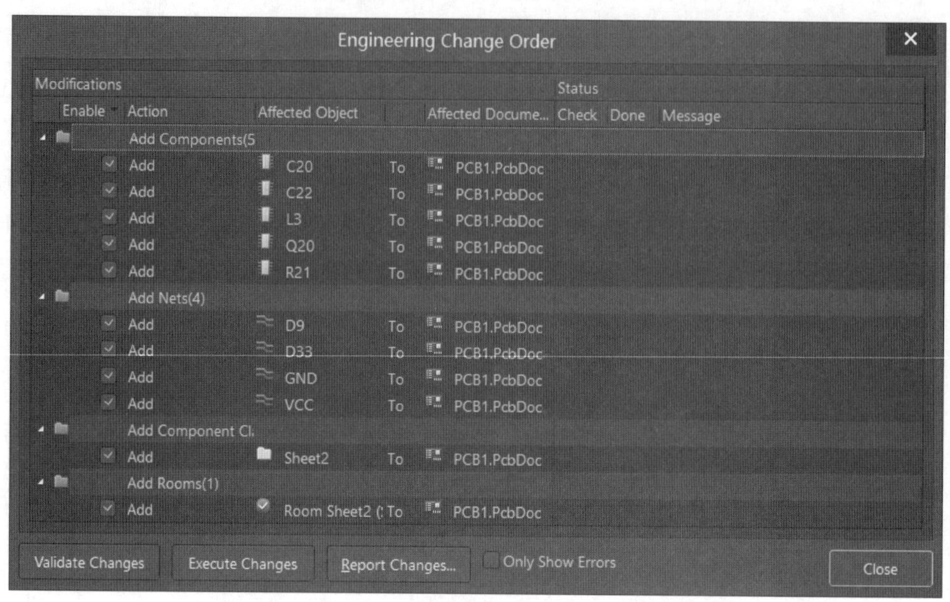

图 3-38 加载原理图元件的封装和电路网络的对话框

在图 3-38 中，Add Component 表示从原理图中添加的所有元件的封装，Add Nets 表示从原理图中添加的所有电路网络名，不需要选择 Add Rooms 选项，单击 Execute Changes 按钮即可把原理图元件的封装和电路网络加载到了 PCB 图中。如果原理图中元件的封装有错误，在图 3-38 对话框中会出现错误的提示。根据错误的提示修改原理图中元件的封装属性，再选择 Design / Import Changes from X.PrjPcb 命令加载原理图中元件的封装和电路网络。

加载完原理图元件的封装和电路网络之后，PCB 图中出现元件的封装，如图 3-39 所示。在图 3-39 中，封装的焊盘之间如果具有连接关系，就会产生提示性的连接线，这种线称为预拉线。图中红色表示顶层中的对象，浅蓝色表示焊盘中的孔，黄色表示丝印层中的对象。

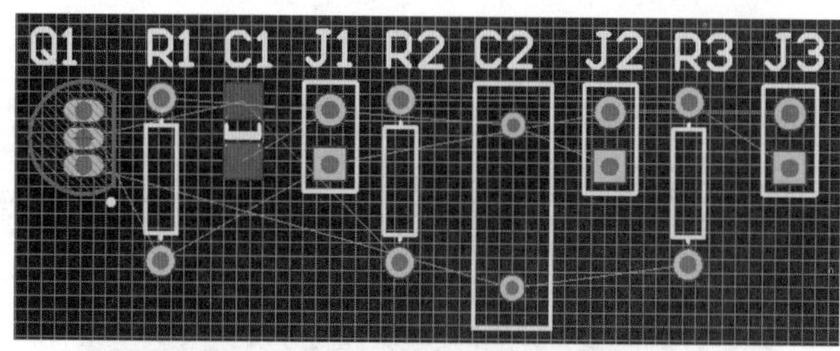

图 3-39 PCB 图中的封装和预拉线

在 PCB 图中，加载完原理图元件的封装之后，把 PCB 图放大，焊盘的网络名会出现在焊盘的表面，具有连接关系的多个焊盘有相同的网络名，如图 3-40 所示，有两个焊盘有相同的网络名 GND，有三个焊盘的网络名都是 NetJ1_2。

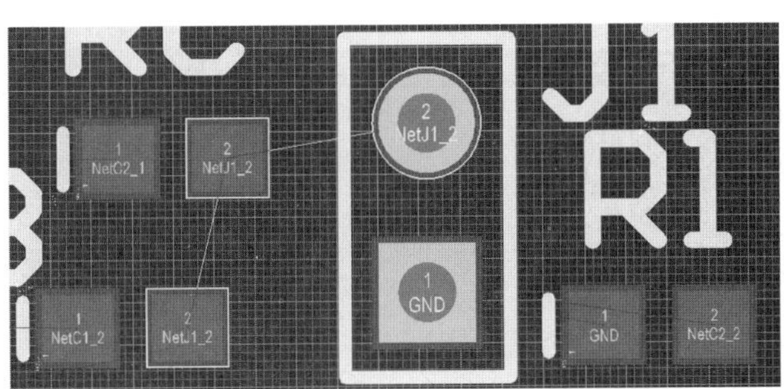

图 3-40　PCB 图中焊盘的网络名

2. 封装的属性对话框

在 PCB 图中双击某个封装，弹出它的属性对话框，如图 3-41 所示，此对话框一些重要属性的功能介绍如下。

(1) (X/Y)属性：设置封装在 PCB 图中的二维坐标。

(2) Rotation 属性：设置封装旋转的角度值。Rotation 的右侧有一个图标，此图标的功能是设置封装是否被锁定，一旦封装被锁定，那么在 PCB 图中就无法改变此封装的位置。

(3) Layer 属性：设置封装所在层的名称，此属性的取值为 Top Layer(顶层)或 Bottom Layer(底层)。

(4) Designator 属性：设置封装的标号，此属性的取值等于此封装对应的原理图元件的标号(Designator)属性值。

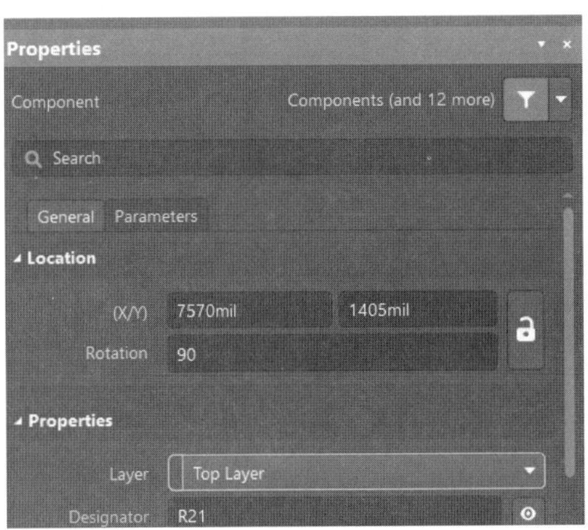

图 3-41　PCB 图中封装的属性对话框

3. 封装的相关介绍

当在电路板上焊接电子元器件时，把电子元器件在电路板上包含的焊盘、轮廓线、占有的面积和电子元器件的标号组合在一起的集合体称为封装，如图 3-42 所示。

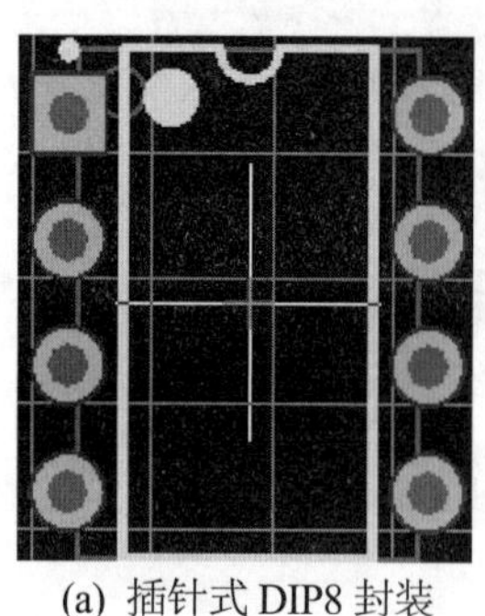

(a) 插针式 DIP8 封装

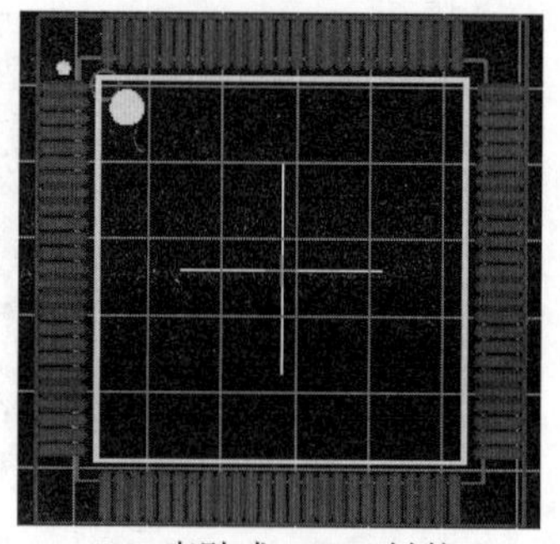

(b) 表贴式 TQFP 封装

图 3-42　封装的示例

封装具有以下两个特点。

(1) 一个型号的电子元器件可能有不同的封装。例如，一个 100 欧姆的电阻有两种类型的封装：插针式封装和表贴式封装，一个集成电路芯片可能有多个不同的封装。在图 3-43 中，(a)和(b)分别表示插针式电阻和表贴式电阻，(c)和(d)分别表示插针式封装和表贴式封装。显然，插针式电阻使用插针式封装，而表贴式电阻使用表贴式封装。

(2) 不同类型的电子元器件可能具有相同的封装。例如，表贴式电容的外形如图 3-44 所示，它和图 3-43(b)中的表贴式电阻可以使用相同的表贴式封装，如图 3-43(d)所示。

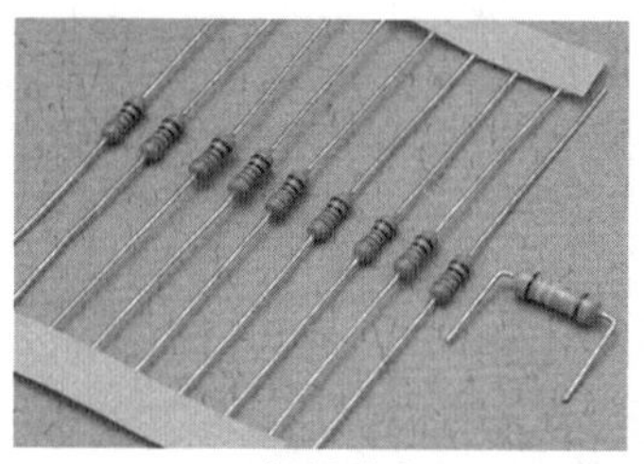

(a) 插针式电阻

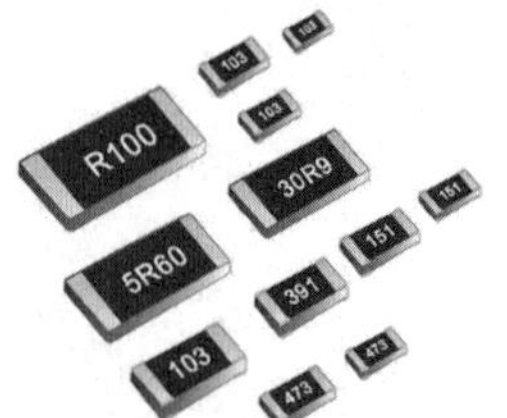

(b) 表贴式电阻

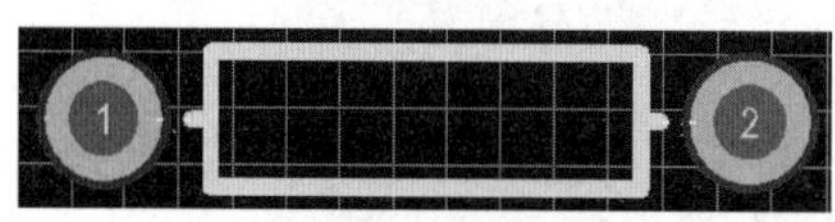

(c) AXIAL 系列插针式封装

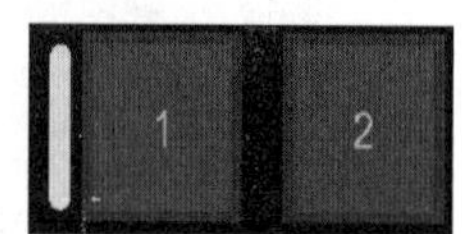

(d) 表贴式封装

图 3-43　电子元器件及封装类型

图 3-44　表贴式电容

元件的封装有两种类型：插针式封装和表贴式封装。插针式封装又称为插孔式封装，该封装的焊盘有一个孔，此孔会穿透整个电路板，如图 3-42(a)和图 3-43(c)所示。图 3-42(a)的封装是双列直插式封装(Dual In-line Package，DIP)，图 3-43(c)的封装是横轴式封装。在焊接插针式的电子元器件时，首先把电子元器件的引脚插入插针式焊盘的孔中，然后使用焊锡把电子元器件的引脚和焊盘焊接在一起。

表贴式封装又称为表面安装式封装或贴片式封装，表贴式封装的焊盘只位于电路板的一个表面(顶层或底层)，如图 3-42(b)、图 3-43(d)、图 3-45 和图 3-46(a)所示。和插针式封装中的焊盘相比，表贴式封装中的焊盘中没有孔。在焊接表贴式的电子元器件时，首先把电子元器件的引脚放置在表贴式焊盘上，然后使用焊锡把电子元器件的引脚和表贴式焊盘焊接在一起。图 3-42(b)、图 3-43(d)和图 3-46(a)中焊盘的颜色是红色，这表明焊盘位于电路板的顶层。图 3-45 中焊盘的颜色是蓝色，这表明焊盘位于电路板的底层。图 3-47 表示使用 TQFP 封装制作的电路板。

图 3-45　底层的表贴式封装

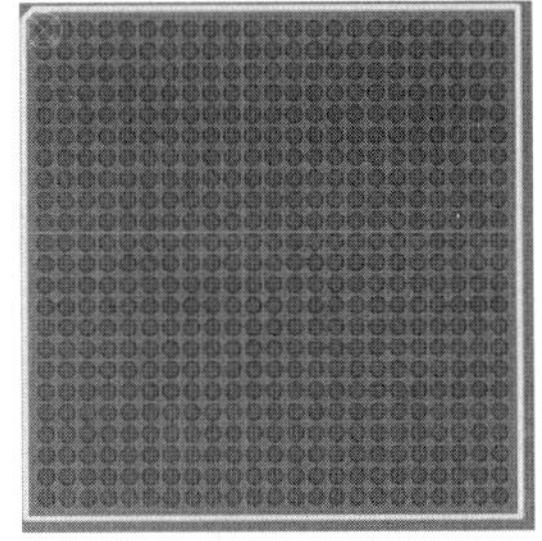
(a) BGA 封装

(b) BGA 封装芯片的正表面

(c) BGA 封装芯片的反表面

图 3-46　BGA 封装和 BGA 封装的芯片

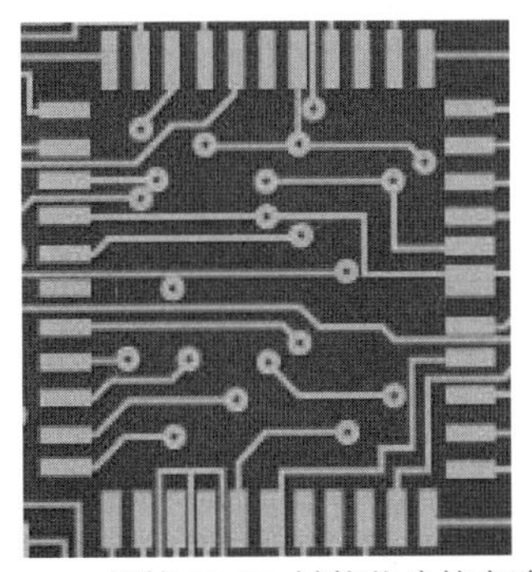
图 3-47　焊接 TQFP 封装芯片的电路板

焊盘是封装的一部分，其功能是焊接电子元器件的引脚。和封装的分类类似，焊盘也分为两类：插针式焊盘和表贴式焊盘。插针式焊盘是插孔式封装的一个组成部分，它的中间有孔，这种孔会穿透电路板，图 3-42(a)和图 3-43(c)中的焊盘就是插针式焊盘。在图 3-42(a)和图 3-43(c)中，浅蓝色的区域表示插针式焊盘中间的孔。表贴式焊盘是表贴式封装的一个组成部分，这种焊盘中没有孔，图 3-42(b)、图 3-43(d)、图 3-45 和图 3-46(a)中的焊盘就是表贴式焊盘。此外，表贴式焊盘只位于电路板的一个表面(即顶层或底层)。

PCB 图中的封装和原理图中的元件具有一一对应的关系，这种对应关系有以下两个方面的具体体现。第一，PCB 图中封装的标号(Designator)属性值等于此封装对应的原理图元件的标号

(Designator)属性值。第二，PCB 图中封装的焊盘和原理图中元件的引脚具有一一对应的关系，即封装焊盘的标号(Designator)属性值等于此封装对应的原理图元件的引脚的序号(Designator)属性值。

在电路板设计中，会遇到原理图中元件引脚的序号属性值和 PCB 图中封装引脚的标号属性值不相等的情况。例如，在原理图中，二极管两个引脚的序号属性值分别使用 A 和 E 表示(A 和 E 分别表示二极管的阳极和阴极)，而在 PCB 图中，封装中两个引脚的标号属性值分别使用 1 和 2 表示；在原理图中，三极管中三个引脚的序号属性值分别使用 B、C 和 E 表示(B、C 和 E 分别表示三极管的基极、集电极和发射极)，而在 PCB 图中，封装三个引脚的标号属性值分别使用 1、2 和 3 表示。在这种情况下，需要修改原理图元件引脚的序号属性值，使它们等于 PCB 图中封装引脚的标号属性值。在第 2 章的“2.3.1 放置原理图的电气部件”中，已经介绍了修改原理图元件引脚序号(Designator)属性的方法。

4. 常用电子元器件的封装

1) 电阻

根据电阻的形状，电阻分为两类：插针式电阻和表贴式电阻。插针式电阻使用插针式封装，表贴式电阻使用表贴式封装。插针式电阻如图 3-43(a)所示，这种类型的电阻使用轴式封装，如图 3-43(c)所示。这种轴式封装的名称是 AXIAL-X，X 表示数字，它的取值范围是 0.3~1.0。AXIAL 后面的数字表示轴式封装中两个焊盘之间的距离，例如 AXIAL-0.4 表示轴式封装中两个焊盘之间的距离是 0.4 英寸(inch)，也就是 400 微英寸(mil)。1 微英寸等于 0.001 英寸，也等于 0.0254 毫米(mm)。

表贴式电阻如图 3-43(b)所示，这种类型的电阻使用的表贴式封装如图 3-43(d)所示。电阻常用的表贴式封装包括 1206、0805、0603 和 0402 等。电阻表贴式封装的不同名称表示电阻具有不同的尺寸和额定功率，如表 3-3 所示。例如，0805 表贴式封装表示电阻的长度和宽度分别是 2mm 和 1.2mm，同时表示电阻的额定功率是 1/8W。

表 3-3　电阻表贴式封装名称和尺寸、额定功率之间的对应关系

表贴式封装名称	0201	0402	0603	0805	1206	1210	1812
尺寸/mm	0.6×0.3	1.0×0.5	1.6×0.8	2.0×1.2	3.2×1.6	3.2×2.5	4.5×3.2
额定功率/W	1/20	1/16	1/10	1/8	1/4	1/3	1/2

2) 电容

电容分为两种类型：无极性电容和有极性电容。无极性电容的两个引脚没有正负极，如图 3-48(a)所示。有极性电容的一个引脚为正极，另外一个引脚为负极，如图 3-48(b)所示。在图 3-48(b)中，有极性电容的表面印刷着电容的容值和耐压值，该电容一个较长的引脚为正极引脚，另外一个较短的引脚为负极引脚。在实际使用中，有极性电容正极引脚的电位一定要大于负极引脚的电位，否则电容就被会损坏。

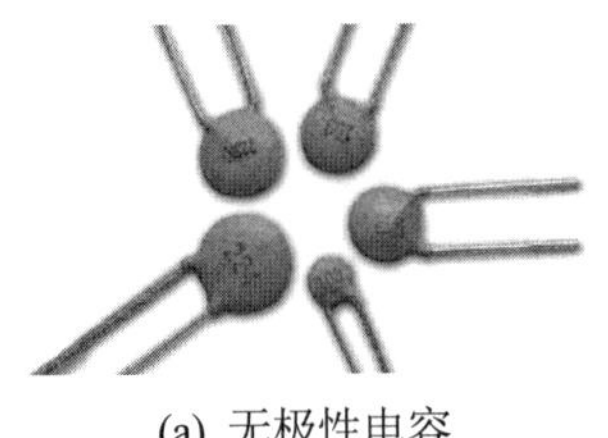

(a) 无极性电容

(b) 有极性电容

图 3-48 无极性电容和有极性电容

和电阻类似，电容的封装分为插针式封装和表贴式封装，如图 3-49 和图 3-50 所示。无极性电容的插针式封装名称是 RAD-X，如图 3-49(a)所示。RAD-X 中的 X 表示封装中两个焊盘中心点之间的距离，X 的取值范围是 0.1~0.4，例如 RAD-0.3 表示两个焊盘中心点之间的距离是 0.3 英寸(也就是 300mil)。有极性电容的插针式封装名称是 RB5-10.5 和 RB7.6-15，封装名称中的数值表示封装的长度，如图 3-49(b)所示。例如 RB5-10.5 表示封装两个焊盘中心点之间的距离为 5 毫米，此封装的直径是 10.5 毫米。

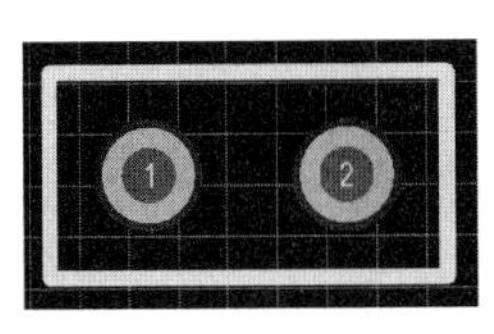

(a) 无极性电容的封装

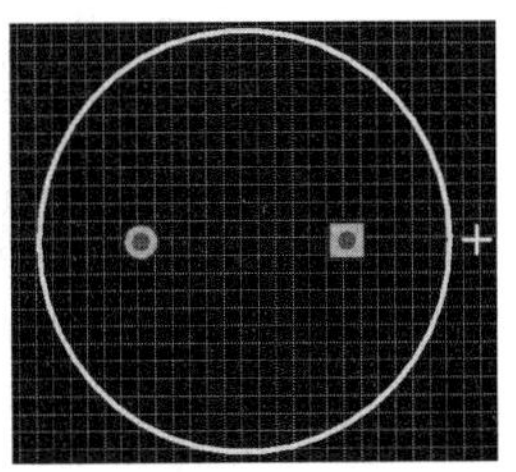

(b) 有极性电容的封装

图 3-49 电容的插针式封装

表贴式电容如图 3-44 所示，它的封装如图 3-50 所示。和电阻的表贴式封装名称相比，电容的表贴式封装名称是在电阻的表贴式封装名称的前面增加了 C 字符，例如 C1206、C0805、C0603 和 C0402 等。和电阻表贴式封装名称的含义类似，电容表贴式封装名称中的数字也表示电容的外形尺寸和额定功率。例如，电容 C0805 封装的外形尺寸和额定功率分别等于电阻 0805 封装的外形尺寸和额定功率。

图 3-50 电容的表贴式封装

3) 电位器

电位器指阻值可以变化的电阻，如图 3-51(a)所示。电位器封装的名称是 VR3、VR4 和 VR5，电位器的 VR5 封装如图 3-51(b)所示。

(a) 电位器

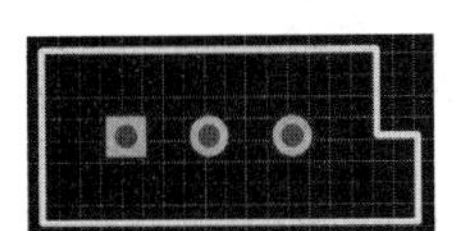

(b) 电位器的 VR5 封装

图 3-51 电位器及其封装

4) 三极管

三极管的封装分为两种：插针式封装和表贴式封装。插针式三极管如图 3-52(a)和(b)所示，它的封装是 TO-92，如图 3-52(c)所示。表贴式三极管如图 3-53(a)所示，它的封装是 SOT23_L，如图 3-53(b)所示。

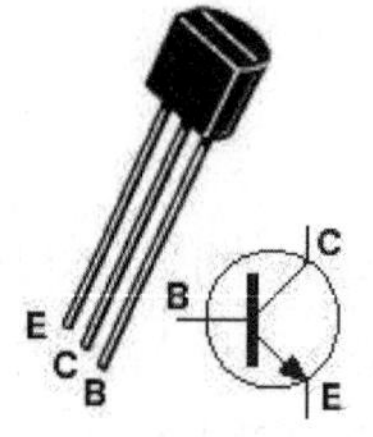

(a) 额定功率小的三极管

(b) 额定功率较大的三极管

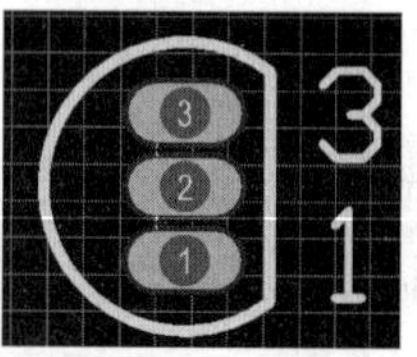

(c) TO-92 封装

图 3-52 插针式三极管及其封装

(a) 表贴式三极管

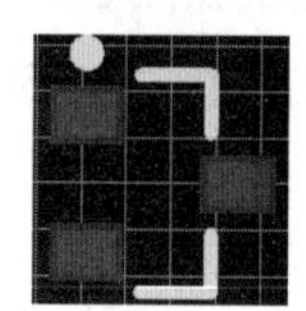

(b) SOT23_L 封装

图 3-53 表贴式三极管及其封装

5) 二极管

二极管的封装分为两种：插针式封装和表贴式封装。插针式二极管如图 3-54(a)所示，它的封装是 DIODE0.4(小功率的二极管)和 DIODE0.7(大功率的二极管)，DIODE0.7 封装如图 3-54(b)所示。表贴式二极管如图 3-55(a)所示，它的封装名称是 DIODE_SMC，如图 3-55(b)所示。

(a) 插针式二极管

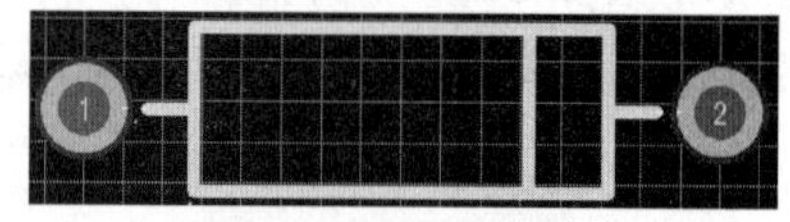

(b) DIODE0.7 封装

图 3-54 插针式二极管及其封装

(a) 表贴式二极管

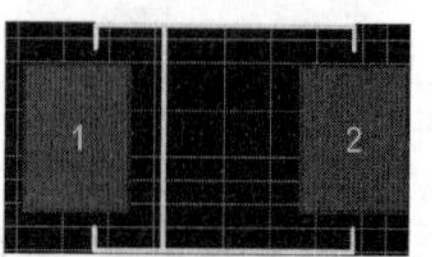

(b) DIODE_SMC 封装

图 3-55 表贴式二极管及其封装

6) 集成电路芯片

集成电路芯片的封装分为两种：插针式封装和表贴式封装。插针式集成电路芯片如图 3-56 所示，它的封装名称是 DIP-X，X 表示集成电路芯片引脚的数量，X 的数值为偶数，其取值范围是 4~14，如图 3-42(a)所示。

图 3-56　插针式集成电路芯片

表贴式集成电路芯片如图 3-57(a)所示，它的类型有很多种：SOP、SOJ、QFP、PLCC 和 BGA 等，表贴式集成电路芯片的封装如图 3-57(b)所示。

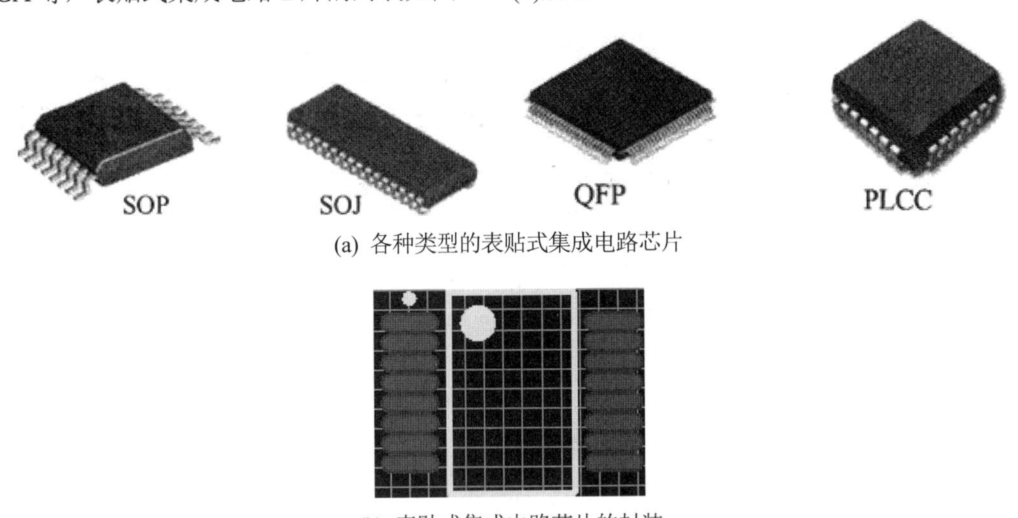

(a) 各种类型的表贴式集成电路芯片

(b) 表贴式集成电路芯片的封装

图 3-57　表贴式集成电路芯片及其封装

3.3.4　放置 PCB 图的对象

1. 放置导线

在 PCB 图中，使用导线(Track)代替连接焊盘的预拉线。绘制完导线之后，焊盘之间的预拉线就会自动消失。导线的功能是连接电子元器件封装的焊盘。将 PCB 图加工为电路板之后，导线就成为电路板上的铜箔连线。

在 PCB 图中，放置导线有以下 5 种方法。

(1) 选择 Place / Track 命令放置导线。

(2) 右击 PCB 图的界面，在弹出的菜单中选择 Interactive Routing 命令放置导线。

(3) 单击图 3-15 中从最左边算起的第 6 个 PCB 图工具栏图标放置导线。

(4) 单击图 3-58 所示 Wiring 工具栏从最左边算起的第 2 个图标放置导线。如果 PCB 图的上方没有显示 Wiring 工具栏图标，选择 View / Toolbars / Wiring 命令就能把 Wiring 图标显示出来。

(5) 使用键盘的组合键 Ctrl+W 放置导线。

图 3-58　PCB 图工具栏中的 Wiring 图标

在 PCB 图中放置导线时，鼠标变为小十字的形状，单击确定导线的起点和终点，右击完成第一条导线的绘制。绘制完第一条线之后，可以接着绘制第二条导线，连续两次右击，退出导线的放置状态。

在放置导线的过程中，使用键盘的空格键改变导线的角度。双击导线，弹出它的属性对话框，如图 3-59 所示，此对话框一些重要属性的功能介绍如下。

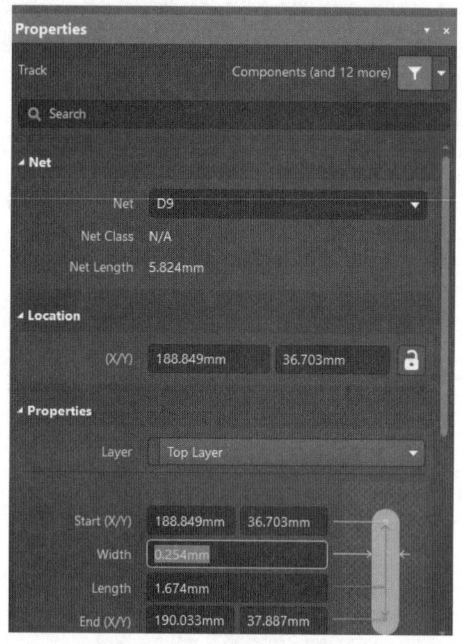

图 3-59　导线的属性对话框

(1) Net 属性：设置导线的网络名称。绘制导线时，导线的网络名称会自动设置为焊盘的网络名称。

(2) (X/Y)属性：设置导线的位置。此属性右侧有一个锁定图标，单击此锁定图标之后，则无法在 PCB 图中移动这个导线。

(3) Layer 属性：设置导线所在层的名称。

(4) Start(X/Y)属性和 End(X/Y)属性：分别设置导线起始点的坐标和结束点的坐标。

(5) Width 属性：设置导线的宽度。

放置导线时，按下键盘的 Tab 键，弹出如图 3-60 所示的对话框，在此对话框中设置导线的默认宽度。在 Width 右侧的编辑框中输入导线的默认宽度。如果导线的默认宽度大于导线的最大值或小于导线的最小值，就需要修改导线宽度的最大值或最小值。选择 Design / Rules 命令，会弹出一个对话框，单击此对话框左侧的 Routing / Width / Width 字符，如图 3-61 所示，在此对话框中修改导线宽度的最大值和最小值。在图 3-61 的下方，分别修改顶层(TopLayer)和底层(BottomLayer)中导线宽度的数值，Min Width、Preferred Size 和 Max Width 分别表示导线宽度的最小值、默认值和最大值。一般来说，导线宽度的最小值设置为 3mil，最大值设置为 100mil。此外，选择 Design / Rules / Routing / Width 命令，也能够弹出如图 3-61 所示的对话框。

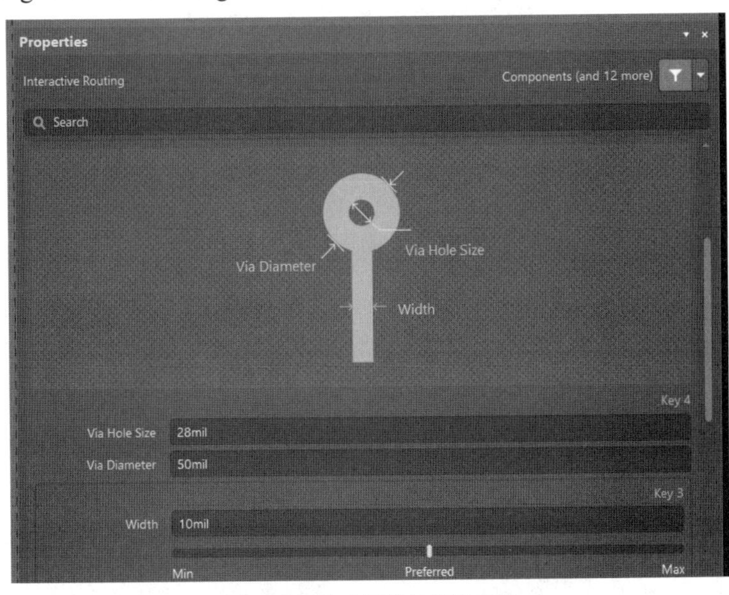

图 3-60　修改导线的默认宽度

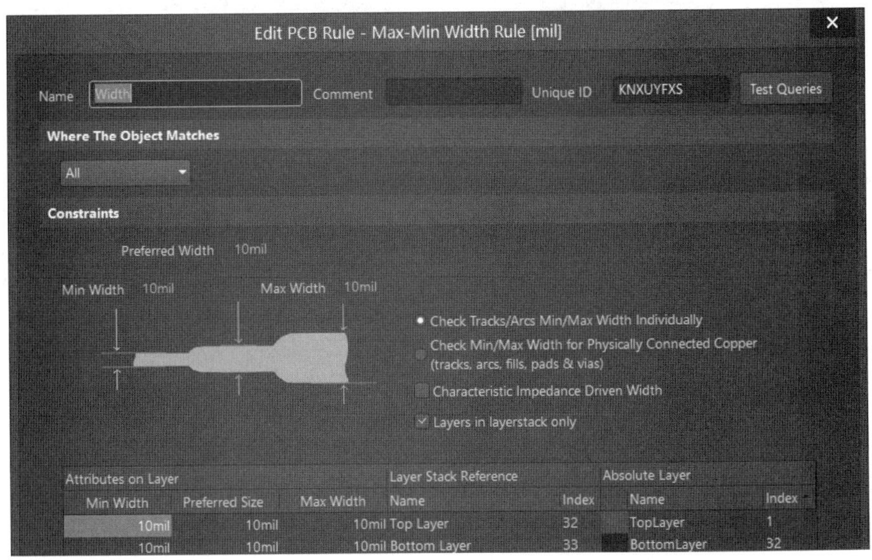

图 3-61　修改导线宽度的最大值和最小值

2. 放置过孔

在 PCB 图中，过孔的功能是连接不同层中有相同网络名的对象(例如导线和多层电路板中间的平面层等)。在图 3-62 中，过孔连接顶层中的红色导线和底层中的蓝色导线。

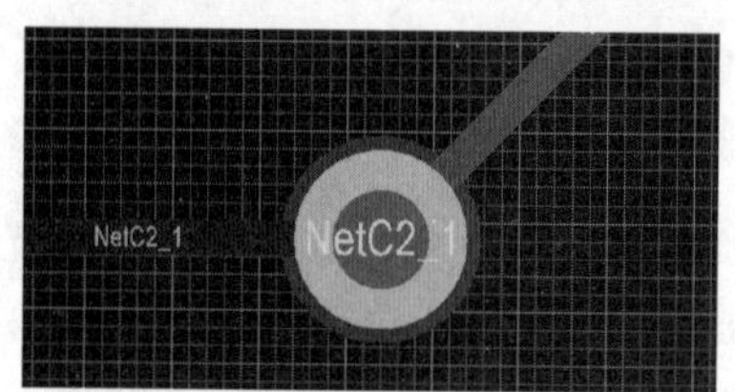

图 3-62 过孔的作用示意图

在 PCB 图中，过孔有以下两种应用场合。第一，当在 PCB 图的某一层中绘制导线时，使用过孔切换到 PCB 图的另外一层继续绘制导线，如图 3-63 所示。在图 3-63 中，当从最右边算起的第 2、3 个焊盘向下绘制顶层的红色导线时，由于前方有障碍物而无法通过，所以使用过孔到底层继续绘制蓝色的导线。第二，在多层电路板中，使用过孔连接电路板内部的平面层。在图 3-64 中，PCB 图是一个多层电路板，此电路板的内部有电源平面层和地平面层，此图中的顶层有一个集成电路芯片，此芯片的三个电源引脚分别使用一个电容进行滤波，这三个电容放置在电路板的底层。这三个电容的左侧和右侧都有一个过孔，左侧的过孔连接顶层的红色导线、底层的蓝色导线和多层电路板内部的电源平面层，而右侧的过孔连接底层的蓝色导线和多层电路板内部的地平面层。

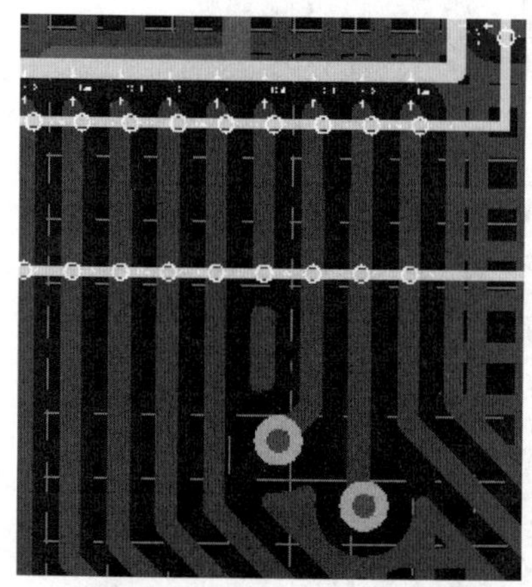

图 3-63 过孔使用的第一个例子

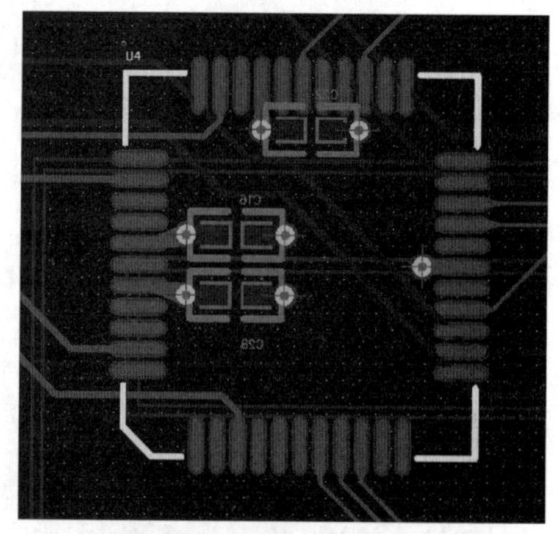

图 3-64 过孔使用的第二个例子

在 PCB 图中，过孔有以下 4 种放置方法。

(1) 选择 Place / Via 命令放置过孔。

(2) 首先右击 PCB 图的界面，然后在弹出的菜单中选择 Place / Via 命令放置过孔。

(3) 单击图 3-15 中从最左边算起的第 8 个 PCB 图工具栏图标放置过孔。

(4) 单击图 3-58 中工具栏 Wiring 从最左边算起的第 6 个图标放置过孔。

在 PCB 图中，双击过孔弹出它的属性对话框，如图 3-65 所示，此属性对话框一些属性的功能介绍如下。

(1) Net 属性：设置过孔的网络名。在 PCB 图中，当把过孔放到导线上时，过孔的网络名会自动设置为导线的网络名。此外，当把 PCB 图放大之后，过孔上就会显示出它的网络名。

(2) (X/Y)属性：设置过孔在 PCB 图中的坐标。此属性右侧有一个锁定图标，单击此锁定图标之后，则无法在 PCB 图中移动过孔。

(3) Hole Size 属性：设置过孔内中间通孔的直径。

(4) Diameter 属性：设置过孔的直径。

(5) Drill Pair 属性：设置过孔穿透电路板的开始层和结束层。

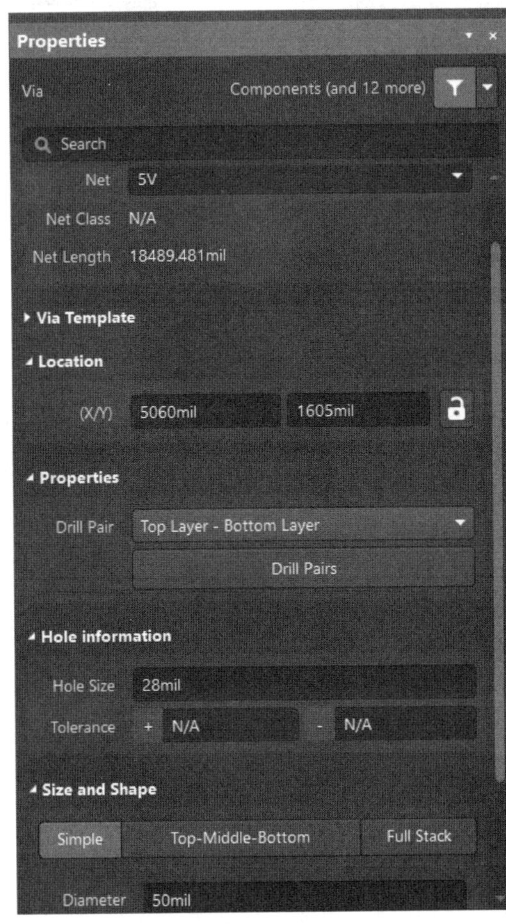

图 3-65　过孔的属性对话框

过孔和插针式焊盘有相同之处，也有不同之处。这两种对象的相同之处是它们的中心位置都有孔，如图 3-66 所示。这两种对象有以下三点区别。

(1) 两者在 PCB 图中显示的颜色不一样，过孔中通孔的颜色值是棕色，而插针式焊盘中通孔的颜色值是浅蓝色，如图 3-66 所示。

(2) 插针式焊盘是插针式封装的一个组成部分，而过孔是一个独立的对象。

(3) 这两种对象具有不同的功能，过孔的功能是连接 PCB 图不同层中的对象，而插针式焊盘除了能够连接 PCB 图不同层中的对象之外，还能够焊接电子元器件的引脚。

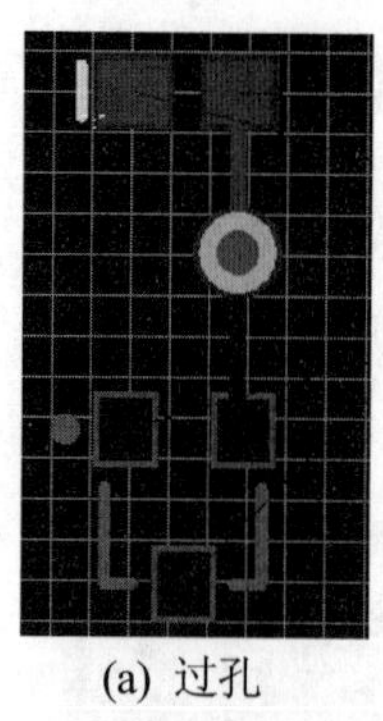
(a) 过孔

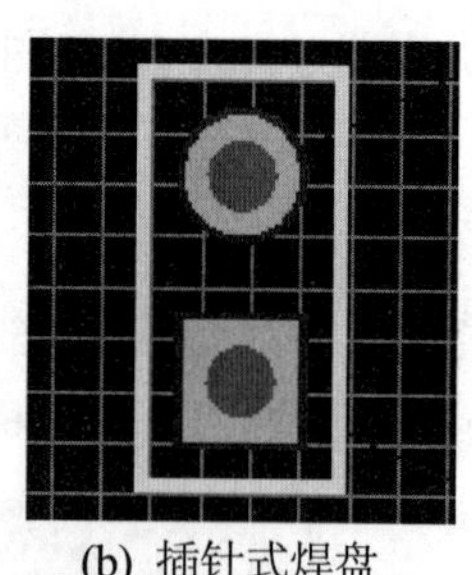
(b) 插针式焊盘

图 3-66　过孔和插针式焊盘

在电路板中，过孔有三种类型：通孔、盲孔和埋孔，如图 3-67 所示。通孔指能够穿透整个电路板的连接孔，它连接着电路板的顶层和底层。通孔在工艺上容易实现，成本较低，所以在电路板中经常使用这种类型的孔。盲孔指位于电路板表面层(顶层或底层)与中间层之间的连接孔，这种孔具有一定的深度。埋孔指位于电路板中间层之间的连接孔，它不会延伸到电路板的表面。盲孔和埋孔都不能穿透整个电路板。

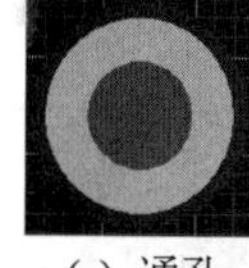
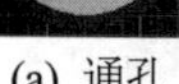
(a) 通孔

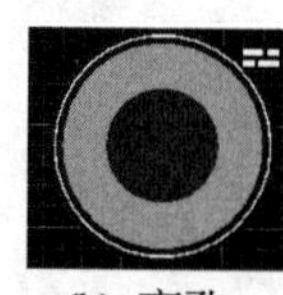
(b) 盲孔

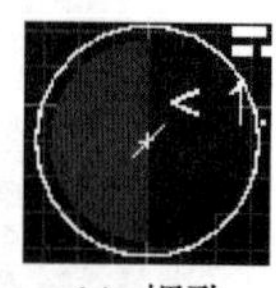
(c) 埋孔

图 3-67　过孔的类型

在电路板中，通孔的起始层(Start Layer)和结束层(End Layer)分别是顶层(Top Layer)和底层(Bottom Layer)。在双层电路板中，过孔只有通孔这一种类型的孔。四层电路板有四层：顶层、中间平面层 1(Internal Plane 1)、中间平面层 2(Internal Plane 2)和底层，所以四层电路板有通孔、盲孔和埋孔这三种类型的过孔，如图 3-68 所示。四层电路板有四种类型的盲孔，它们具有不同的起始层和结束层：起始层和结束层分别是顶层和中间平面层 1，起始层和结束层分别是顶层和中间平面层 2，起始层和结束层分别是中间平面层 1 和底层，起始层和结束层分别是中间平面层 2 和底层。四层电路板有一种类型的埋孔，它的起始层和结束层分别是中间平面层 1 和中间平面层 2。表 3-4 详细说明了四层电路板中过孔的类型。

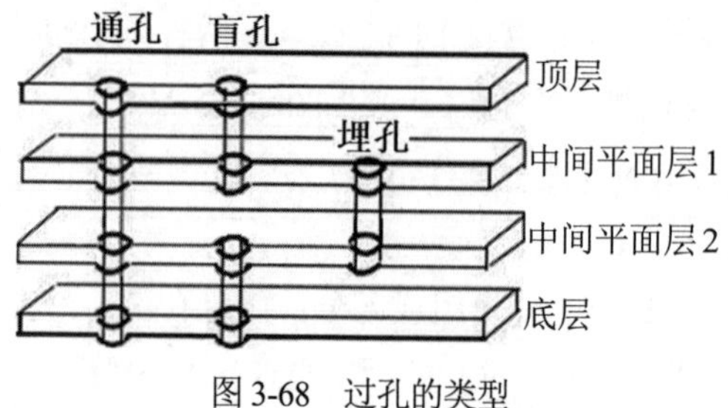

图 3-68　过孔的类型

表 3-4　四层电路板中过孔的类型

序号	起始层	结束层	过孔的类型
1	顶层	中间平面层 1	盲孔
2	顶层	中间平面层 2	盲孔
3	顶层	底层	通孔
4	中间平面层 1	中间平面层 2	埋孔
5	中间平面层 1	底层	盲孔
6	中间平面层 2	底层	盲孔

3. 放置字符串

在 PCB 图中，字符串的功能是表示一些电路板的信息，例如电路板的版本号和公司名称等。字符串有以下 4 种放置方法。

(1) 选择 Place / String 命令放置字符串。

(2) 首先右击 PCB 图的界面，然后在弹出的菜单中选择 Place / String 命令放置字符串。

(3) 单击图 3-15 中从最右边算起的第 2 个 PCB 图工具栏图标放置字符串。

(4) 单击图 3-58 中工具栏 Wiring 从最右边算起的第 2 个图标放置字符串。

在 PCB 图中，放置字符串的示例如图 3-69 所示。图 3-69 中放置了此电路板的名称和版本号：下位机的控制板 V1_0，此外在接插件 J5 的 4 个焊盘处放置了这 4 个焊盘的说明：光源 3、光源 2、光源 1 和 220V。

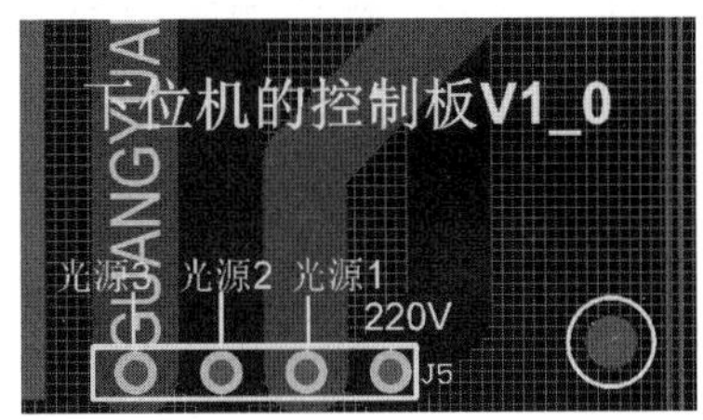

图 3-69　PCB 图中字符串的示例

在 PCB 图中双击字符串，弹出它的属性对话框，如图 3-70 所示，此对话框中一些重要属性的功能介绍如下。

(1) (X/Y)属性：设置字符串在 PCB 图中的位置坐标。此属性右侧有一个锁定图标，单击此锁定图标后，字符串就会被锁定，那么将无法在 PCB 图中移动此字符串。

(2) Rotation 属性：设置字符串旋转的角度。

(3) Text 属性：设置字符串的内容。

(4) Layer 属性：设置字符串在 PCB 图中所在层的名称，此属性设置为顶层丝印层(Top Overlay)或底层丝印层(Bottom Overlay)。如果 Layer 属性设置为顶层丝印层，那么在电路板加工之后，字符串印刷在电路板的顶层；如果 Layer 属性设置为底层丝印层，那么在电路板加工之后，字符串印刷在电路板的底层。

(5) Text Height 属性：设置字符串的高度。

(6) Font Type 属性：设置字符串的字体。如果字符串的内容包含中文，那么 Font 属性必须设置为 TrueType 字体，否则 PCB 图中的字符串将不能正确地显示出汉字。

图 3-70　字符串的属性对话框

4. 放置圆弧和圆

在 PCB 图中，圆弧和圆的功能是绘制电路板的物理边界和图案等。圆弧和圆有以下 3 种放置方法。

(1) 选择 Place / Arc(Center)、Place / Arc(Edge)、Place / Arc(Any Angle)命令放置圆弧，选择 Place / Full Circle 命令放置圆。

(2) 右击 PCB 图的界面，在弹出的菜单中选择 Place / Arc(Center)、Place / Arc(Edge)、Place/ Arc(Any Angle)放置圆弧，选择 Place / Full Circle 命令放置圆。

(3) 单击图 3-58 中工具栏 Wiring 从最左边算起的第 7 个图标放置圆弧。

双击圆弧或圆，弹出它的属性对话框，如图 3-71 所示，此属性对话框中一些重要属性的功能介绍如下。

(1) Net 属性：设置圆弧或圆的网络名称。

(2) (X/Y)属性：设置圆弧或圆的圆心在 PCB 图中位置的坐标值。此属性的右侧有一个锁定图标，单击此锁定图标后，将无法在 PCB 图中移动圆弧或圆。

(3) Layer 属性：设置圆弧或圆所在层的名称，此属性通常设置为机械层或丝印层等。如果 Layer 属性设置为机械层(Mechanical 1)，那么圆弧或圆通常用于绘制电路板的物理边界；如果 Layer 属性设置为顶层丝印层(Top Overlay)或底层丝印层(Bottom Overlay)，那么圆弧或圆通常用于绘制电路板的图案，例如公司的徽标等。

(4) Width 属性：设置圆弧或圆的宽度值。

(5) Radius 属性：设置圆弧或圆的半径值。

(6) Start Angle 属性和 End Angle 属性：分别设置圆弧或圆的起始角度值和结束角度值。

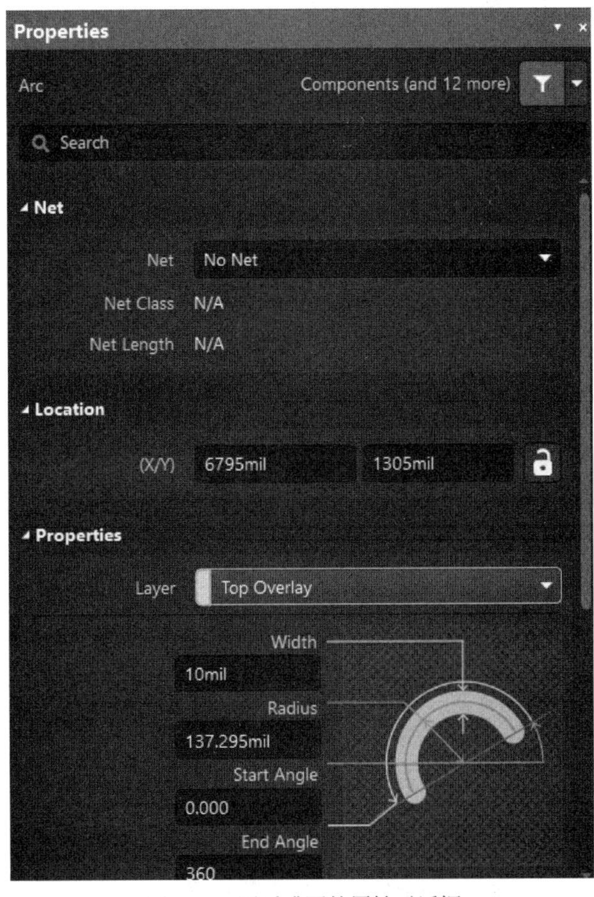

图 3-71　圆弧或圆的属性对话框

5. 放置线条

在 PCB 图中，线条的功能是绘制电路板的物理边界和图案等。线条有以下 3 种放置方法。

(1) 选择 Place / Line 命令放置线条。

(2) 首先右击 PCB 图的界面，然后在弹出的菜单中选择 Place / Line 命令放置线条。

(3) 单击图 3-15 中最右边的 PCB 图工具栏图标放置线条。

在 PCB 图中双击线条，弹出它的属性对话框，如图 3-72 所示，此对话框中一些重要属性的功能介绍如下。

(1) Net 属性：设置线条所在的网络名称。

(2) Layer 属性：设置线条所在的层，该属性通常设置为机械层或丝印层。如果 Layer 属性设置为机械层(Mechanical 1)，那么线条通常用于绘制电路板的物理边界。如果 Layer 属性设置为顶层丝印层(Top Overlay)或底层丝印层(Bottom Overlay)，那么线条通常用于绘制 PCB 图的图案，例如公司的徽标等。

(3) Start(X/Y)属性和 End(X/Y)属性：分别设置线条的起始坐标值和结束坐标值。

(4) Width 属性：设置线条的宽度值。

(5) Length 属性：设置线条的长度值。

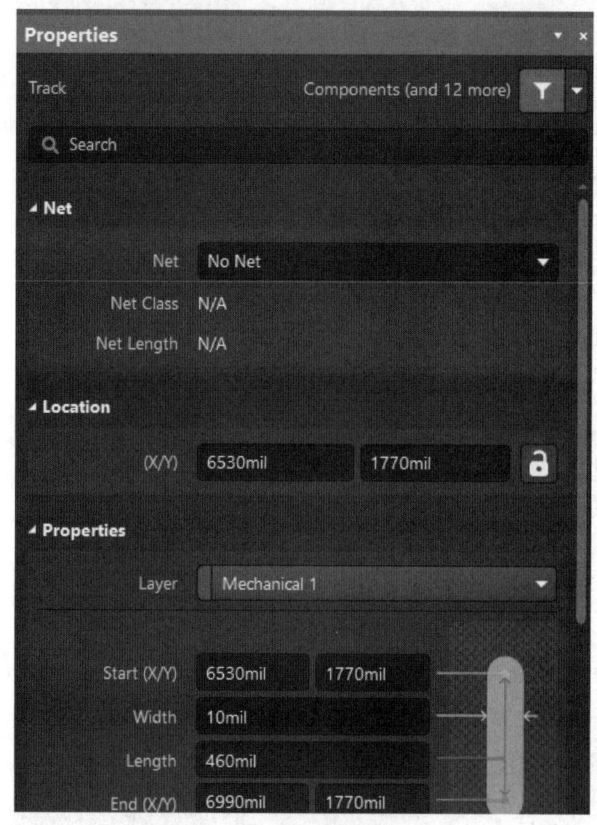

图 3-72　线条的属性对话框

3.3.5　PCB 图常用的编辑操作

1. 对象的编辑操作

在 PCB 图中，把封装、过孔、导线、字符串和焊盘等统称为 PCB 图的对象。对象的操作包括对象的选择、取消对象的选择、复制选择的对象、粘贴选择的对象、剪切选择的对象和删除选择的对象。

1) 对象的选择

进行对象的复制、对象的粘贴、对象的剪切和对象的删除之前，首先完成对象的选择操作，

否则无法进行上述的对象操作。

(1) 对于靠近在一起的多个对象，它们的选择操作有以下 4 种方法。

- 拖动鼠标的左键在 PCB 图中画一个矩形框，此矩形框包围的多个对象就被选择了，被选择的对象在 PCB 图中会呈现白色。
- 使用图 3-15 中从最左边算起的第 3 个 PCB 图工具栏图标，完成对象的选择操作。
- 使用 PCB 图中工具栏 PCB Standard 中从最左边算起的第 13 个图标，如图 3-73 所示，完成对象的选择操作。如果 PCB 图的上方没有显示 PCB Standard 工具栏图标，那么选择 View / Toolbars / PCB Standard 命令能够把 PCB Standard 工具栏图标显示出来。
- 选择 Edit / Select / Inside Area 命令，也能够完成对象的选择操作。

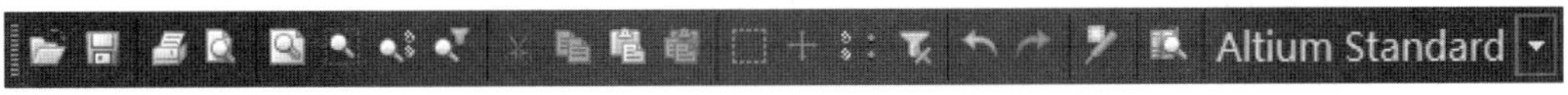

图 3-73　PCB 图中的 PCB Standard 图标

(2) 对于在不同位置处多个对象的选择操作，有以下两种方法。

- 首先按下键盘的 Shift 按键不松开，然后单击要选择的多个对象，即可完成在不同位置处多个对象的选择操作。
- 首先按下键盘的 S 键；然后按下键盘的 T 键，鼠标变成小十字的形状；最后单击要选择的多个对象，完成在不同位置处多个对象的选择操作。

2) 取消对象的选择

取消对象的选择有以下 4 种方法。

(1) 单击 PCB 图中的空白区域取消对象的选择，被取消选择的对象不再呈现白色。

(2) 首先按下键盘的 X 键，然后按下键盘的 A 键取消对象的选择。

(3) 单击如图 3-73 所示 PCB 图中工具栏 PCB Standard 中从最左边算起的第 15 个图标取消对象的选择。

(4) 选择 Edit / DeSelect / All 命令取消对象的选择。

3) 复制选择的对象

复制选择的对象有以下 3 种方法。

(1) 首先完成对象的选择操作；然后依次按下键盘的 Ctrl 键和 C 键，鼠标变为小十字的形状；最后单击 PCB 图中被选择的对象，完成被选择对象的复制操作。

(2) 单击如图 3-73 所示 PCB 图中工具栏 PCB Standard 中从最左边算起的第 10 个图标，完成被选择对象的复制操作。

(3) 选择 Edit / Copy 命令完成被选择对象的复制操作。

4) 粘贴选择的对象

粘贴选择的对象有以下 3 种方法。

(1) 首先完成对象的选择操作；然后完成对象的复制操作；最后依次按下键盘的 Ctrl 键和 V 键，完成被选择对象的粘贴操作。

(2) 单击如图 3-73 所示 PCB 图工具栏 PCB Standard 中从最左边算起的第 11 个图标，完成被选择对象的粘贴操作。

(3) 选择 Edit / Paste 命令完成被选择对象的粘贴操作。

5) 剪切选择的对象

剪切选择的对象有以下 3 种方法。

(1) 首先完成对象的选择操作；然后依次按下键盘的 Ctrl 键和 X 键，完成被选择对象的剪切操作。

(2) 单击如图 3-73 所示 PCB 图工具栏 PCB Standard 中从最左边算起的第 9 个图标，完成被选择对象的剪切操作。

(3) 选择 Edit / Cut 命令完成被选择对象的剪切操作。

6) 删除选择的对象

删除选择的对象有以下两种方法。

(1) 首先完成对象的选择操作，然后按下键盘的 Delete 键完成被选择对象的删除操作。

(2) 首先完成对象的选择操作，然后选择 Edit / Delete 命令完成被选择对象的删除操作。

2. 视图的操作

1) 视图的放大和缩小

在 PCB 图中，放大和缩小视图有以下 4 种方法。

(1) 首先按下鼠标中间的按键不要松开，然后向前或向后移动鼠标，能够放大或缩小视图。

(2) 首先按下键盘的 Ctrl 键不要松开，然后向前或向后滚动鼠标中间的按键，能够放大或缩小视图。

(3) 按下键盘的 PgUp 键或 PgDn 键放大或缩小视图。

(4) 选择 View / Zoom In 命令放大视图，选择 View / Zoom Out 命令缩小视图。

2) 视图的移动

在 PCB 图中，首先按下鼠标的右键不松开，然后移动鼠标，就能够移动视图。

3) 显示 PCB 图中的全部对象

在 PCB 图中，显示 PCB 图中的全部对象有以下两种方法。

(1) 单击如图 3-73 所示 PCB 图工具栏 PCB Standard 中从最左边算起的第 5 个图标，即可显示 PCB 图中的全部对象。

(2) 选择 View / Fit Document 命令显示 PCB 图中的全部对象。

3. 取消和重复上一次的操作

1) 取消上一次的操作

在 PCB 图中，取消上一次的操作有以下 3 种方法。

(1) 使用键盘的组合按键 Ctrl + Z 取消 PCB 图上一次的操作。

(2) 单击如图 3-73 所示 PCB 图工具栏 PCB Standard 中从最左边算起的第 17 个图标，即可取消 PCB 图上一次的操作。

(3) 选择 Edit / Undo 命令取消 PCB 图上一次的操作。

2) 重复上一次的操作

在 PCB 图中，重复上一次的操作有以下 3 种方法。

(1) 使用键盘的组合按键 Ctrl + Y 重复 PCB 图上一次的操作。

(2) 单击如图 3-73 所示 PCB 图工具栏 PCB Standard 中从最左边算起的第 18 个图标，即可重复 PCB 图上一次的操作。

(3) 选择 Edit / Redo 命令重复 PCB 图上一次的操作。

4. 旋转操作

在 PCB 图中，对象的旋转操作有三种类型：顺时针旋转 90 度、左右翻转、上下翻转。把鼠标放到 PCB 图中的某个对象上，并按下鼠标的左键不松开，鼠标变为小十字的形状，此时按下键盘的空格键，该对象能够顺时针旋转 90 度；此时按下键盘的 X 键，该对象能够左右翻转；此时按下键盘的 Y 键，该对象能够上下翻转。

5. 查找封装

在 PCB 图中，封装的查找有以下两种方法。

(1) 首先按下键盘的 J 键，然后按下键盘的 C 键，弹出如图 3-74 所示的对话框，在该对话框中输入某个封装的标号，并按下 OK 按钮，就能够在 PCB 图中查找该封装。

(2) 选择 Edit / Jump / Component 命令也会弹出如图 3-74 所示的对话框，进行封装的查找。

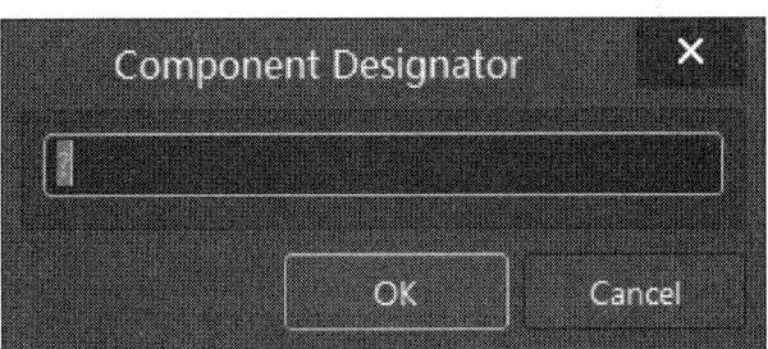

图 3-74　在 PCB 图中查找封装的对话框

6. 英制和公制的相互转换操作

在 PCB 图中，经常需要进行英制单位(mil)和公制单位(mm)相互转换的操作，这种转换操作有以下两种方法。

(1) 按下键盘的 Q 按键完成这种转换操作。

(2) 选择 View / Toggle Units 命令完成这种转换操作。

这里要注意英制单位和公制单位之间的转换关系：1mil 等于 0.0254mm。

7. 改变 PCB 图的当前层

在 PCB 图中，当前层的名称会使用黄色显示在 PCB 图的左上角。同时按下键盘的 Shift 键和 H 键，能够关闭 PCB 图左上角的指示信息；再一次同时按下键盘的 Shift 键和 H 键，PCB 图左上角的指示信息就会显示出来。在绘制 PCB 图时，经常需要改变 PCB 图当前的层，为实现这种操作有以下 3 种方法。

(1) 单击 PCB 图下方各个层的按钮，就能够改变 PCB 图当前的层。

(2) 使用键盘中数字小键盘的*键，能够改变 PCB 图中当前的层。

(3) 首先同时按下键盘的 Ctrl 键和 Shift 键，然后滚动鼠标中间的按键，能够改变 PCB 图中当前的层。

8. 各种工具栏图标的显示方法

选择 View / Toolbars / PCB Standard 命令把 PCB Standard 工具栏图标显示在 PCB 图的上方，如图 3-73 所示。选择 View / Toolbars / Utilities 命令把 Utilities 工具栏图标显示在 PCB 图的上方，如图 3-20 所示。选择 View / Toolbars / Wiring 命令把 Wiring 工具栏图标显示在 PCB 图的上方，如图 3-58 所示。

9. 测量两点之间的距离

在 PCB 图中，经常需要测量两点之间的距离。为了实现这个操作，有以下两种方法。

(1) 首先按下键盘的 Ctrl 键；然后按下键盘的 M 键，鼠标变为小十字的形状；最后单击 PCB 图上的两个点，弹出如图 3-75 所示的对话框，显示出这两个点之间的距离、这两个点分别在 X 方向(即水平方向)和 Y 方向(即竖直方向)上的距离。在图 3-75 中，Distance = 320.975mil(8.153mm)表示两个点之间的距离是 320.975mil(8.153mm)，X Distance = 320mil(8.128mm)表示两个点在水平方向之间的距离是 320mil(8.128mm)，Y Distance = 25mil(0.635mm)表示两个点在竖直方向之间的距离是 25mil(0.635mm)。

(2) 选择 Reports / Measurement Distance 命令测量 PCB 图中两个点之间的距离。

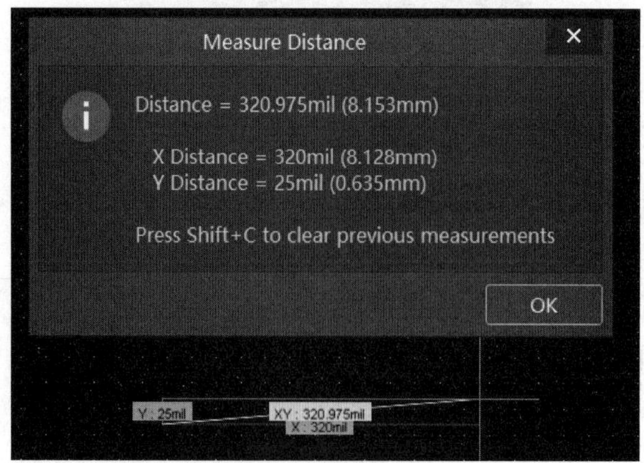

图 3-75　测量 PCB 图中两点之间的距离

10. 使用菜单的快捷键

在 Altium Designer 18 软件的菜单中，有的字母下面有下画线，这种有下画线的字母就是该菜单命令的快捷键，如图 3-76 所示。

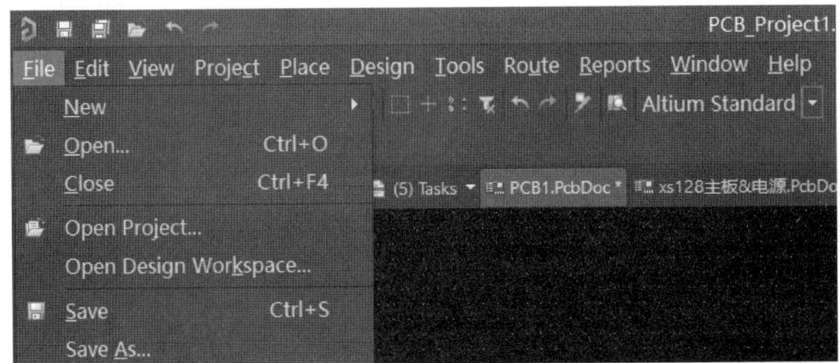

图 3-76　菜单的快捷键

11. 布线拐弯形状的切换

在 PCB 图中绘制导线时，经常遇到拐弯的情况。遇到拐弯情况时，同时按下键盘的 Ctrl 键、Shift 键和空格键，使导线的拐弯在 45 度、圆弧、直角、1/4 圆和任意角度这 5 种形状之间进行转换，如图 3-77 所示。

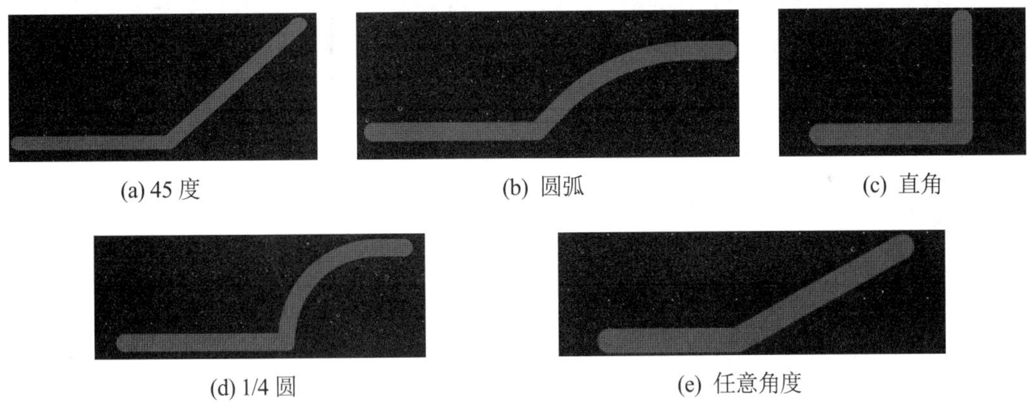

(a) 45 度　(b) 圆弧　(c) 直角　(d) 1/4 圆　(e) 任意角度

图 3-77　PCB 图中导线拐弯的 5 种形状

12. PCB 图的单层显示模式

在 PCB 图的设计中，可以把 PCB 图设置为单层显示模式，即只显示 PCB 图某一层中的对象，而不显示其他层的对象，这种显示模式能够方便检查 PCB 图中每层的对象。同时按下键盘的 Shift 键和 S 键，PCB 图就会出现单层显示模式，如图 3-78 所示。

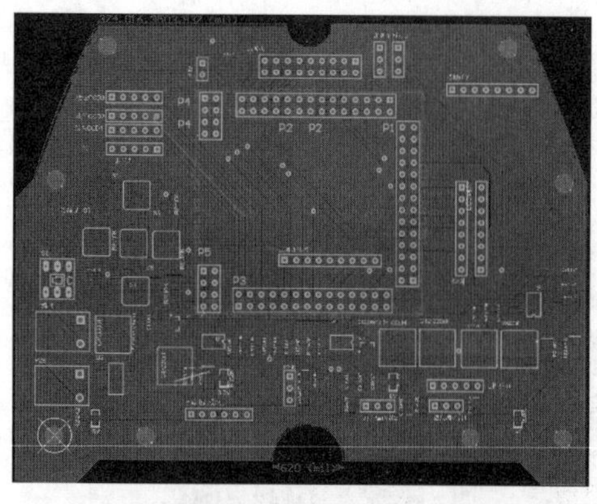

(a) 没有进行单层显示的 PCB 图

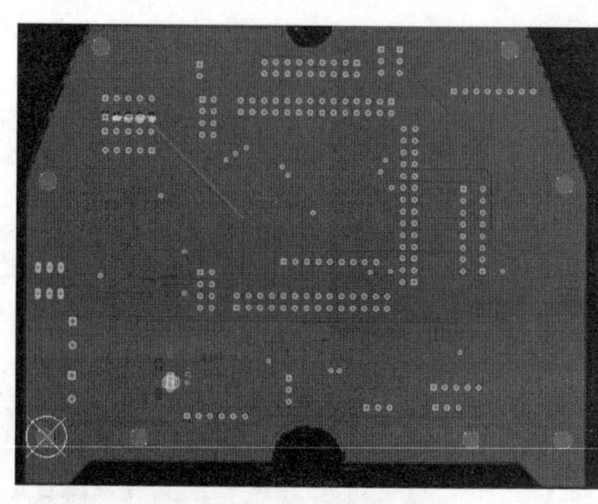

(b) 只显示 PCB 图的顶层

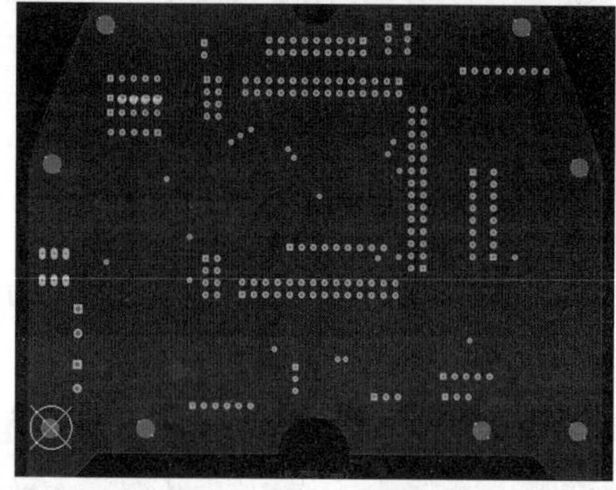

(c) 只显示 PCB 图的底层

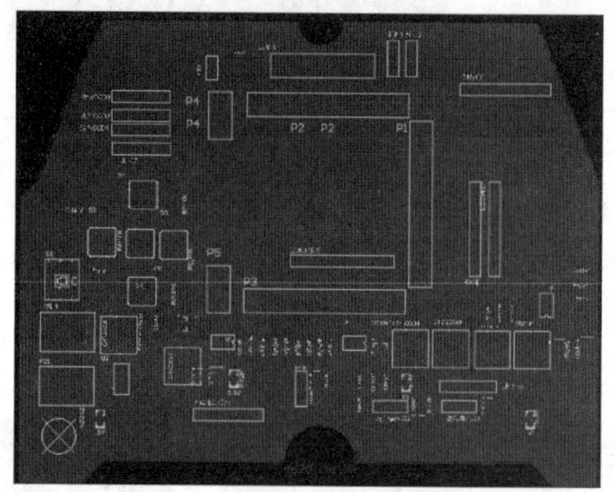

(d) 只显示 PCB 图的顶层丝印层

图 3-78 PCB 图中的单层显示模式

13. 设置 PCB 图中对象移动的最小距离

在 PCB 图中，可以使用 Utilities 工具栏图标设置 PCB 图中对象能够移动的最小距离。在图 3-20 中，单击最右边图标右侧向下的箭头，出现图 3-79 所示选项。在图 3-79 中，单击 1 Mil 选项，即可把 PCB 图中对象移动的最小距离设置为 1 mil。

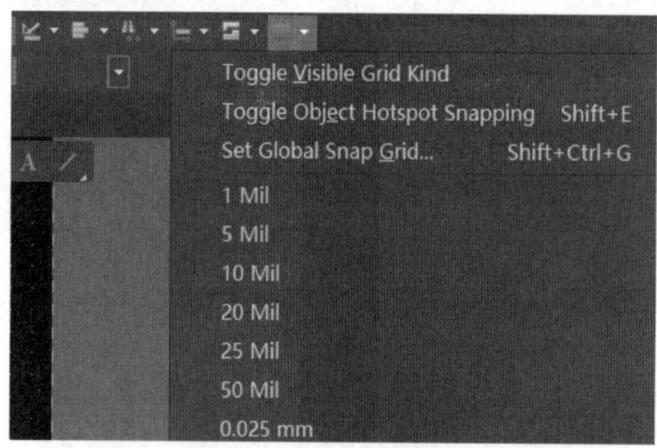

图 3-79 设置 PCB 图中对象移动的最小距离

3.3.6　封装的布局

在电路板设计中，布局指把封装在 PCB 图中进行合理的摆放，使电子元器件在电路板中能够正常地工作。

1. 封装摆放图标介绍

选择 Edit / Align 命令中的子菜单，使封装在 PCB 图中进行整齐的排列。此外，使用 Utilities 工具栏图标也能够进行封装的摆放，单击图 3-20 中从最左边算起的第 2 个图标右侧的箭头，弹出封装摆放的图标，如图 3-80 所示，下面详细介绍这些图标的摆放功能。

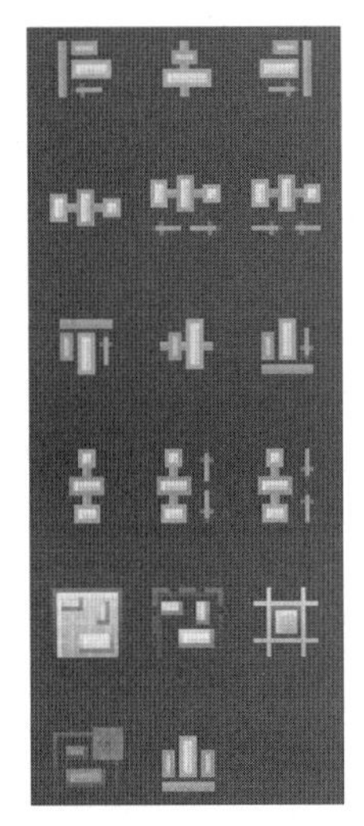

图 3-80　封装的摆放图标

(1) 第一行最左边图标的功能是把选择的多个封装按照左对齐方式排列。

(2) 第一行最右边图标的功能是把选择的多个封装按照右对齐方式排列。

(3) 第二行最左边图标的功能是把选择的多个封装按照水平方向进行等间距的排列。

(4) 第二行中间图标的功能是在水平方向上增大选择的多个封装之间的距离。

(5) 第二行最右边图标的功能是在水平方向上减小选择的多个封装之间的距离。

(6) 第三行最左边图标的功能是把选择的多个封装按照上对齐方式排列。

(7) 第三行最右边图标的功能是把选择的多个封装按照下对齐方式排列。

(8) 第四行最左边图标的功能是把选择的多个封装按照竖直方向进行等间距的排列。

(9) 第四行中间图标的功能是在竖直方向上增大选择的多个封装之间的距离。

(10) 第四行最右边图标的功能是在竖直方向上减小选择的多个封装之间的距离。

在进行布局时，需要把实现某种功能的多个封装放在一起，例如把电源部分的多个封装放置在一起。使用以下 3 个步骤自动放置实现某种功能的多个封装。

第一，在原理图中，选择实现某种功能的多个元件。

第二，选择 Tools / Select PCB Components 命令或按下键盘的 T 键和 S 键自动选择 PCB 图中的多个封装，这些封装和原理图中被选择的元件具有一一对应的关系。

第三，选择 Tools / Component Placement / Arrange within Rectangle 命令之后，拖动鼠标的左键在 PCB 图中画一个矩形，能够把选择的多个封装放置在一起。

2. 封装布局的原则

在 PCB 图中，封装的布局有以下 6 个原则。

(1) 从电子元器件安装的角度进行封装的布局。在具体的应用场合下，把电路板顺利安装进机箱或插槽里面，不会发生空间太小无法放置电路板等问题，并使指定的接插件位于机箱或插槽上的指定位置。例如，需要考虑电路板中固定螺丝孔的位置和接插件的位置等；接插件放置在电路板的边缘，方便接插件和电路板外部的设备进行连接；对于电位器、可调电容和开关等这些需要人工调节的电子元器件，需要考虑它们在电路板中的位置，以方便工程人员调整其参数。

(2) 从电子元器件受力的角度进行封装的布局。有的电子系统工作在振动的环境中，例如电动汽车中的电子系统，因此需要考虑电子元器件能够承受电子系统在安装和正常工作时受到的各种外力和震动的影响。电路板应该具有合理的形状，固定电路板的螺钉孔的位置要合理安排。电路板上位于机箱外面的接插件要合理固定，保证它们在长期使用时具有较高的可靠性。重量大的电子元器件不要直接放置在电路板上，应该把它们固定在电路板所在的机箱底板上。

(3) 从电子元器件受到热量影响的角度进行封装的布局。大功率的电子元器件在工作时会散发出热量，因此对于这种电子元器件需要放置散热片、散热的风扇和散热的风道等。此外，要把它们放在适当的位置。在这些电子元器件的周围，不能放置容易受到温度影响的电子元器件，例如精密的模拟信号放大电路等。一般情况下，功率非常大的电子元器件应该单独做成一个模块，并在此模块和其他的信号处理模块之间采取一定的热隔离措施。

(4) 从信号的角度进行封装的布局。低压信号的电子元器件和高压信号的电子元器件要分开布局，最好把它们隔离起来，防止高压信号干扰低压信号；具有强电的电子元器件放置在人手不容易接触的位置，防止工程人员不小心接触强电而造成人身危害；交流信号的电子元器件和直流信号的电子元器件要分开布局，防止交流信号干扰直流信号；高频信号的电子元器件和低频信号的电子元器件要分开布局，防止高频信号干扰低频信号；模拟信号的电子元器件和数字信号的电子元器件要分开布局，防止数字信号干扰模拟信号。

(5) 电路板中的电路根据功能可以分为多个模块，例如电源模块、驱动模块、微处理器模块和输出模块等。根据电路不同的功能进行封装的布局，例如，电源模块的多个封装要放在一起。此外，布局之后，要保证模块内部具有最短的走线。

(6) 从美观的角度进行布局，电子元器件的封装在 PCB 图上要整齐有序的排列。如果封装的摆放整齐有序，能够方便电子元器件的焊接和电路的调试工作。

3.3.7 自动布线和人工布线

在电路板设计中，布线指在封装的焊盘之间放置铜箔导线。布线分为两类：自动布线和手工布线。

1. 自动布线

在 PCB 图中，选择 Route / Auto Route / All 命令弹出自动布线对话框，如图 3-81 所示。在图 3-81 中，单击 Route All 按钮进行 PCB 图的自动布线操作。

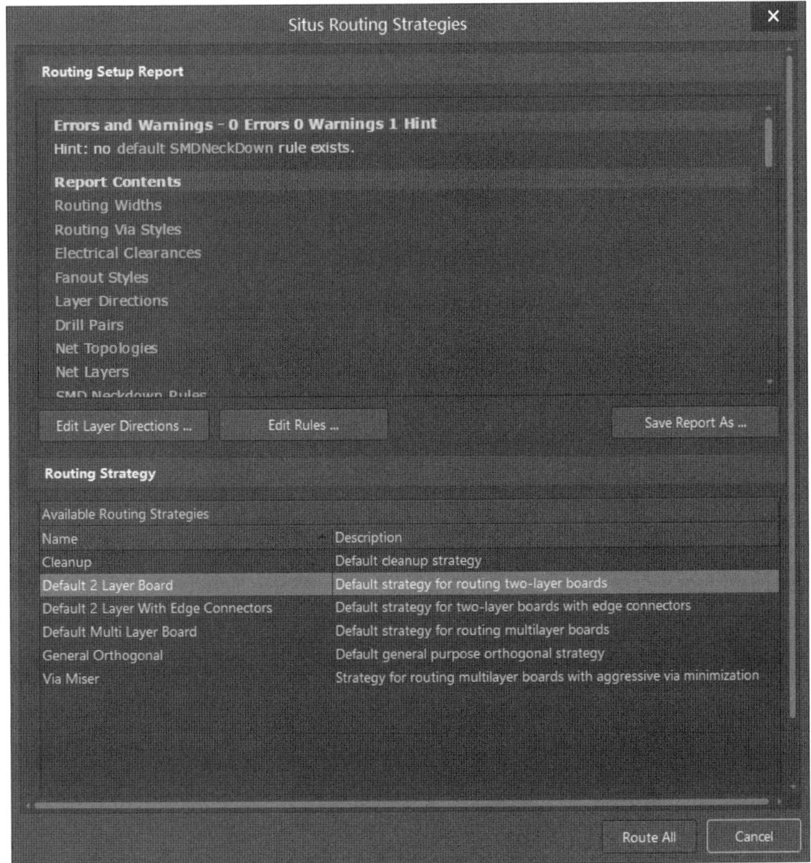

图 3-81　自动布线的对话框

在 PCB 图中，选择 Route / Un-Route / All 命令删除 PCB 图中的全部走线。

自动布线的效果往往不能满足实际工程的要求，所以在实际工程中需要人工完成 PCB 图的布线。

2. 人工布线

人工布线应该满足以下 5 个要求。

(1) 走线要尽可能的短。走线越短，它对外产生的电磁辐射越小，此外它接收到的外界电磁辐射也越小。

(2) 走线的拐弯尽可能不走直角，要走折线或圆弧线，因为直角拐弯会对外产生更多的电磁辐射。

(3) PCB 图两个相邻层中的走线要互相垂直，不能相互平行，因为平行的走线容易产生耦合电容，从而造成走线中的信号质量下降。例如，在两层电路板中，顶层中走线的方向如果是水平方向，那么底层中走线的方向应该是竖直方向。

(4) 微处理器晶振信号的走线一定要尽可能的短，并且使用地线把此走线包围住，因为微处理器晶振信号的频率比较高，容易对外产生电磁辐射。

(5) 电路板中铜箔导线的厚度一般是 1 盎司(即 35μm)，这种厚度的走线宽度是 1mm(即 39mil)时，能够流过 3.2A 的电流。导线的宽度越大，能够流过的电流就越大。因为电源线和地线中流过的电流比较大，所以它们的宽度不能太小，可以设置为 60mil。如果电源线和地线的宽度比较小，电源线和地线经过较长时间的使用就容易烧断。此外，地线可以使用铺铜来代替。

在电路板中，可采取以下 5 个方面的措施提高电路板的抗干扰性能。

(1) 在集成电路芯片每个电源引脚的附近放置一个 0.1μF 的表贴电容，对该电源引脚产生的噪声进行滤波处理。

(2) 对于重要的或工作电流较大的集成电路芯片的电源引脚，除了使用第一个措施以外，还应该在电源引脚处放置一个 10μF 或 1μF 的钽电容。

(3) 对于工作频率比较高的集成电路芯片，除了使用前两个措施以外，在电源引脚处还要并联 1 个 10nF 和 1 个 470pF 的电容。

(4) 在电路板上，电源引脚滤波电容的位置应该尽可能地靠近集成电路芯片的电源引脚。

(5) 为了提高电子系统的抗干扰性能，对于频率较高、电流较大或干扰较强的电子系统，应该使用四层或四层以上的多层电路板。例如，由于电动机在工作时会产生较大的电磁干扰，所以有电动机的电子系统应该采用四层电路板。

3.3.8 电路板的设计方法

电路板分为三种类型：单层电路板、双层电路板和多层电路板。在实际工程中，经常使用两种类型的多层电路板：四层电路板和六层电路板。

在 PCB 图中，使用层堆栈管理器设置电路板中层的数量。选择 Design / Layer Stack Manager 命令，弹出层堆栈管理器的对话框，如图 3-82 所示。

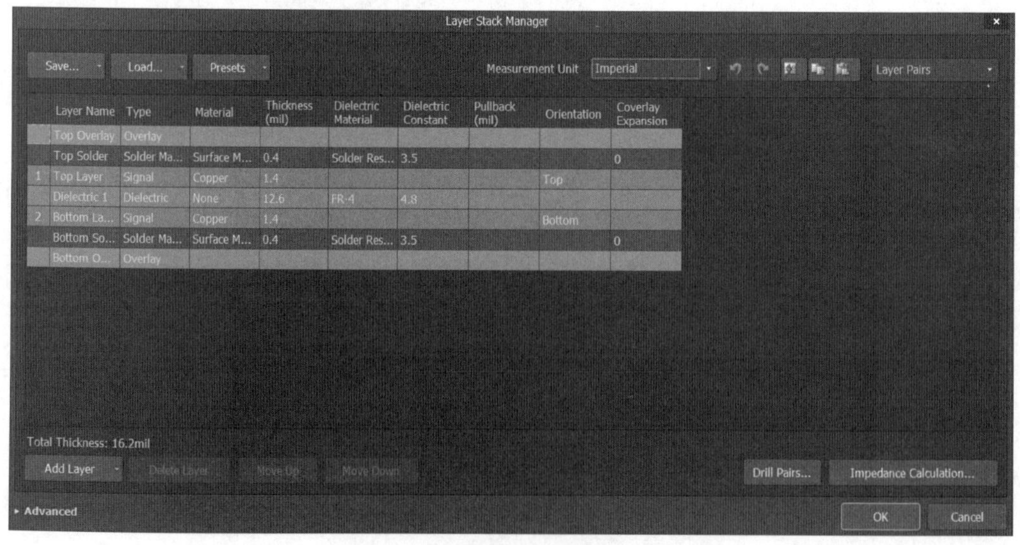

图 3-82　层堆栈管理器的对话框

在图 3-82 中，单击 Add Layer 按钮，弹出两个按钮：Add Layer 按钮和 Add Internal Plane 按钮。单击 Add Layer 按钮，PCB 图增加一个信号层(Layer)；单击 Add Internal Plane 按钮，PCB 图增加一个平面层(Plane)。在信号层中能够放置走线，而在平面层中不能够放置走线，平面层连接着电源网络或地网络。我们通常所说的“几层电路板”中的层数指 PCB 图中所有的信号层和平面层的数量总和。例如，双层电路板的“双层”包括顶层信号层和底层信号层；四层电路板的“四层”包括顶层信号层、电源平面层、地平面层和底层信号层。

1. 单层电路板和双层电路板

在 Altium Designer 18 软件中，新建的 PCB 图文件默认的设置是一个双层电路板，此 PCB 图有两层：顶层信号层(Top Layer)和底层信号层(Bottom Layer)。顶层信号层和底层信号层具有相同的功能，在这两个层中都能够放置连接电子元器件引脚的铜箔导线和封装的焊盘。

在 Altium Designer 18 软件中，按照以下两个步骤把双层电路板设置为单层电路板。第一步，在顶层信号层上不要放置铜箔导线和焊盘，把封装的边框和标号放置在顶层丝印层中。第二步，在底层信号层上放置连接电子元器件引脚的铜箔导线和封装的焊盘，在底层丝印层上不放置任何对象。图 3-83 表示已经加工好的单层电路板，图 3-83(a)所示为单层电路板的顶层，顶层上放置电子元器件；图 3-83(b)所示为单层电路板的底层，底层上焊接电子元器件的引脚。

(a) 单层电路板的顶层　　　(b) 单层电路板的底层

图 3-83　加工好的单层电路板

2. 四层电路板

四层电路板包含四个层：顶层信号层、底层信号层、电源平面层(Internal Plane1)和地平面层(Internal Plane2)。

在 PCB 图中，信号层和平面层具有不同的功能。信号层中能够放置铜箔走线，而平面层中不能放置铜箔走线。在信号层中，在放置走线的地方有铜箔，没有放置走线的地方没有铜箔。在平面层中，使用分割线把平面层分割成一个或多个平面，在放置分割线的地方没有铜箔，而在没有放置分割线的地方全部放置铜箔。

设计四层电路板需以下 5 个步骤。

第一步，选择 Design / Import Changes from X.PrjPcb 命令，加载原理图中所有元件的封装和电路网络。

第二步，选择 Design / Layer Stack Manager 命令弹出层堆栈管理器的对话框，如图 3-82 所示，单击 Add Layer 按钮，弹出 Add Internal Plane 按钮，单击此按钮增加两个平面层，如图 3-84 所示。图 3-84 表示一个四层电路板，包括 Top Layer、Internal Plane 1、Internal Plane 2 和 Bottom Layer。

Layer Stack Manager

Save... Load... Presets Measurement Unit Imperial

	Layer Name	Type	Material	Thickness (mil)	Dielectric Material	Dielectric Constant	Pullback (mil)	Orientation	Coverlay Expansion
	Top Overlay	Overlay							
	Top Solder	Solder Ma...	Surface M...	0.4	Solder Res...	3.5			0
1	Top Layer	Signal	Copper	1.4				Top	
	Dielectric 1	Dielectric	Core	10	FR-4	4.2			
2	Internal Plane 1	Internal Pl...	Copper	1.417			20		
	Dielectric 3	Dielectric	Prepreg	5		4.2			
3	Internal Plane 2	Internal Pl...	Copper	1.417			20		
	Dielectric 2	Dielectric	Core	10		4.2			
4	Bottom Layer	Signal	Copper	1.4				Bottom	
	Bottom Solder	Solder Ma...	Surface M...	0.4	Solder Res...	3.5			0
	Bottom Overlay	Overlay							

图 3-84　在层堆栈管理器对话框中设置四层电路板

第三步，分别切换到中间的平面层(Internal Plane 1 和 Internal Plane 2)，选择 Place / Line 命令画出闭合的分割线。同时，画出机械层的物理边框线和禁止布线层的边框线，如图 3-85 所示。图 3-85 中，从最外面到最里面的闭合线分别是机械层的物理边框线、禁止布线层的边框线、平面层 1 的分割线和平面层 2 的分割线。

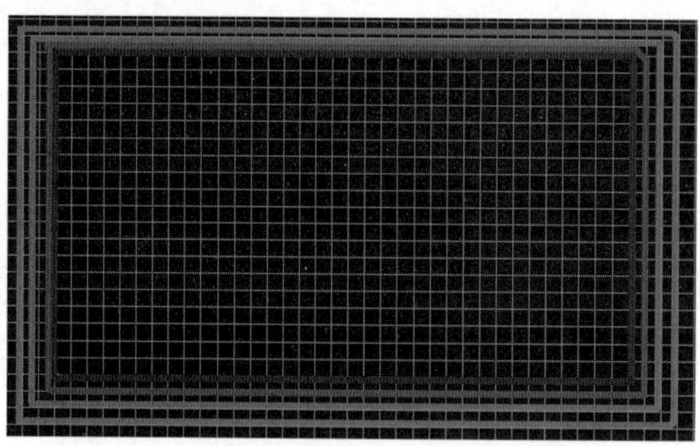

图 3-85　四层电路板中的边框线和分割线

第四步，分别双击两个中间平面层中分割好的矩形平面，弹出平面层的网络设置对话框，在对话框中分别设置两个中间平面层的网络名称为 VCC 和 GND，如图 3-86 和图 3-87 所示。

图 3-86　第一个中间平面层的网络设置对话框

图 3-87　第二个中间平面层的网络设置对话框

第五步，进行封装的布局和布线。只能在顶层信号层和底层信号层中放置铜箔导线，不能在两个中间平面层(电源平面层和地平面层)上放置铜箔导线。

对于封装中连接电源网络或地网络的插针式焊盘，不需要画出插针式焊盘的电源线或地线，插针式焊盘会自动连接中间的电源层或地层，并且会呈现十字的形状，如图 3-88 所示。对于封装中连接电源网络或地网络的表贴式焊盘，首先从焊盘上画出铜箔导线，然后选择 Place / Via 命令在导线上放置过孔连接中间的电源层或地层，过孔的中心位置会呈现十字的形状，如图 3-89 所示。此外，多层电路板一般不需要进行铺地操作。

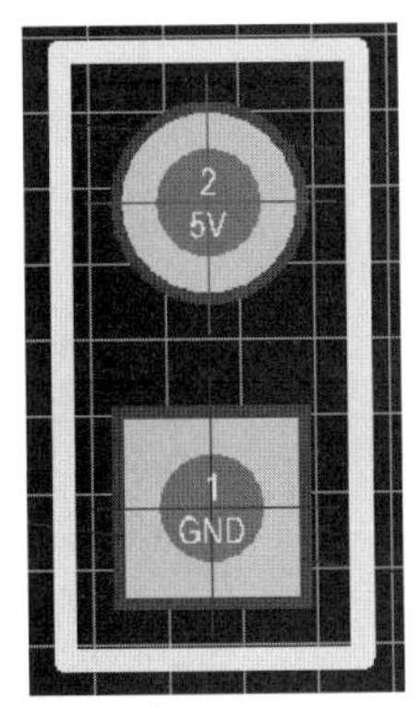

图 3-88　四层电路板中的插针式焊盘

图 3-89　四层电路板中的表贴式焊盘

在四层电路板中，能够设置中间平面层和具有电源网络或地网络的过孔(或插针式焊盘)之间的连接方式。选择 Design / Rules 命令弹出规则设置对话框，在此对话框中选择 Plane / Power Plane Connect Style / PlaneConnect 选项卡，如图 3-90 所示。

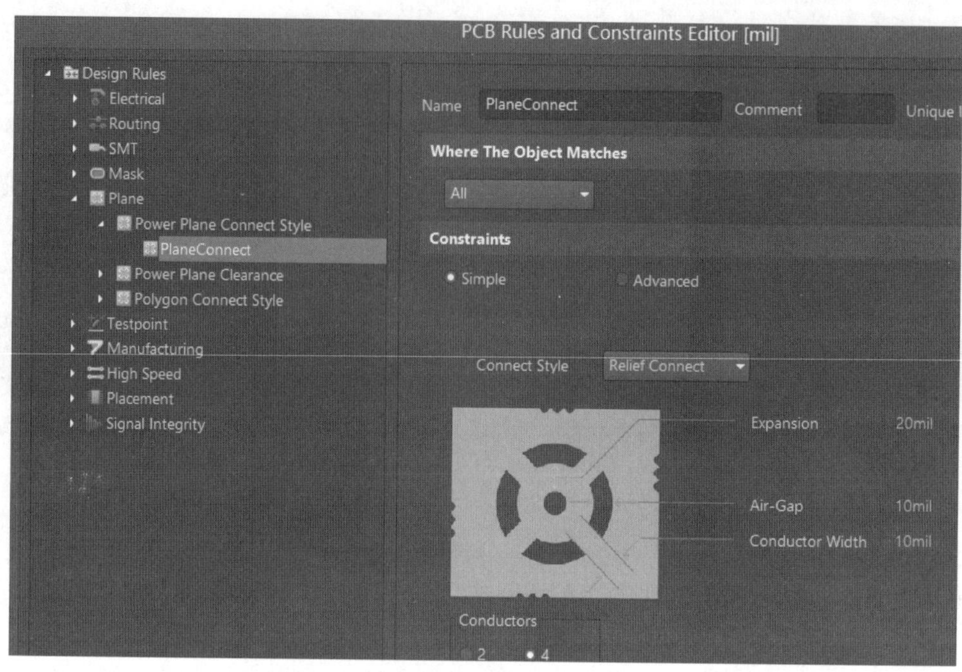

图 3-90　设置连接方式

在图 3-90 中，Connect Style 参数设置平面层和过孔(或插针式焊盘)之间的连接方式，它有两个取值：Relief Connect 和 Direct Connect。Relief Connect 取值表示使用线条连接平面层和过孔(或插针式焊盘)，Conductors 参数设置线条的数量，Expansion 参数、Air-Gap 参数和 Conductor Width 参数设置各种间距。如图 3-90 所示，Conductors 参数设置为 2 或 4，表示使用 2 个或 4 个线条连接平面层和过孔(或插针式焊盘)，如图 3-91(a)和(b)所示。Direct Connect 取值表示直接连接平面层和过孔(或插针式焊盘)，不使用线条，如图 3-91(c)所示。

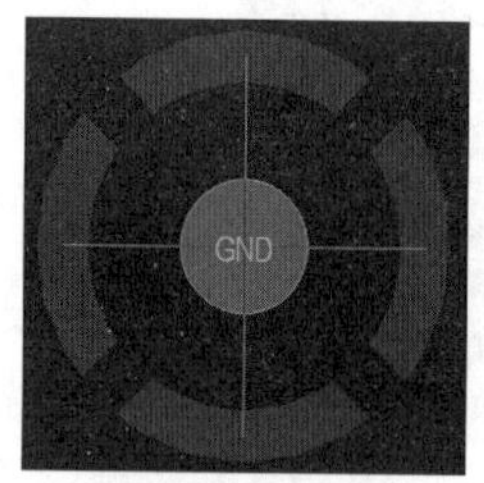

(a) 使用 4 个线条

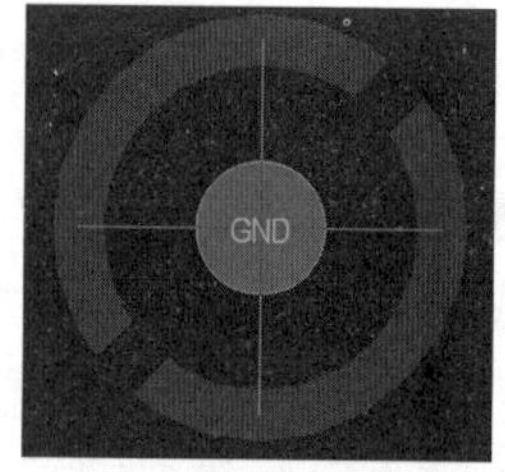

(b) 使用 2 个线条

(c) 直接连接

图 3-91　中间平面层和过孔(或插针式焊盘)的连接方式

3. 六层电路板

和四层电路板相比，六层电路板更加复杂一些，它包含 6 个层：顶层信号层、底层信号层、中间布线层 1(Signal Layer 1)、中间布线层 2(Signal Layer 2)、电源平面层和地平面层。

六层电路板的设计步骤和四层电路板的设计步骤有很多相同之处，六层电路板也有 5 个设计步骤，其第一步、第三步和第四步和四层电路板的设计步骤相同，下面介绍六层电路板的第二个和第五个设计步骤。

第二步，选择 Design / Layer Stack Manager 命令弹出层堆栈管理器的对话框，如图 3-82 所示，在此对话框中单击 Add Layer 按钮，会弹出 Add Layer 按钮和 Add Internal Plane 按钮。单击弹出的 Add Layer 按钮两次，增加两个信号层，并单击弹出的 Add Internal Plane 按钮两次，增加两个平面层，如图 3-92 所示。图 3-92 表示一个六层电路板，包括 Top Layer、Internal Plane 1、Signal Layer 1、Signal Layer 2、Internal Plane 2 和 Bottom Layer。

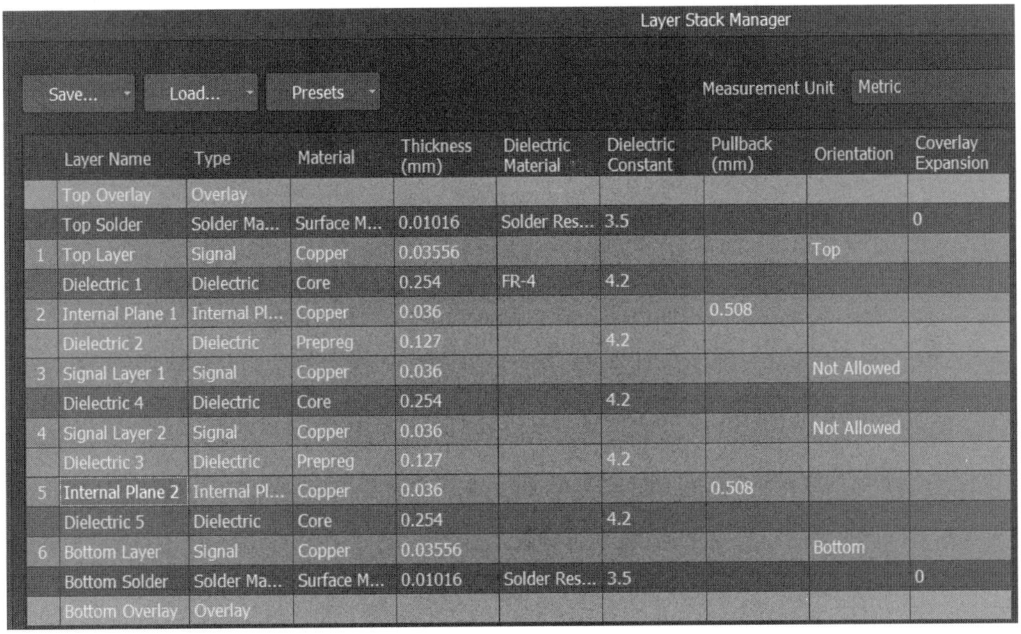

Layer Stack Manager

Save...　Load...　Presets　Measurement Unit　Metric

	Layer Name	Type	Material	Thickness (mm)	Dielectric Material	Dielectric Constant	Pullback (mm)	Orientation	Coverlay Expansion
	Top Overlay	Overlay							
	Top Solder	Solder Ma...	Surface M...	0.01016	Solder Res...	3.5			0
1	Top Layer	Signal	Copper	0.03556				Top	
	Dielectric 1	Dielectric	Core	0.254	FR-4	4.2			
2	Internal Plane 1	Internal Pl...	Copper	0.036			0.508		
	Dielectric 2	Dielectric	Prepreg	0.127		4.2			
3	Signal Layer 1	Signal	Copper	0.036				Not Allowed	
	Dielectric 4	Dielectric	Core	0.254		4.2			
4	Signal Layer 2	Signal	Copper	0.036				Not Allowed	
	Dielectric 3	Dielectric	Prepreg	0.127		4.2			
5	Internal Plane 2	Internal Pl...	Copper	0.036			0.508		
	Dielectric 5	Dielectric	Core	0.254		4.2			
6	Bottom Layer	Signal	Copper	0.03556				Bottom	
	Bottom Solder	Solder Ma...	Surface M...	0.01016	Solder Res...	3.5			0
	Bottom Overlay	Overlay							

图 3-92　在层堆栈管理器对话框中设置六层电路板

第五步，进行封装的布局和布线。只能在顶层信号层、中间布线层 1、中间布线层 2 和底层信号层中放置铜箔导线，不能在两个中间平面层(电源平面层和地平面层)中放置铜箔导线。

思考练习

1. 电路板由哪几部分组成？
2. PCB 图的设计流程是什么？
3. PCB 图中各层的功能是什么？
4. 封装布局的原则是什么？
5. 人工布线的要求是什么？

第4章

PCB图的高级操作和检查

在实际工程中完成 PCB 图封装的布局和布线之后，还需要完成 PCB 图的高级操作和检查，才能把 PCB 图交给电路板加工厂制造电路板。

4.1 PCB 图的高级操作

PCB 图的高级操作包括安装孔的制作、铺地操作、补泪滴操作、差分线的设计、等长线的设计、固定长度线的设计、封装的验证、电路板的制作和 PDF 文件的制作。

4.1.1 安装孔的制作

1. 安装孔的放置方法

PCB 图中通常使用焊盘(Pad)制作安装孔。在安装孔中放置螺丝，把电路板牢固地固定在机箱内部，使电路板不能晃动。安装孔的放置有以下两种方法。

(1) 选择 Place / Pad 命令放置焊盘。

(2) 单击图 3-58 中工具栏 Wiring 从最左边算起的第 5 个图标放置焊盘。

2. 属性说明

双击焊盘，弹出它的属性对话框，如图 4-1 所示，对话框中一些重要属性的功能介绍如下。

(1) Net 属性：设置为 No Net，也就是说安装孔不需要连接电路板的任何电路网络。

(2) (X/Y)属性：设置焊盘的坐标。

(3) Rotation 属性：设置焊盘旋转的角度。

(4) Designator 属性：设置焊盘的标号。

(5) Hole Size 属性：设置焊盘内部通孔的直径长度。

(6) Size and Shape 选项组中的(X/Y)属性：设置焊盘水平方向和竖直方向上的直径长度。

对于安装孔来说，通常把焊盘的 Hole Size 属性值和 Size and Shape 选项组中的(X/Y)属性值设置为相同的数值。例如，把这三个属性都设置为 60mil。

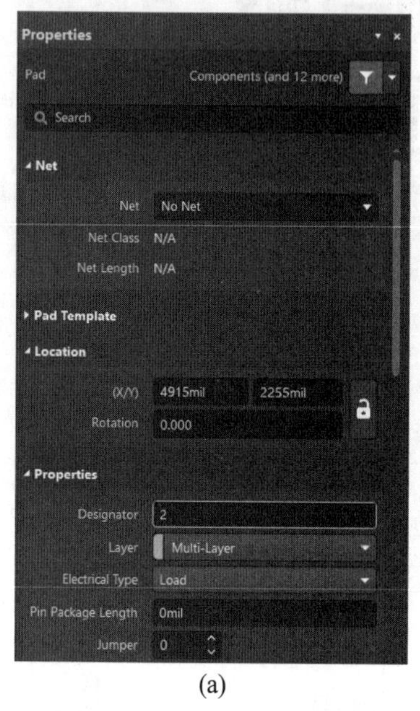

(a)

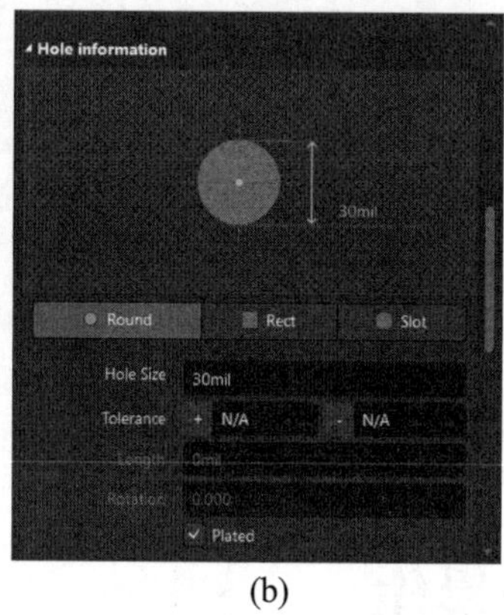

(b)

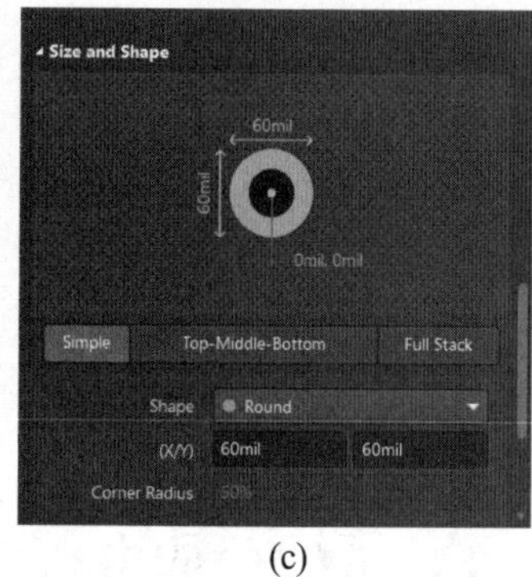

(c)

图 4-1　焊盘的属性对话框

在 PCB 图中，内部有孔的对象有三个：安装孔、过孔和插针式焊盘，它们具有不同的功能和特点。安装孔本质上就是插针式焊盘，但是安装孔不能和电路板中的任何铜箔导线相连接，它的功能是固定电路板。过孔的功能是连接电路板中各个层中的对象。插针式焊盘既能够连接电路板中各个层中的对象，也能够焊接电子元器件的引脚。

4.1.2　铺地操作

在 PCB 图中，铺地也称为铺铜。铺地指在电路板上除了焊盘、过孔和铜箔导线以外的区域，铺上一层铜金属，此铜金属连接着地信号。铺地能够减小地线的阻抗，增加电流的通过能力，并且能够提高电路板抵抗电磁干扰的能力。

1. 铺铜的放置方法

铺铜有以下 3 种放置方法。

(1) 选择 Place / Polygon Pour 命令放置铺铜。

(2) 单击图 3-15 中从最左边算起的第 9 个 PCB 图工具栏图标放置铺铜。

(3) 单击图 3-58 中工具栏 Wiring 从最左边算起的第 9 个图标放置铺铜。

2. 属性说明

在 PCB 图中双击铺铜，弹出它的属性对话框，如图 4-2 所示，对话框中一些重要属性的功能介绍如下。

(1) Net 属性：设置多边形铺铜的网络名称，此属性设置为 GND。

(2) Layer 属性：设置在 PCB 图中铺铜所在层的名称。对于两层电路板，一般需要双面铺铜，即在顶层信号层和底层信号层都放置铺铜。在顶层信号层和底层信号层中，铺铜的 Layer 属性分别设置为 Top Layer 和 Bottom Layer。

(3) Fill Mode 属性：设置铺铜的形状，此属性的取值有三个：Solid(Copper Regions)、Hatched(Tracked/Arcs)和 None(Outlines)。Solid(Copper Regions)表示实体铺铜，Hatched(Tracked/Arcs)表示铺铜的形状是网格状，None(Outlines)表示只放置轮廓线。实体铺铜和网格状铺铜的例子如图 4-3 所示。和实体铺铜相比，网格状铺铜具有更好的散热效果，所以在实际工程中经常使用网格状铺铜。

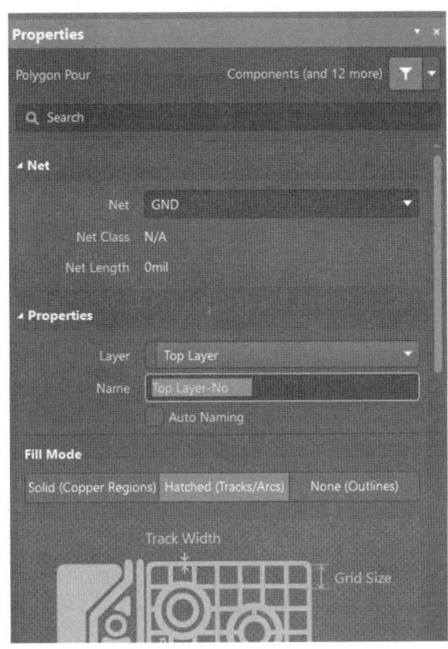

图 4-2　铺铜的属性对话框

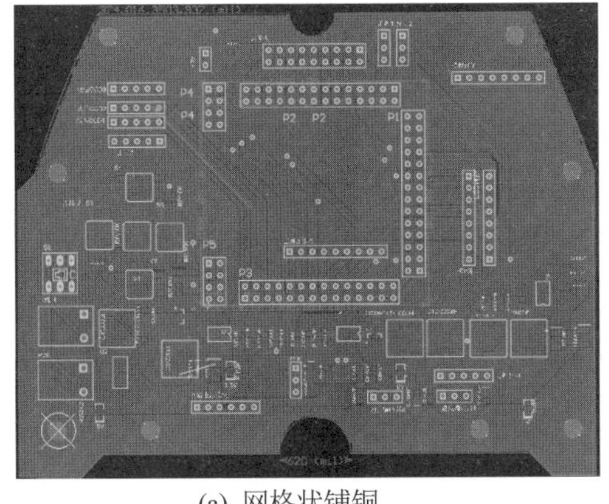

(a) 网格状铺铜

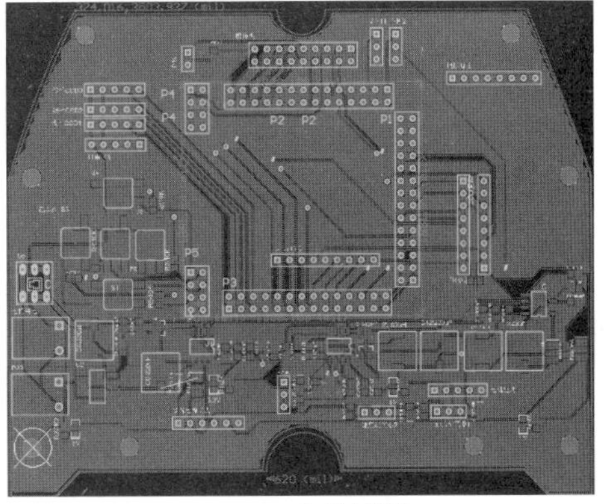

(b) 实体铺铜

图 4-3　铺铜的两种形状

3. 改变多边形铺铜形状

PCB 图中放置完多边形铺铜之后，单击多边形铺铜，多边形铺铜的四周会显示多个白色的调节点，如图 4-4 所示。改变图 4-4 中调节点的位置，就能够改变多边形铺铜的形状。在改变多边形铺铜的形状之后，选择 Tools / Polygon Pours / Repour All 命令重新生成 PCB 图中已有的铺铜。

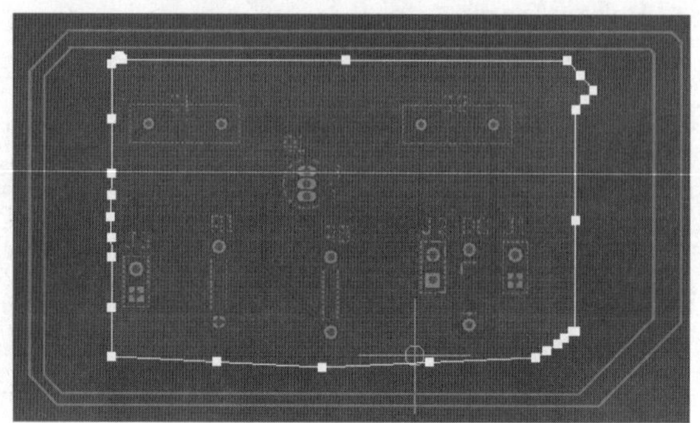

图 4-4　改变多边形铺铜的形状

4. 设置铺铜和过孔(焊盘)之间的连接方式

在 PCB 图中，能够设置铺铜和具有地网络的过孔(或焊盘)之间的连接方式。选择 Design/Rules 命令弹出规则设置对话框，单击此对话框左侧的 Plane/Polygon Connect Style/PolygonConnect 字符，此对话框的右侧显示出设计规则，如图 4-5 所示。

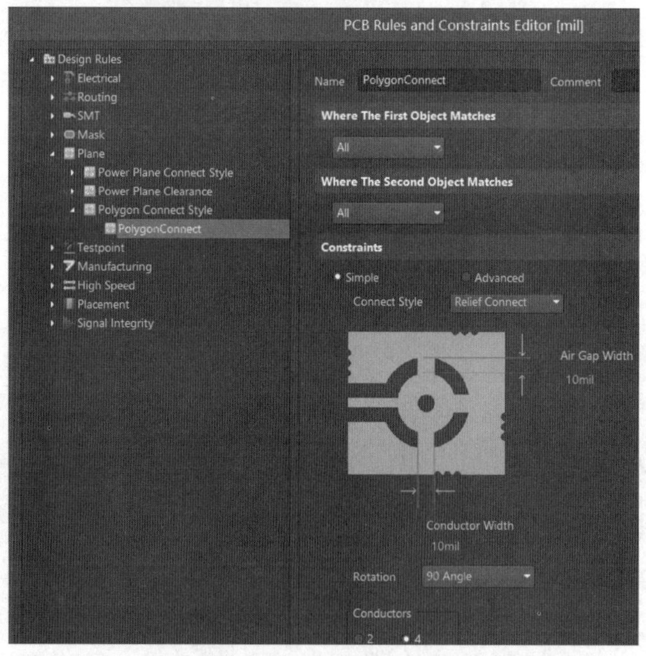

图 4-5　过孔和多边形铺铜的连接方式

图 4-5 中参数的功能介绍如下。

(1) Connect Style 参数：有两个取值，即 Relief Connect 和 Direct Connect。Relief Connect 表

示使用线条连接铺铜和具有地网络名称的过孔(或焊盘)，Direct Connect 表示直接连接铺铜和具有地网络名称的过孔(或焊盘)。

(2) Conductors 参数：设置用于连接的线条的数量，该参数有两个取值，即 2 和 4。

(3) Air Gap Width 参数和 Conductor Width 参数：设置线条的各种间距。

铺铜和具有地网络的过孔(或焊盘)之间的连接方式示例如图 4-6、图 4-7 和图 4-8 所示。

(a) 具有地网络的过孔

(b) 具有地网络的插针式焊盘

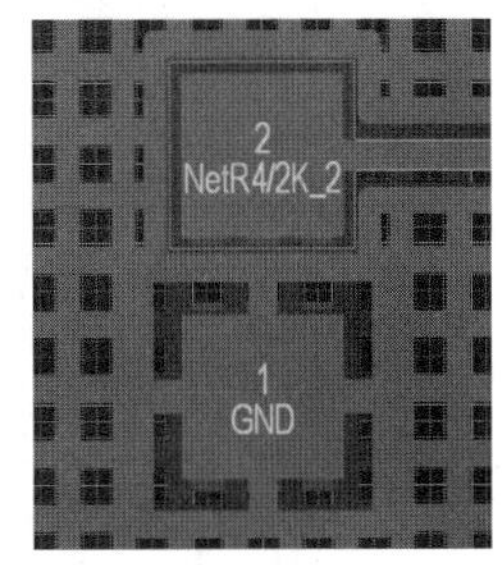

(c) 具有地网络的表贴式焊盘

图 4-6　使用 4 个线条进行连接

(a) 具有地网络的过孔

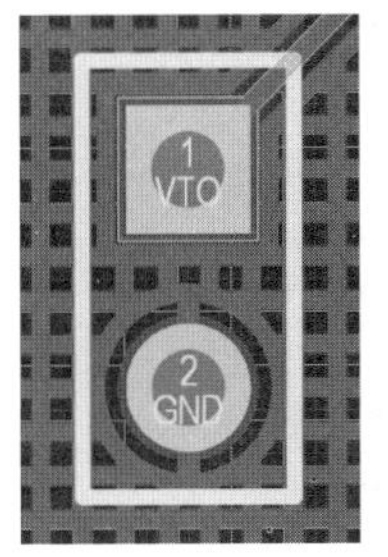

(b) 具有地网络的插针式焊盘

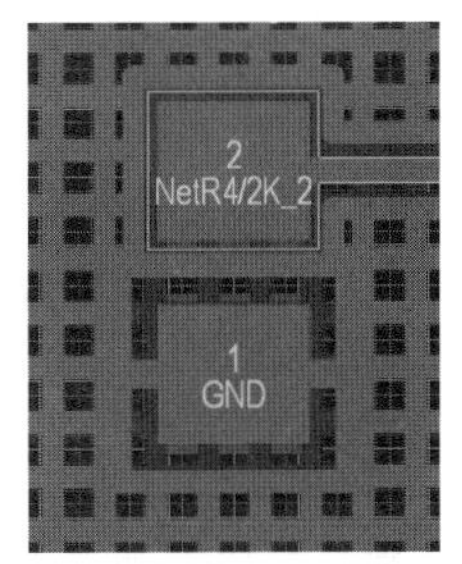

(c) 具有地网络的表贴式焊盘

图 4-7　使用 2 个线条进行连接

(a) 具有地网络的过孔

(b) 具有地网络的插针式焊盘

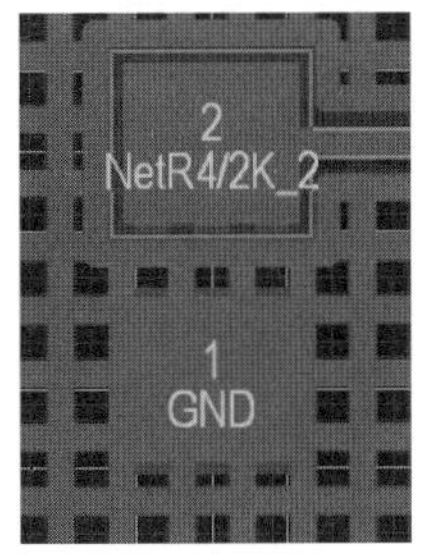

(c) 具有地网络的表贴式焊盘

图 4-8　直接进行连接

4.1.3　补泪滴操作

在 PCB 图中，泪滴的功能是在焊盘(或过孔)和导线之间使用铜箔设置一个过渡区域，其形状像人眼的泪滴，其目的是使焊盘更加牢固，防止焊盘(或过孔)与导线断开。

选择 Tools / Teardrops 命令弹出泪滴的属性对话框，如图 4-9 所示。在图 4-9 中，单击 OK

按钮完成对 PCB 图进行补泪滴的操作。对 PCB 图进行补泪滴的例子如图 4-10 所示。从图 4-10 中可以看出，在进行补泪滴操作之后，焊盘和铜箔导线之间的连接变得更加牢固。

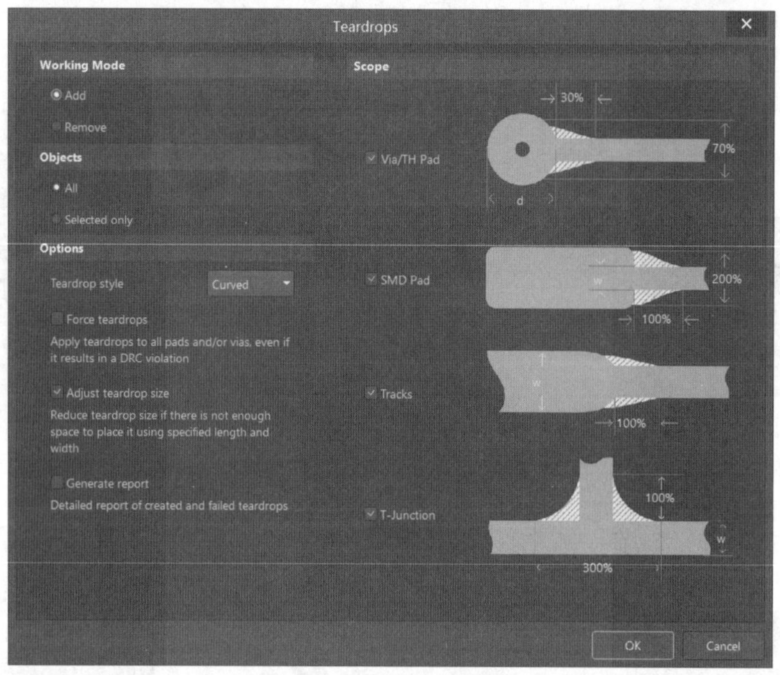

图 4-9　泪滴的属性对话框

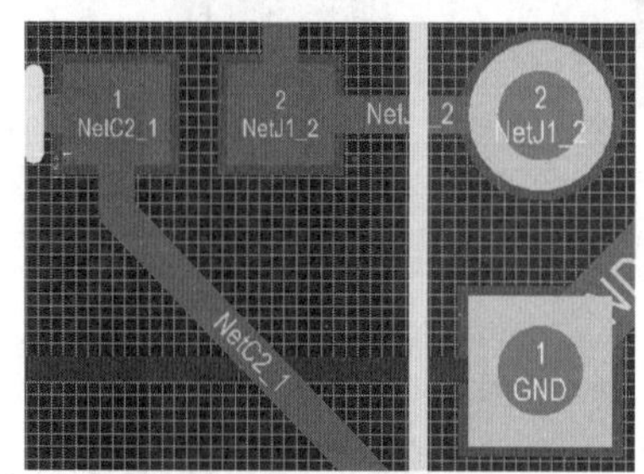

(a) 补泪滴操作之前的 PCB 图

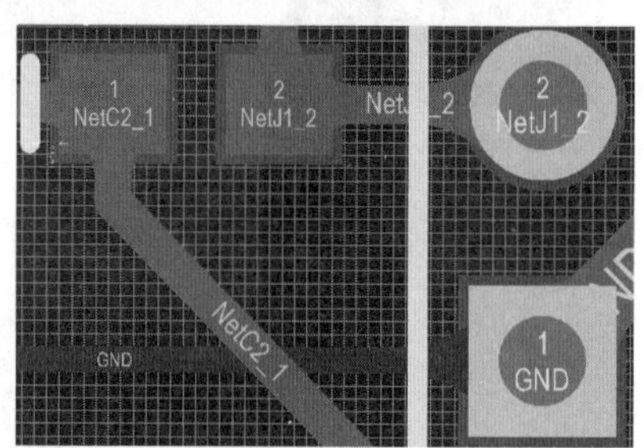

(b) 补泪滴操作之后的 PCB 图

图 4-10　PCB 图的补泪滴操作

4.1.4　差分线的设计

差分线的全称为低电压差分信号线(Low Voltage Differential Signal，LVDS)，它使用非常低的电压(350mV)在两条走线上通过差分的形式传输信号。差分线的传输速度能够达到 100Mbps~1Gbps。在差分线上传递信号比单端信号具有更少的噪声。差分线要求配对的两个走线要相互靠近，而且这两个走线的长度要完全相等。

差分线的设计方法有以下 4 个步骤。

(1) 在原理图的两个差分线上放置网络标号，同一差分对的两个导线具有相同的网络名，并使用不同的后缀：_P 和_N，如图 4-11(a)所示。

(2) 在原理图中，选择 Place / Directives / Differential Pair 命令放置差分对符号，如图 4-11(b) 所示。

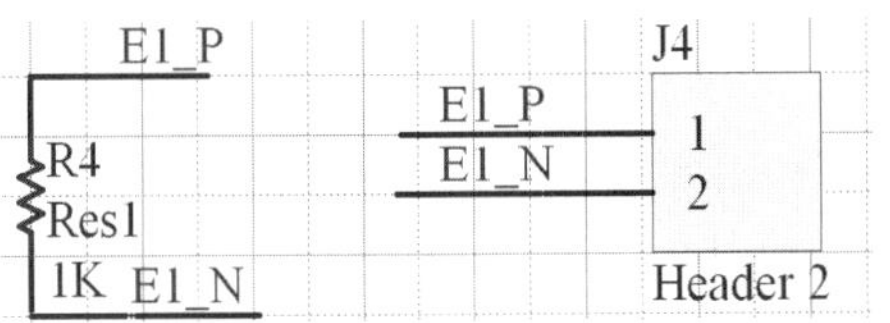

(a) 放置差分线的网络标号　　(b) 放置差分对符号

图 4-11　在原理图上放置差分线

(3) 在 PCB 图中，选择 Design / Import Changes from X.PrjPcb 命令，加载原理图元件的封装和电路网络。

(4) 在 PCB 图中，选择 Place / Interactive Differential Pair Routing 命令放置差分线，如图 4-12 所示。

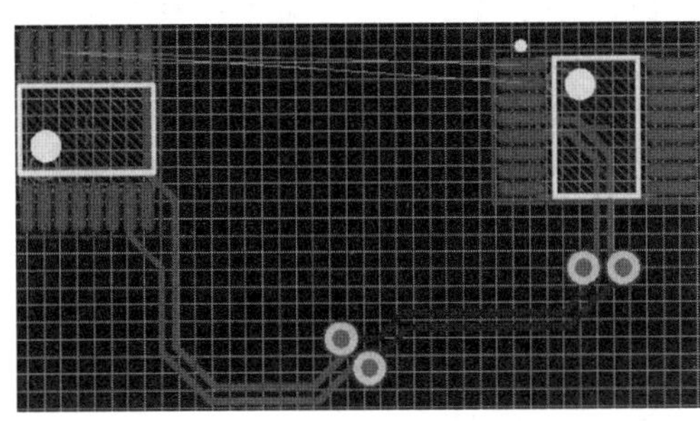

图 4-12　PCB 图中的差分线示例

4.1.5　等长线的设计

在 PCB 图的设计中，在高频的情况下，多条走线的长度必须完全相等或者多条走线长度之间的差值必须在很小的范围以内，才能保证在这多条走线中正确地传递信号。等长线，也称为蛇形线，其示例如图 4-13 所示。

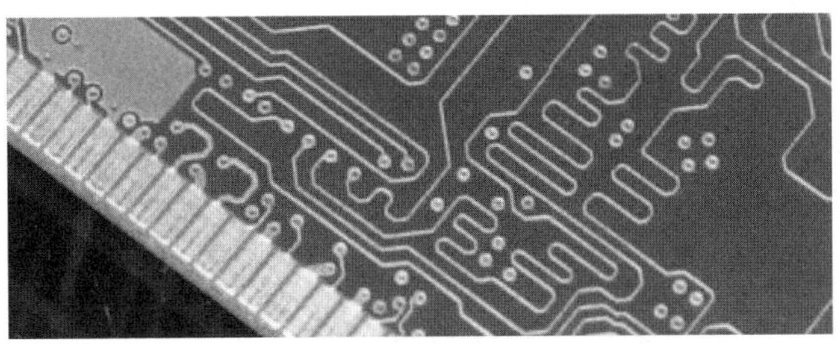

图 4-13　PCB 图中等长线的例子

在 PCB 图中，等长线的设计有下两种方法。

1. 等长线设计的第一种方法

等长线设计的第一种方法有以下 3 个步骤。

(1) 把需要等长的多个走线的网络名组成一个类。选择 Design / Classes 命令，弹出如图 4-14 所示界面。在图 4-14 中，右击 Net Classes 字符，在弹出的菜单中选择 Add Class 命令，弹出如图 4-15 所示界面。在图 4-15 中，单击>>按钮把 Non-Members 中需要等长的多个网络名移动到 Members 中，Members 中所有的网络标号就组成了一个新的类。

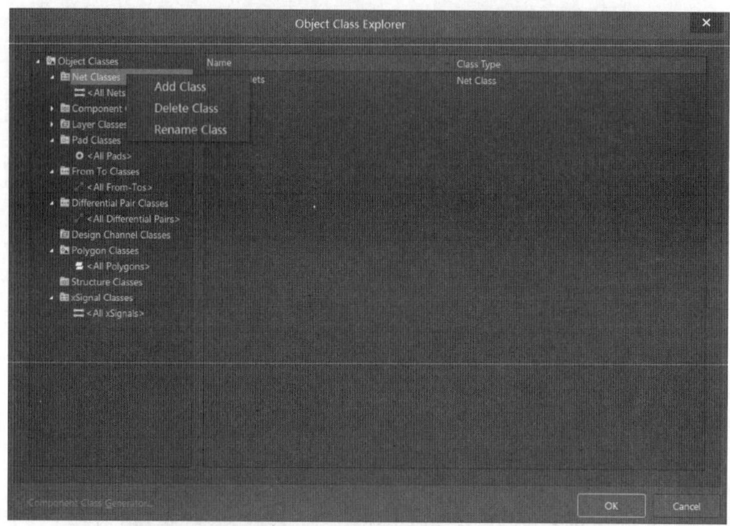

图 4-14　PCB 图中类的设置

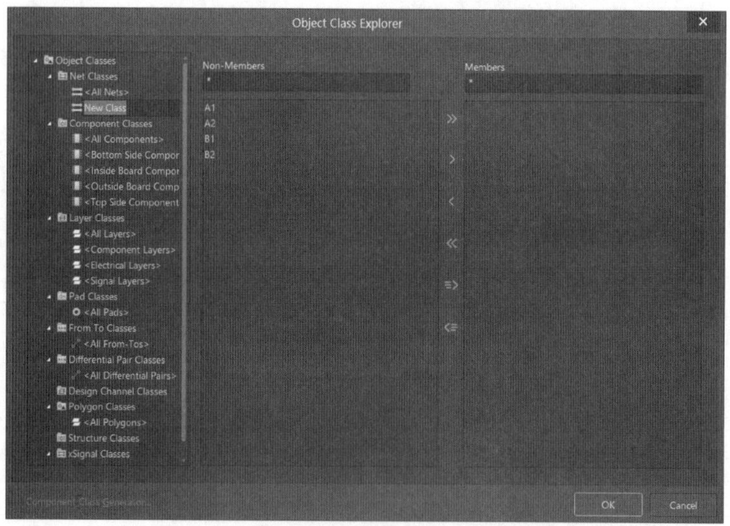

图 4-15　PCB 图中类的多个网络名

(2) 给需要等长的多个走线添加等长规则。选择 Design / Rules 命令，弹出 PCB 图设计规则的设置对话框，单击此对话框左侧目录 High Speed 旁边的箭头，出现一些设计规则，如图 4-16 所示。

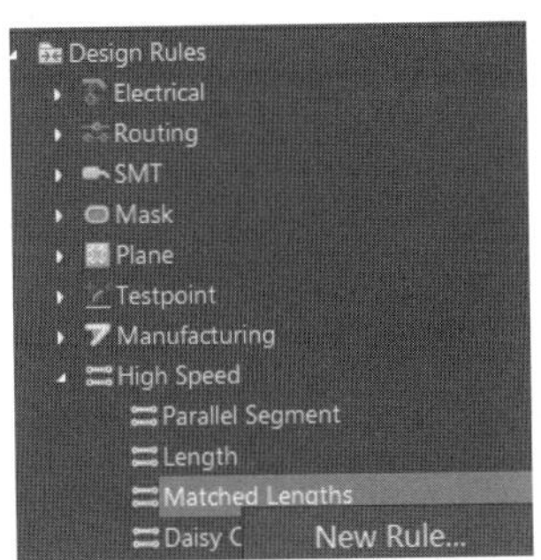

图 4-16　设置等长线

在图 4-16 中，右击 Matched Lengths 字符，在弹出的菜单中选择 New Rule 命令，对话框右侧可进行相关设置，如图 4-17 所示。

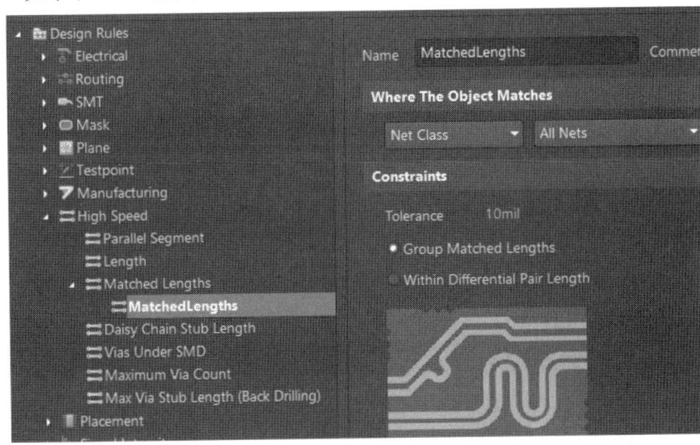

图 4-17　等长线的规则设置对话框

在图 4-17 中，单击 Net Class 右侧的下拉箭头，在出现的下拉框中选择刚才设置的等长线的类名。Tolerance 参数设置类中所有走线长度允许的误差值，例如 10mil。

(3) 首先画完所有需要等长的线，然后进行等长线的形状设置和等长设置。选择 Tools / Equalize Nets 命令，弹出如图 4-18(a)所示的对话框。在图 4-18(a)中，Style 参数设置等长线的拐角类型，它有三个取值：90 Degrees、45 Degrees 和 Rounded。90 Degrees 表示等长线的拐角是直角，如图 4-18(a)所示。45 Degrees 表示等长线的拐角是 45 度，如图 4-18(b)所示。Rounded 表示等长线的拐角是圆形，如图 4-18(c)所示。在图 4-18 中，Amplitude 参数设置等长线的高度。

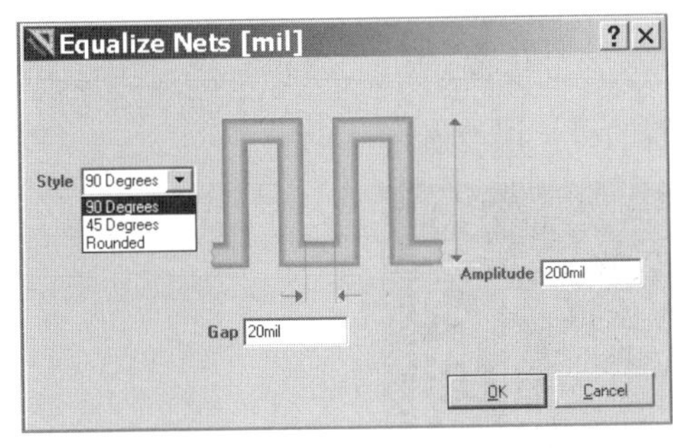

(a) 直角类型

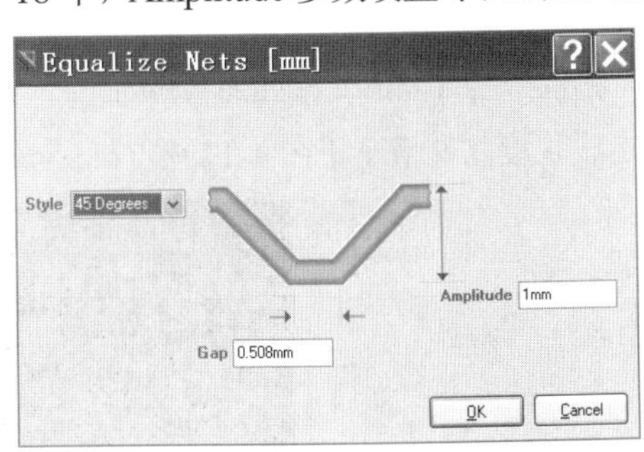

(b) 45 度角类型

图 4-18　等长线的三种形状

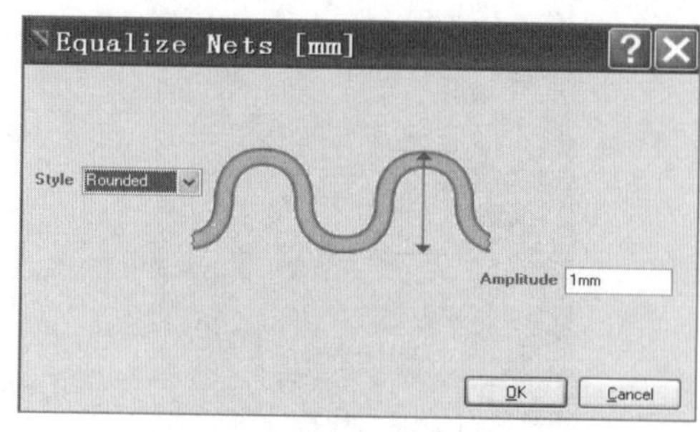

(c) 圆形

图 4-18　等长线的三种形状(续)

设置好等长线的拐角类型和高度后单击 OK 按钮，就会对类中的所有走线进行等长的设置，并弹出设计规则报告和消息对话框，分别如图 4-19 和图 4-20 所示。图 4-20 包含类中所有走线长度的差值。

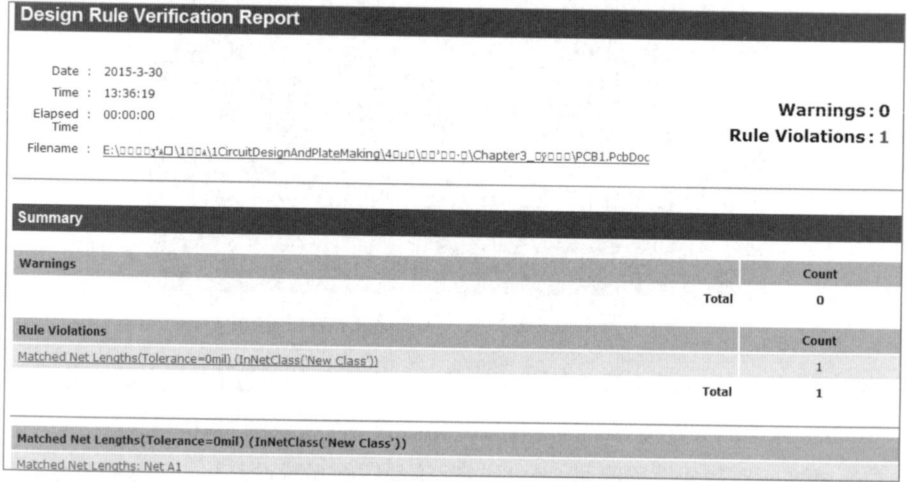

图 4-19　等长线的设计规则报告

Messages

Class	Document	Source	Message
[Matched Net Lengths Violation]	PCB1.PcbDoc	Advanced PCB	Matched Net Lengths: Net A1 Length:2462.845mil, outside tolerance by 0.292mil

图 4-20　等长线的消息对话框

多次选择 Tools / Equalize Nets 命令，最终完成等长线的设置，如图 4-21 所示，其中类中所有走线长度的差值小于图 4-17 中 Tolerance 参数设置的等长误差值。

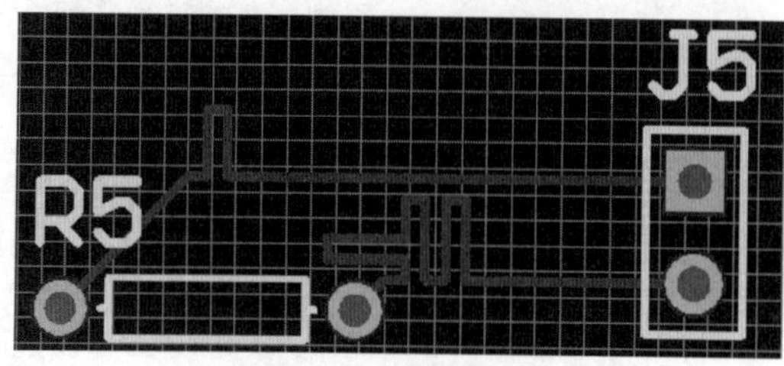

图 4-21　等长线的示例

2. 等长线设计的第二种方法

等长线设计的第二种方法有以下 4 个步骤。

(1) 选择 Design / Classes 命令，把需要等长的多个线组成一个类，其具体操作方法已经在第一种方法中进行了介绍。例如，把 D0、D1 和 D2 组成一个类。

(2) 绘制类中所有的线，并找出估计最长的一个线，例如 D0 是最长的线。

(3) 首先，选择 Route / Interactive Length Tuning 命令，鼠标变成小十字的形状；然后，单击第一步建立的类中需要等长的一条走线(不是最长的线)，例如 D1 这条线，按下键盘的 Tab 键，弹出等长线的设置对话框，如图 4-22 所示。在图 4-22 中，首先把 Source 参数设置为 From Net，并把 From Net 的取值设置为最长的走线，例如 D0；然后设置等长线拐弯的形状；最后单击 OK 按钮完成等长线的绘制，如图 4-23 所示。

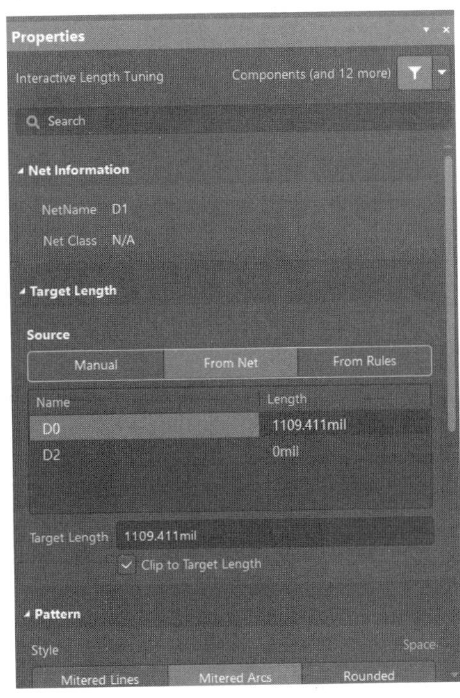

图 4-22　等长线的设置对话框

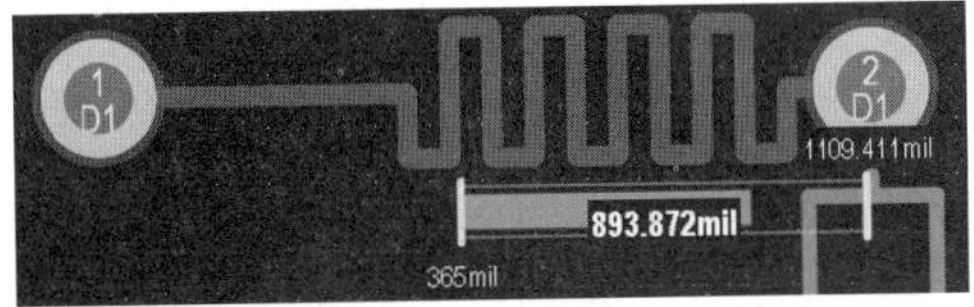

图 4-23　对 D1 线进行等长线的设置

(4) 对类中的其他走线，逐个进行等长线的设置。

3. 查看走线长度的方法

在 Altium Designer 18 软件中，有以下 3 种方法查看 PCB 图中走线的长度。

(1) 依次按下键盘的 R 键和 L 键，弹出走线长度的总结报告，如图 4-24 所示。图 4-24 显示了每条走线的长度。

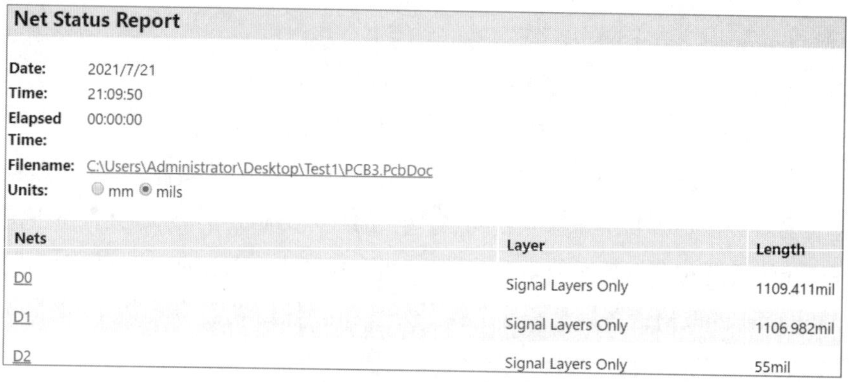

Net Status Report

Date: 2021/7/21
Time: 21:09:50
Elapsed Time: 00:00:00
Filename: C:\Users\Administrator\Desktop\Test1\PCB3.PcbDoc
Units: mm mils

Nets	Layer	Length
D0	Signal Layers Only	1109.411mil
D1	Signal Layers Only	1106.982mil
D2	Signal Layers Only	55mil

图 4-24　PCB 图中走线长度的总结报告

(2) 单击 PCB 设计界面左下方的 PCB 按钮，显示 PCB 面板，如图 4-25 所示。在图 4-25 中，单击<All Nets>显示出 PCB 图中所有走线的长度。

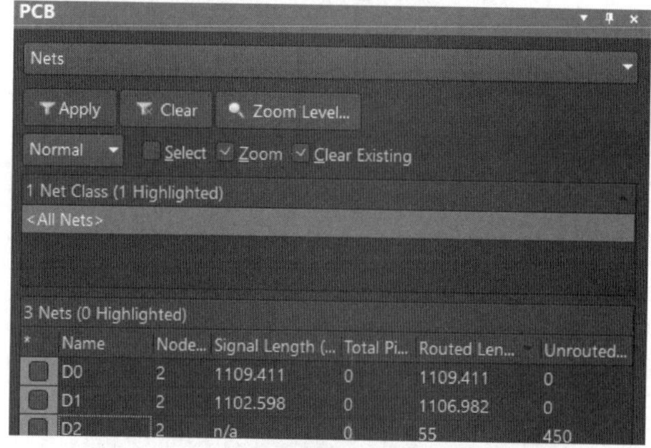

图 4-25　PCB 图的 PCB 面板

(3) 在 PCB 图中单击某个走线，在 PCB 图界面的左上角会显示这条线的长度。例如，单击 D1 这条走线，在 PCB 图的左上角显示这条线的长度是 1106.982mil，如图 4-26 所示。如果在 PCB 图的左上角没有显示这条走线的长度，依次按下键盘的 Shift 按键和 H 按键，这条走线的长度就会显示出来。

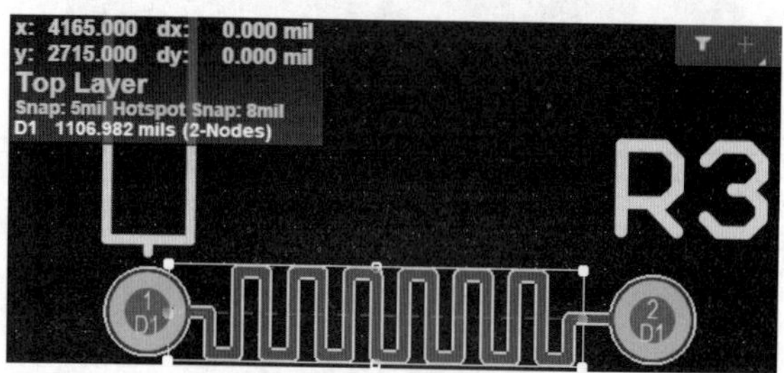

图 4-26　PCB 图中走线长度的指示

4.1.6　固定长度线的设计

固定长度线的设计有以下两个步骤。

(1) 在 PCB 图中画出一条线。

(2) 选择 Tools / Interactive Length Tuning 命令，弹出如图 4-22 所示的对话框。在图 4-22 中，首先把 Source 参数设置为 Manual，并把 Target Length 参数设置为希望的长度值；然后设置等长线拐弯的形状；最后单击 OK 按钮，即可绘制固定长度线。

图 4-27 是一个 PCI 插卡的 PCB 图，此 PCI 插卡要求时钟线的长度必须是 2.5 英寸(1 英寸=2.54 厘米)，固定长度的线位于此图中的中间位置。

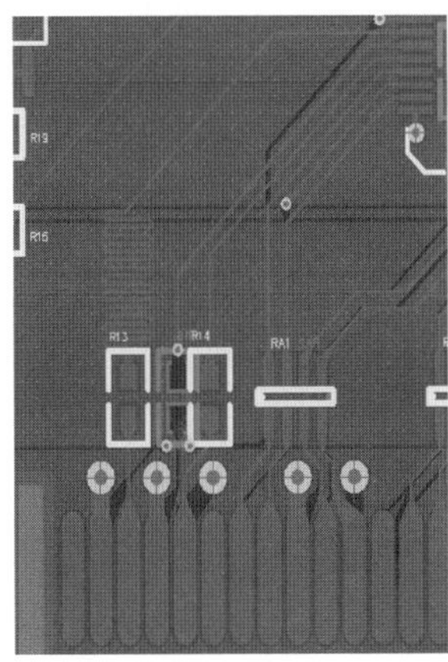

图 4-27　固定长度的时钟线

4.1.7　封装的验证

选择 File / Page Setup 命令，弹出 PCB 图打印的设置对话框，如图 4-28 所示。

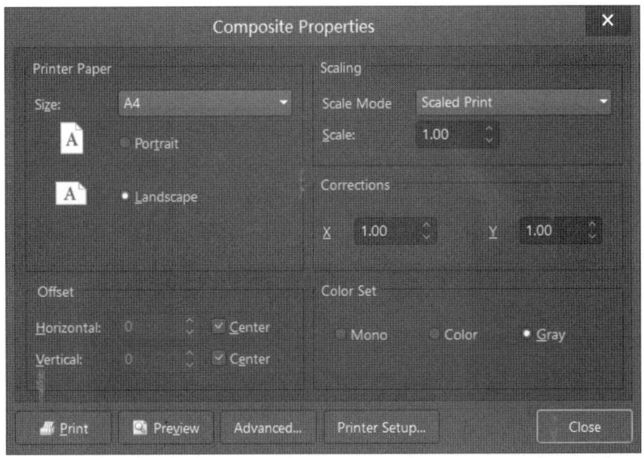

图 4-28　PCB 图打印的设置对话框

图 4-28 中，Portrait 参数表示按照纵向方式打印 PCB 图；Landscape 参数表示按照横向方式打印 PCB 图；Scale Mode 参数表示打印的类型，该参数设置为 Scaled Print，表示按照设置的比

例系数打印 PCB 图；Scale 参数表示比例系数，此参数设置为 1。最后，单击 Print 按钮按照以上参数打印 PCB 图。

在图 4-28 中，把 Scale 参数设置为 1 并打印 PCB 图，如果元件的封装是正确的，那么在打印出来的 PCB 图纸中，元件封装的大小和电子元器件的实际大小是完全相等的。把电子元器件放到这种 PCB 图的打印图上，就可以验证元件的封装是否正确。如果元件的封装不正确，应该修改元件的封装，并把 Scale 参数设置为 1 重新打印 PCB 图，再去验证元件封装的正确性。如果不验证元件的封装，一旦封装错误，那么在加工完电路板之后，很可能出现在电路板上不能正确焊接电子元器件的这种低级错误。如果在焊接电子元器件时才发现封装有问题，需要重新修改封装并重新加工电路板。元件封装的错误既增加了电路板的加工费用，还增加了电路板的设计周期，因为把电路板送到工厂加工需要花费一定的时间。

4.1.8 电路板的制作

在设计完电路板的 PCB 图之后，需要把 PCB 图的 Gerber 文件发给电路板加工厂，电路板加工厂根据 Gerber 文件制作电路板。Gerber 文件指把 PCB 图的布线数据转换成胶片的光汇数据。打开 PCB 图文件，选择 File / Fabrication Output / Gerber Files Gerber 命令生成 Gerber 文件。在加工电路板时，要注意以下两点。

(1) 铜箔导线的宽度和铜箔导线之间的间距一般不能小于 4mil。

(2) 过孔或插针式焊盘内部通孔的直径一般不能小于 10mil，过孔或插针式焊盘的整体直径一般不能小于 20mil。如果不能满足以上的两个要求，电路板加工厂可能会要求重新修改 PCB 图。

4.1.9 PDF 文件的制作

因为 Altium Designer 18 软件是专业软件，在一些用户的计算机上很可能没有安装这个软件，所以有必要把 PCB 图文件转成 PDF 文件，方便保存和打印。打开 PCB 图，选择 File / Smart PDF 命令把 PCB 图转成 PDF 文件。

4.2 PCB 图的检查

在设计完 PCB 图之后，需要对 PCB 图进行检查，并修改 PCB 图中的错误。本节包括两部分内容：PCB 图的设计规则和 PCB 图的检查操作。

4.2.1 PCB 图的设计规则

在 PCB 图中，选择 Design / Rules 命令，弹出 PCB 图设计规则的设置对话框，如图 4-29 所示。

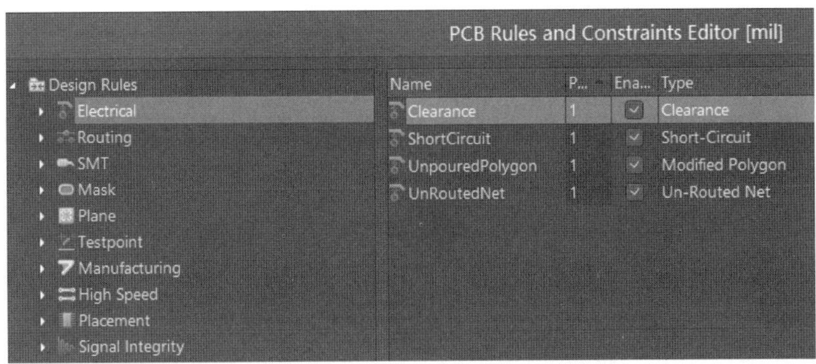

图 4-29　PCB 图设计规则的设置对话框

图4-29包括常用的PCB图设计规则：电气(Electrical)规则、布线(Routing)规则、平面层(Plane)的设计规则、电路板制作(Manufacturing)的规则、高速信号(High Speed)的设计规则和 PCB 图中对象放置(Placement)的设计规则，下面分别介绍这些设计规则的内容。

1. 电气(Electrical)规则

PCB 图的电气规则包括安全间距(Clearance)规则、短路(Short-Circuit)许可规则和未完成布线(Un-Routed Net)的规则

1) 安全间距(Clearance)规则

在图 4-29 中，单击左侧的 Electrical / Clearance / Clearance 字符，在此图的右侧显示安全间距的设计规则，如图 4-30 所示。

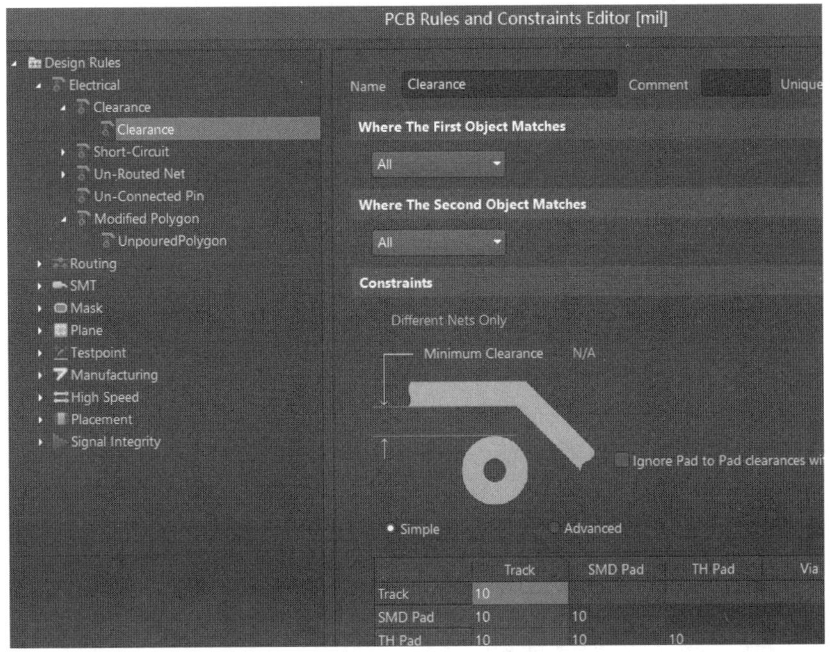

图 4-30　PCB 图的安全间距规则

安全间距规则的作用是设置走线(Track)、过孔(Via)、表贴式焊盘(SMD Pad)和插针式焊盘

(TH Pad)自身之间或两两之间的最小间距。如果它们之间的距离比较小，会引起相邻对象之间的电磁干扰。一般情况下，它们之间的间距设置为10mil。电路板工厂在加工电路板时，它们之间的间距一般不能小于4mil，因为电路板工厂一般不具备小于4mil的加工精度。

2) 短路(Short-Circuit)许可规则

在图4-29中，单击左侧的Electrical / Short-Circuit / ShortCircuit字符，在此图的右侧显示短路许可的规则，如图4-31所示。

短路许可规则的作用是设置不同的电路网络相连时是否认为是短路。这个规则使用默认的设置，即不同的电路网络相连就认为是短路。所以，在图4-31的右侧不要选中Allow Short Circuit字符右侧的选择框。

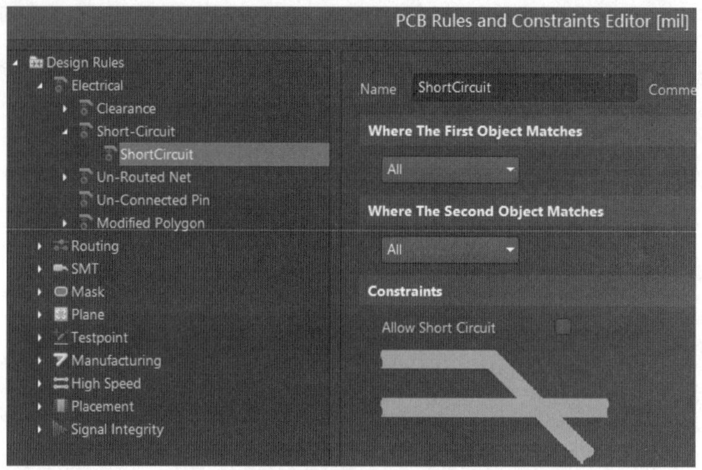

图4-31　PCB图的短路许可规则

3) 未完成布线(Un-Routed Net)的规则

在图4-29中，单击左侧的Electrical / Un-Routed Net / Un-RoutedNet字符，在此图的右侧显示未完成布线的规则，如图4-32所示。

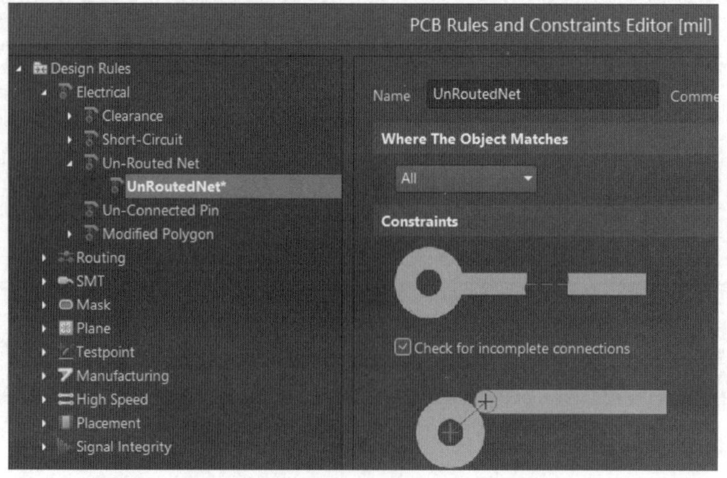

图4-32　PCB图的未完成布线规则

此规则的作用是检查 PCB 图是否完成所有电路网络的布线工作。显然，此规则一定要选中。在图 4-32 的右侧，选中 Check for incomplete connections 字符左侧的选择框。

2. 布线(Routing)的规则

PCB 图的布线规则包括导线宽度(Width)的设计规则、过孔(Routing Via Style)的设计规则和差分线(Differential Pairs Routing)的设计规则。

1) 导线宽度(Width)的设计规则

在图 4-29 中，单击左侧的 Routing / Width / Width 字符，在此图的右侧显示导线宽度的设计规则，如图 4-33 所示。

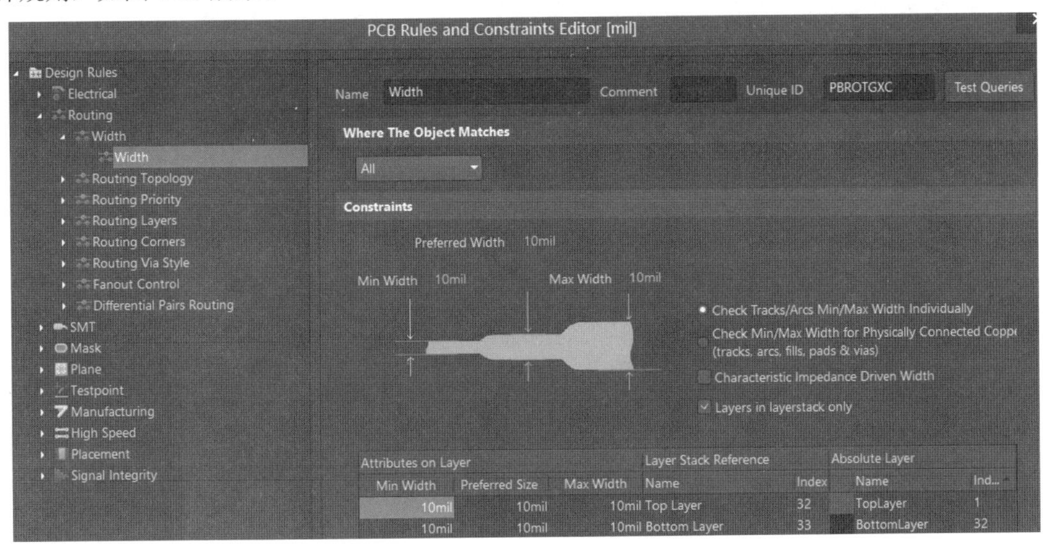

图 4-33　PCB 图导线宽度的设计规则

在图 4-33 的右下方，Min Width 参数、Preferred Size 参数和 Max Width 参数分别设置顶层信号层(Top Layer)和底层信号层(Bottom Layer)中导线宽度的最小值、默认值和最大值。一般情况下，导线宽度的最小值、默认值和最大值可以分别设置为 3mil、10mil 和 50mil。

2) 过孔(Routing Via Style)的设计规则

在图 4-29 中，单击左侧的 Routing / Routing Via Style / RoutingVias 字符，在此图的右侧显示过孔的设计规则，如图 4-34 所示。

此规则的功能是设置 PCB 图中过孔的大小。在图 4-34 的右侧，Via Hole Size 的 Minimum 参数、Maximum 参数和 Preferred 参数分别设置过孔内通孔的最小值、最大值和默认值；Via Diameter 的 Minimum 参数、Maximum 参数和 Preferred 参数分别设置过孔外孔径的最小值、最大值和默认值。

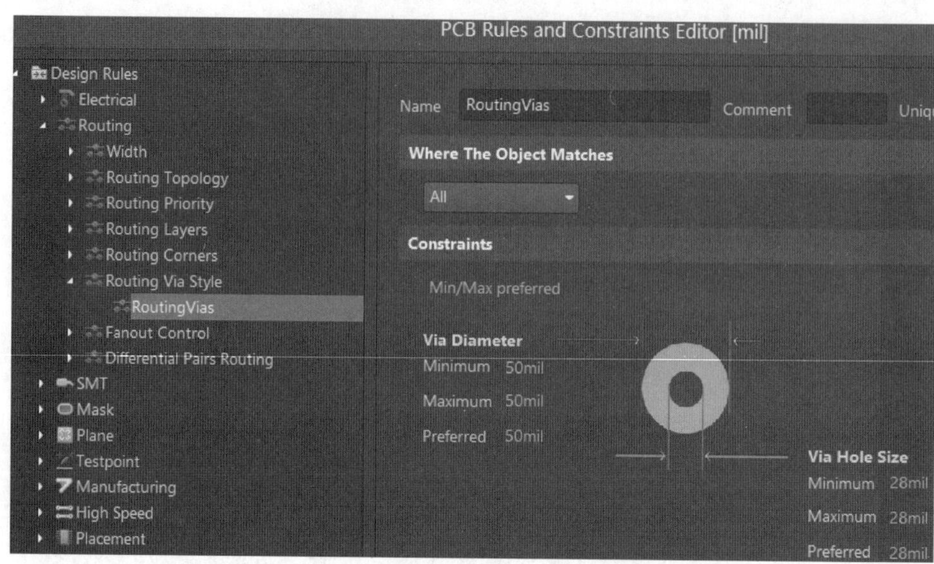

图 4-34　PCB 图中过孔的设计规则

3) 差分线(Differential Pairs Routing)的设计规则

在图 4-29 中，单击左侧的 Routing / Differential Pairs Routing / DiffPairsRouting 字符，在此图的右侧显示差分线的设计规则，如图 4-35 所示。

此规则的功能是设置差分线的宽度和间距。在图 4-35 的右下方，Min Width 参数、Preferred Width 参数和 Max Width 参数分别设置顶层信号层(Top Layer)和底层信号层(Bottom Layer)中差分线宽度的最小值、默认值和最大值。Min Gap 参数、Preferred Gap 参数和 Max Gap 参数分别设置顶层信号层(Top Layer)和底层信号层(Bottom Layer)中差分线间距的最小值、默认值和最大值。

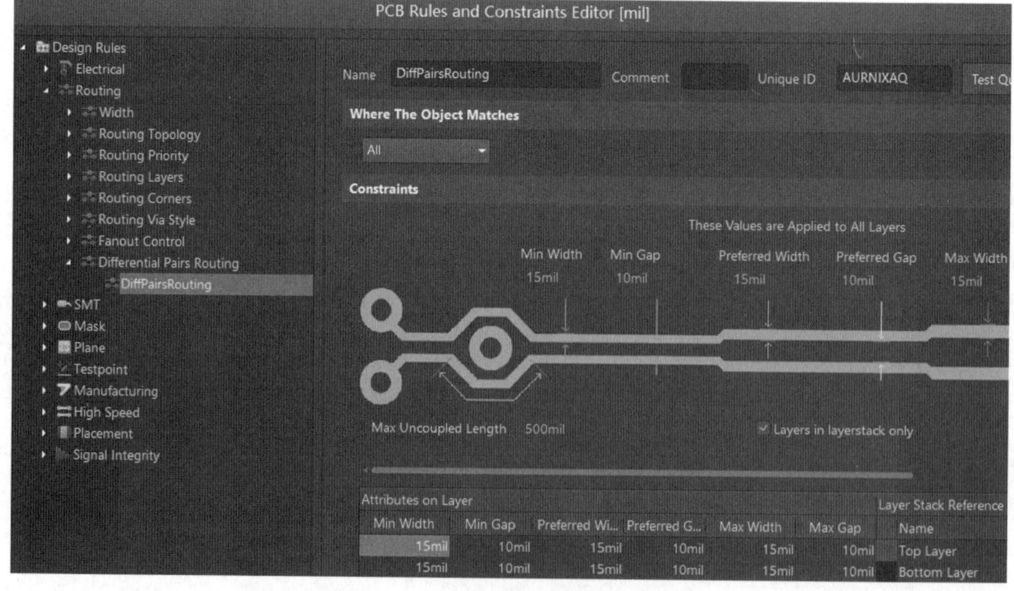

图 4-35　PCB 图中差分线的设计规则

3. 平面层(Plane)的设计规则

平面层设计规则包括两部分：平面层和过孔的连接方式(Power Plane Connect Style)设计规则、铺地和具有地网络的过孔(或焊盘)之间的连接方式(Polygon Connect Style)设计规则。

1) 平面层和过孔的连接方式设计规则

在图 4-29 中，单击左侧的 Plane / Power Plane Connect Style / PlaneConnect 字符，在此图的右侧显示平面层和过孔的连接方式设计规则。此规则已经在第 3 章“3.3.8 电路板的设计方法”的“2. 四层电路板”中进行了介绍。

2) 铺地和具有地网络的过孔(或焊盘)之间的连接方式设计规则

在图 4-29 中，单击左侧的 Plane / Polygon Connect Style / PolygonConnect 字符，在此图的右侧显示铺地和具有地网络的过孔(或焊盘)之间的连接方式设计规则。此规则已经在本章“4.1.2 铺地(铺铜)操作”中进行了介绍。

4. 电路板制作(Manufacturing)的规则

电路板制作的规则包括焊盘通孔直径(Hole Size)的设计规则、焊盘阻焊层最小间距(Minimum Solder Mask Sliver)的设计规则、孔与孔之间距离(Hole To Hole Clearance)的设计规则、丝印层对象和焊盘之间距离(Silk To Solder Mask Clearance)的设计规则和丝印层对象之间距离(Silk to Silk Clearance)的设计规则。

1) 焊盘通孔直径(Hole Size)的设计规则

在图 4-29 中，单击左侧的 Manufacturing / Hole Size / HoleSize 字符，在此图的右侧显示焊盘通孔直径的设计规则，如图 4-36 所示。

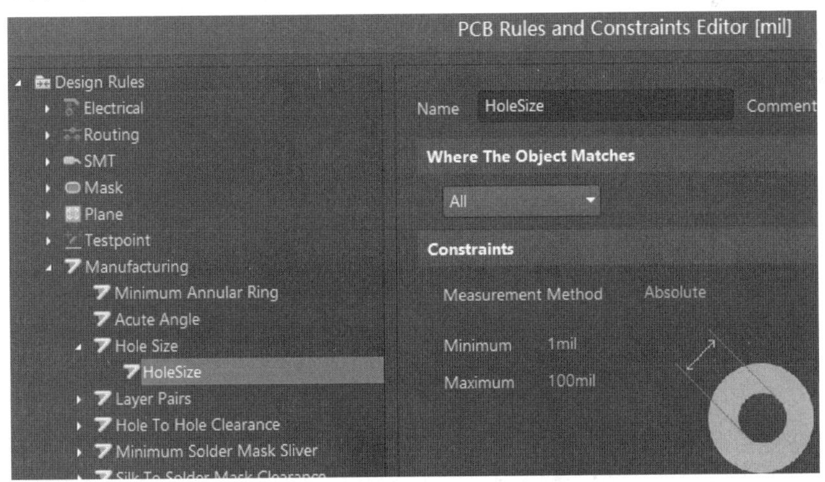

图 4-36 PCB 图中焊盘通孔直径的设计规则

在图 4-36 中的右侧，Minimum 参数和 Maximum 参数分别设置焊盘通孔直径的最小值和最大值。

2) 焊盘阻焊层最小间距(Minimum Solder Mask Sliver)的设计规则

在图 4-29 中，单击左侧的 Manufacturing / Minimum Solder Mask Sliver / MinimumSolderMaskSliver 字符，在此图的右侧显示焊盘阻焊层最小间距的设计规则，如图 4-37 所示。

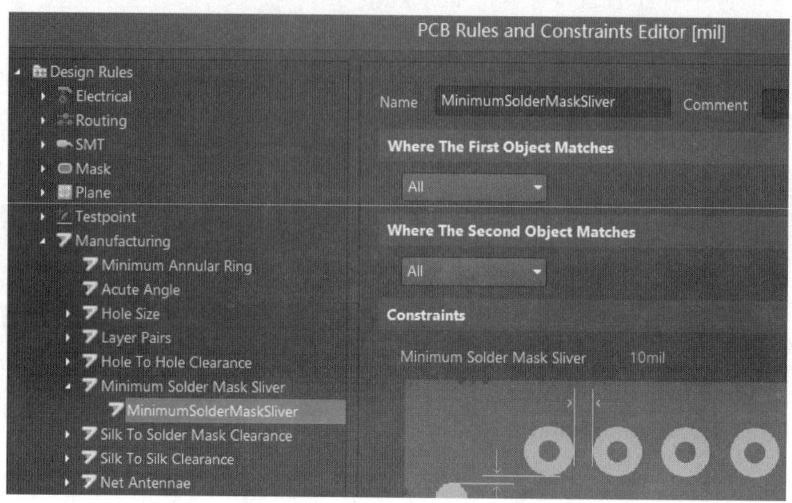

图 4-37　PCB 图中焊盘阻焊层最小间距的设计规则

在图 4-37 的右侧，Minimum Solder Mask Sliver 参数设置焊盘阻焊层之间的最小距离值。在实际工程中，此规则不重要，可以不使用此设计规则。

3) 孔与孔之间距离(Hole To Hole Clearance)的设计规则

在图 4-29 中，单击左侧的 Manufacturing / Hole To Hole Clearance / HoleToHoleClearance 字符，在此图的右侧显示孔与孔之间距离的设计规则，如图 4-38 所示。

在图 4-38 的右侧，Hole To Hole Clearance 参数设置孔与孔之间距离的最小值。

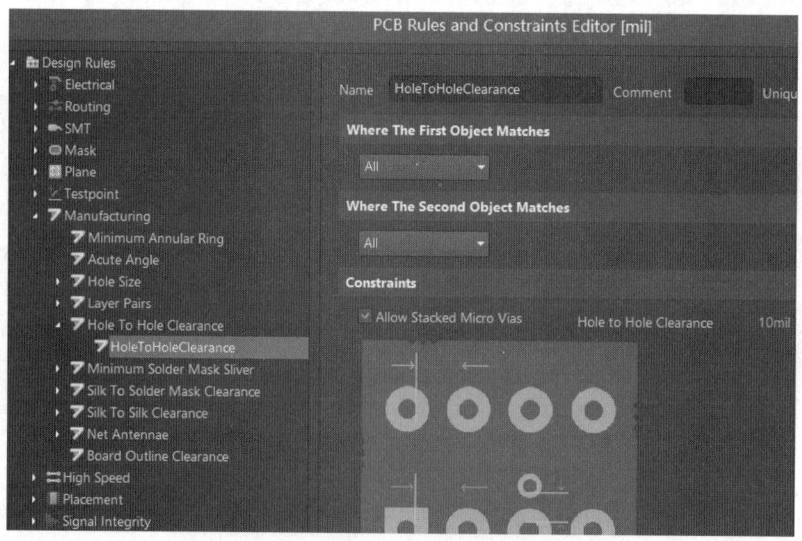

图 4-38　PCB 图中孔与孔之间距离的设计规则

4) 丝印层对象和焊盘之间距离(Silk To Solder Mask Clearance)的设计规则

在图 4-29 中，单击左侧的 Manufacturing / Silk To Solder Mask Clearance / SilkToSolderMask-Clearance 字符，在此图的右侧显示丝印层对象和焊盘之间距离的设计规则，如图 4-39 所示。

在图 4-39 的右侧，Silkscreen To Object Minimum Clearance 参数设置丝印层对象和焊盘之间距离的最小值。在实际工程中，此规则不重要，可以不使用此设计规则。

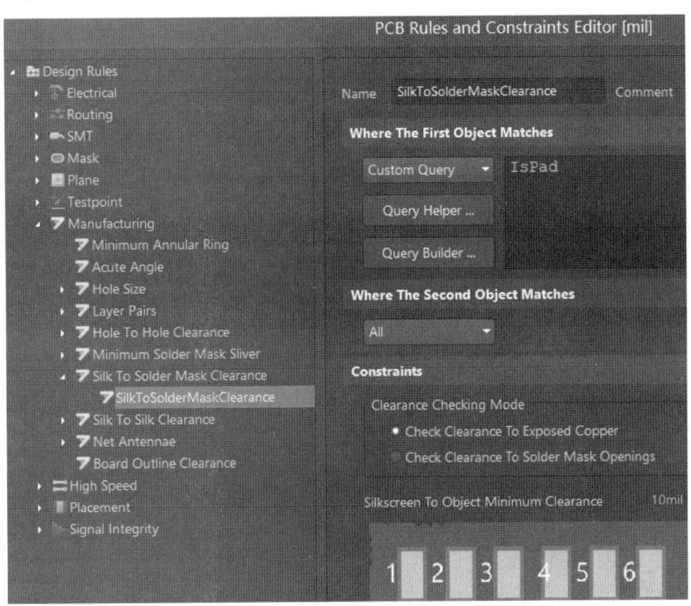

图 4-39　PCB 图中丝印层对象和焊盘之间距离的设计规则

5) 丝印层对象之间距离(Silk To Silk Clearance)的设计规则

在图 4-29 中，单击左侧的 Manufacturing / Silk To Silk Clearance / SilkToSilkClearance，在此图的右侧会显示丝印层对象之间距离的设计规则，如图 4-40 所示。

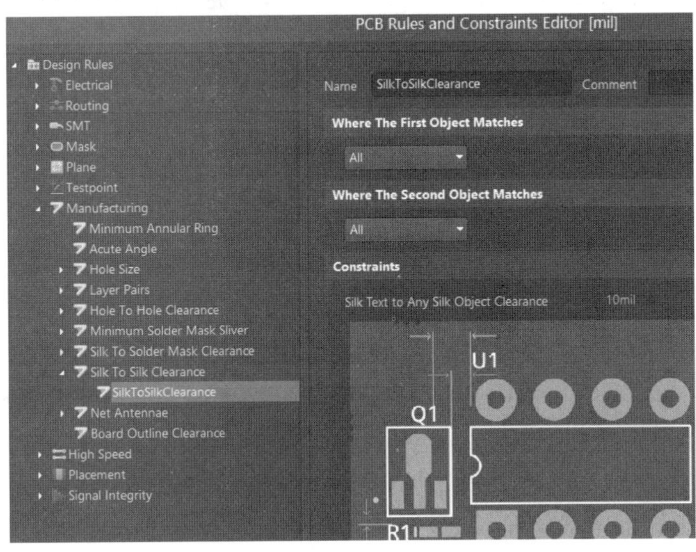

图 4-40　PCB 图中丝印层对象之间距离的设计规则

在图 4-40 的右侧，Silk Text to Any Silk Object Clearance 参数设置丝印层对象之间距离的最小值。在实际工程中，此规则不重要，可以不使用此设计规则。

5. 高速信号(High Speed)的设计规则

高速信号的设计规则主要包括等长线的设计规则。在图 4-29 中，右击左侧的 High Speed / Matched Lengths 字符，在弹出的菜单中选择 New Rule 命令添加等长线的设计规则，此规则已经在本章“4.1.5 等长线的设计”中进行了介绍。

6. PCB 图中对象放置(Placement)的设计规则

在图 4-29 中，单击左侧的 Placement / Component Clearance / ComponentClearance 字符，在此图的右侧显示 PCB 图中封装之间距离的设计规则，如图 4-41 所示。

在图 4-41 的右侧，Minimum Horizontal Clearance 参数和 Minimum Vertical Clearance 参数分别设置两个封装在水平方向和竖直方向上距离的最小值。

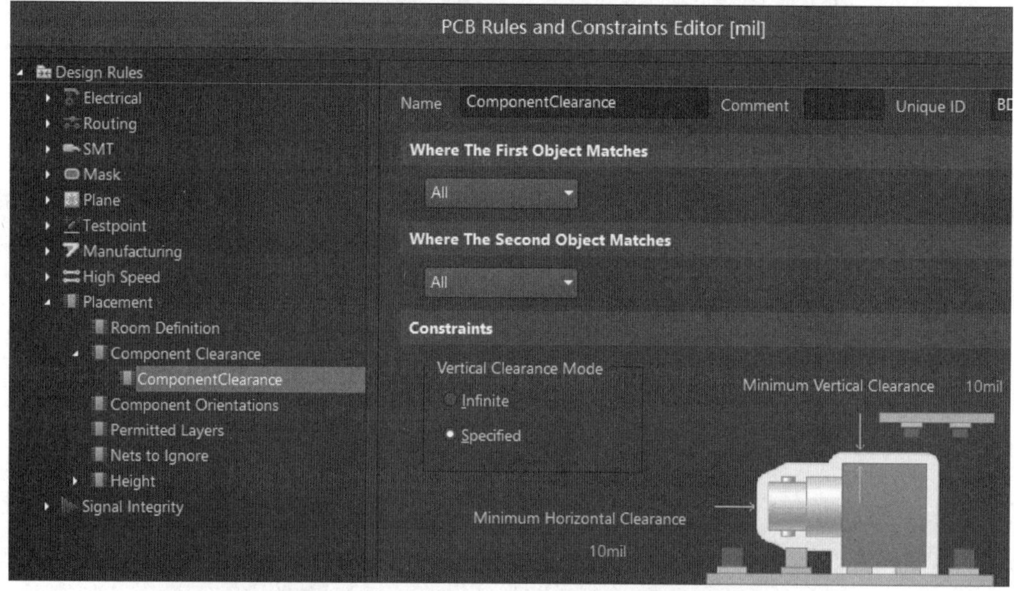

图 4-41　PCB 图中封装之间距离的设计规则

4.2.2　PCB 图的检查操作

选择 Tools / Design Rule Check 命令，弹出 PCB 图检查的对话框，如图 4-42 所示。

在图 4-42 中，有两个选项卡：Report Options 选项卡和 Rules To Check 选项卡。Report Options 选项卡如图 4-42 所示，在这个选项卡中，Create Report File 参数设置是否生成检查结果的报告文件；Create Violations 参数设置是否使用绿色显示违规的对象；在 Stop when 后面的编辑框中输入违规次数的最大值，在对 PCB 图进行检查的过程中，如果违规的数量超过最大值，就会停止 PCB 图的检查。

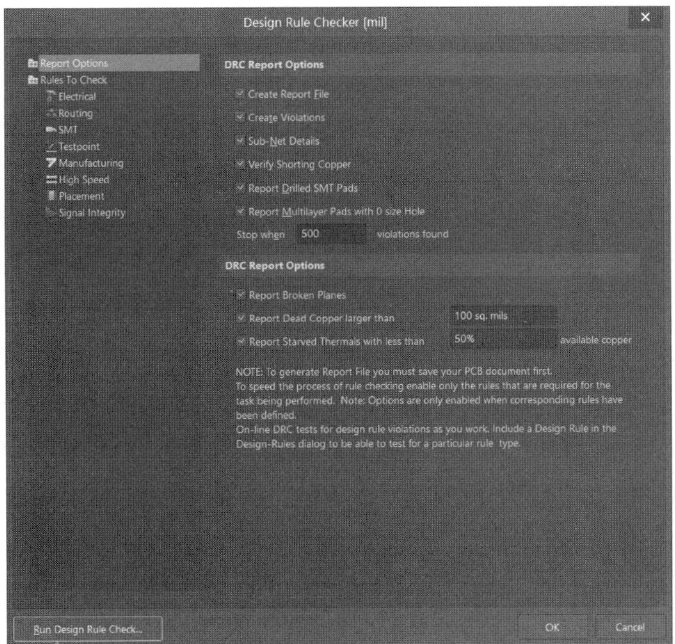

图 4-42　PCB 图检查对话框的 Report Options 选项卡

Rules To Check 选项卡如图 4-43 所示，此选项卡的功能是设置使用哪些设计规则进行 PCB 图的检查。

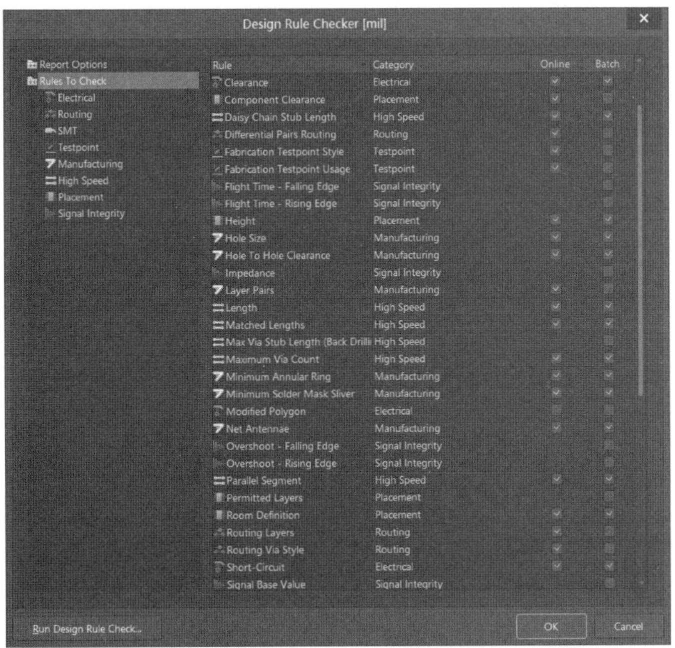

图 4-43　PCB 图检查对话框的 Rules To Check 选项卡

在 Rules To Check 选项卡中，Online 参数表示在线检查，指在 PCB 图的设计过程中，根据选中的设计规则，随时对 PCB 图进行检查；Batch 参数表示批量检查，指在完成 PCB 图的设计并单击此图左下方的 Run Design Rule Check 按钮之后，根据选中的设计规则检查 PCB 图。在图 4-43 中，单击左侧目录列表中的 Manufacturing 字符，显示的内容如图 4-44 所示。在图 4-44 右侧 Batch 的一列中，Silk To Solder Mask Clearance、Silk To Silk Clearance 和 Minimum Solder Mask Sliver 这三个设计规则默认的情况是选中的，在实际的工程中，这三个设计规则不需要选中。

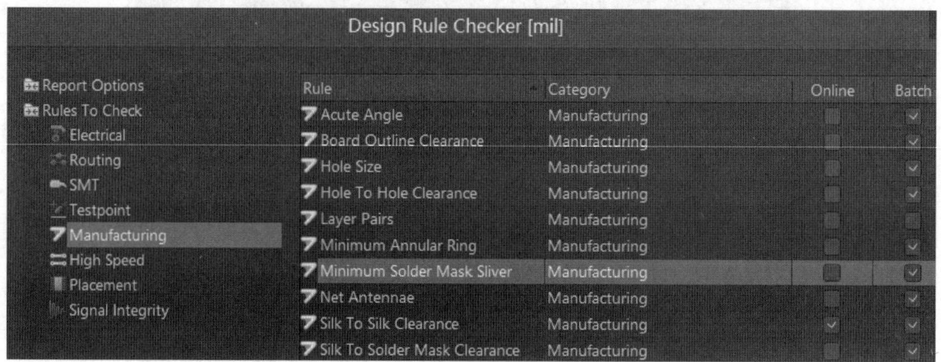

图 4-44　Manufacturing 设计规则

在图 4-42 中，单击此图左下方的 Run Design Rule Check 按钮，开始检查 PCB 图，检查结果如图 4-45 所示。

Summary

Warnings	Count
Total	0

Rule Violations	Count
Clearance Constraint (Gap=10mil) (All),(All)	0
Short-Circuit Constraint (Allowed=No) (All),(All)	0
Un-Routed Net Constraint ((All))	0
Modified Polygon (Allow modified: No), (Allow shelved: No)	0
Width Constraint (Min=10mil) (Max=10mil) (Preferred=10mil) (All)	0
Power Plane Connect Rule(Relief Connect)(Expansion=20mil) (Conductor Width=10mil) (Air Gap=10mil) (Entries=4) (All)	0
Hole Size Constraint (Min=1mil) (Max=100mil) (All)	0
Hole To Hole Clearance (Gap=10mil) (All),(All)	0
Minimum Solder Mask Sliver (Gap=10mil) (All),(All)	0
Silk To Solder Mask (Clearance=10mil) (IsPad),(All)	0
Silk to Silk (Clearance=10mil) (All),(All)	0
Net Antennae (Tolerance=0mil) (All)	0
Height Constraint (Min=0mil) (Max=1000mil) (Prefered=500mil) (All)	0

图 4-45　PCB 图的检查结果

在图 4-45 中，PCB 图的检查结果主要包括以下 10 部分内容。

(1) Clearance Constraint 表示走线、焊盘和过孔之间的间距规则，违反此规则的数量必须是 0。

(2) Short-Circuit Constraint 表示短路规则，违反此规则的数量必须是 0。

(3) Un-Routed Net Constraint 表示完成全部布线的规则，违反此规则的数量必须是 0。

(4) Width Constraint 表示走线宽度的规则，违反此规则的数量必须是 0。

(5) Hole Size Constraint 表示孔径大小的规则，违反此规则的数量可以不是 0。

(6) Hole to Hole Clearance 表示孔之间的间距规则，违反此规则的数量可以不是 0。

(7) Minimum Solder Mask Silver 表示阻焊层对象之间最小间距的规则，违反此规则的数量可以不是 0。

(8) Silk To Solder Mask 表示丝印层对象和封装之间最小间距规则，违反此规则的数量可以不是 0。

(9) Silk to Silk 表示丝印层对象之间最小间距的规则，违反此规则的数量可以不是 0。

(10) Net Antennae 表示布线中不能有尖峰形状的规则，违反此规则的数量必须是 0。

根据图 4-45 中的检查结果修改 PCB 图中的错误，并继续检查 PCB 图，直到满足 PCB 图的设计要求为止。

思考练习

1. 铺地的设计方法是什么？
2. 等长线的设计步骤有哪些？
3. 固定长度线的设计步骤有哪些？
4. 封装的验证方法是什么？
5. PCB 图常用的设计规则有哪些？

第5章 PCB图封装的设计

本章详细介绍封装的编辑操作和封装的设计方法，并对 PCB 图的设计技巧进行总结。

5.1 封装的编辑操作

本节介绍 PCB 图中封装的编辑操作方法。在进行 PCB 图的设计中，有的封装在 Altium Designer 18 软件自带的封装库文件中能够找到，但是有的封装在已有的封装库文件中无法找到，这时就需要自己设计此封装。

封装被包含在封装库文件中，封装库文件有以下两种创建方法。

(1) 选择 File / New / Library / PCB Library 命令创建封装库文件。

(2) 右击 PCB 图界面左侧项目面板的项目文件，在弹出的菜单中选择 Add New To Project / PCB Library 命令创建封装库文件，如图 5-1 所示。

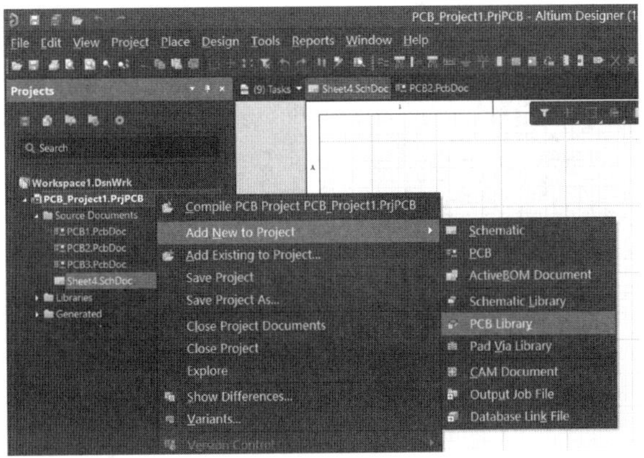

图 5-1　封装库文件的创建方法

有时在封装库文件中没有找到某个封装，但是某个 PCB 图使用了此封装，这时可以使用

PCB 图自动提取封装的功能。选择 Design / Make PCB Library 命令，把 PCB 图使用的所有封装提取出来并放在一个新生成的封装库文件中。显然，此封装库文件包含所需要的某个封装。

创建完一个封装库文件之后，首先双击 Altium Designer 18 软件界面左侧项目面板中的此封装库文件，然后单击界面左侧下方的 PCB Library 按钮，打开此封装库文件的设计界面，如图 5-2 所示。

在封装库文件中，封装有以下两种编辑方法。

(1) 在图 5-2 中右击 Name 下方的某个封装名称，弹出如图 5-3 所示的菜单，使用这些菜单进行封装的编辑操作。在图 5-3 中，选择 New Blank Footprint 命令创建一个空的封装；选择 Footprint Wizard 命令根据向导创建封装；选择 Cut 命令剪切封装；选择 Copy 命令复制封装；选择 Copy Name 命令仅仅复制封装的名称；选择 Paste 命令进行封装的粘贴；选择 Delete 命令删除封装；选择 Update PCB with X 命令执行封装的自动更新操作。在检查 PCB 图时，如果发现某个元件的封装有错误，应该修改此封装，在原理图中重新设置此元件的封装，并在 PCB 图中重新加载原理图的封装，显然这些操作非常浪费时间，这时可以使用封装的自动更新操作。在封装库文件中修改完某个封装之后，选择 Update PCB with X 命令直接修改 PCB 图中的此封装。

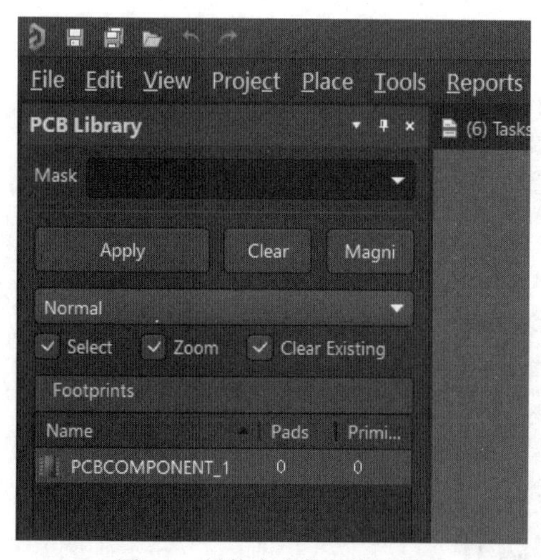

图 5-2　封装库文件的设计界面

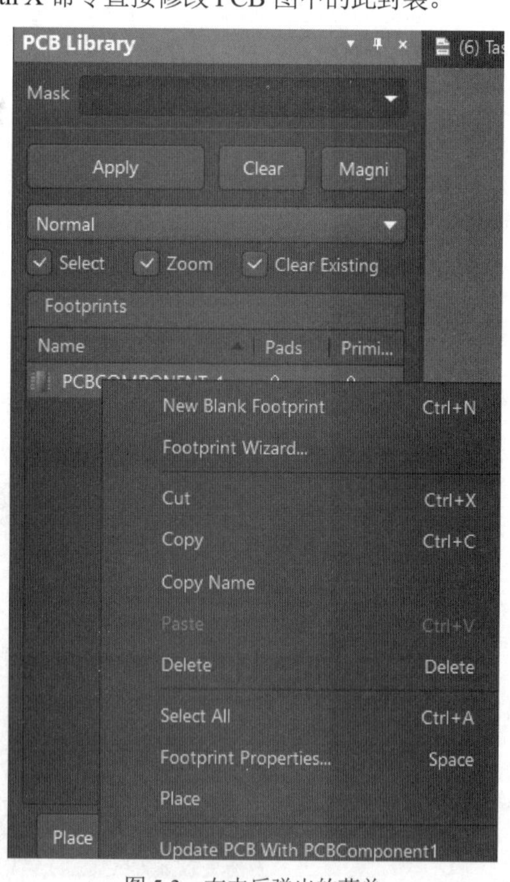

图 5-3　右击后弹出的菜单

(2) 使用 Tools 菜单的子菜单进行封装的编辑操作。具体来说，选择 Tools / New Blank

Footprint 命令创建一个空的封装；选择 Tools / Footprint Wizard 命令根据向导创建封装；选择 Tools / Remove Footprint 命令删除封装；选择 Tools / Update PCB with Current Footprint 命令执行当前封装的自动更新操作。

在封装库文件中，使用以下方法修改封装的名称：双击在图 5-2 中 Name 下方的某个封装名称，弹出如图 5-4 所示的对话框，在此对话框中修改 Name 参数的取值，Name 参数的取值就是此封装的名称。

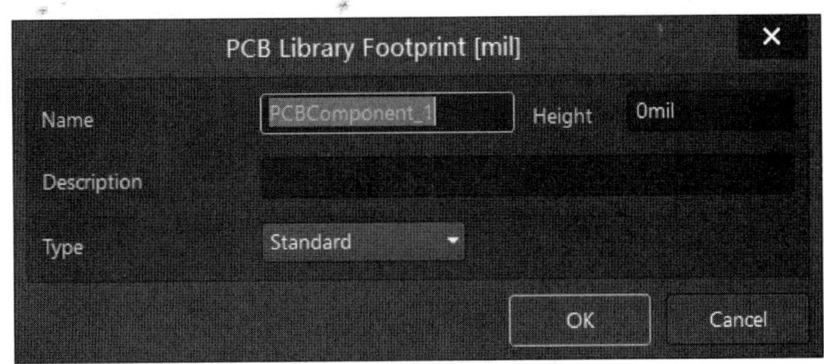

图 5-4　修改封装名称的对话框

5.2 封装的设计方法

在封装库文件中有两种封装设计的方法，下面分别介绍这两种方法。

5.2.1　第一种封装设计方法

在第一种封装设计方法中，选择 Tools / New Blank Footprint 命令，根据封装所包含的对象进行封装的设计，这种设计方法适合于设计有少量焊盘的封装。一般来说，封装包括焊盘和边框这两部分对象。第一种封装设计方法包括以下 3 个设计步骤。

(1) 选择 Tools / New Blank Footprint 命令创建一个空的封装，并设置此封装的名称。

(2) 在封装设计界面的右侧放置焊盘，并设置焊盘的属性：Location(X/Y)、Designator、Layer、Shape、Hole Size 和 Size and Shape 中的 X/Y。焊盘的 Location(X/Y)属性设置焊盘的位置。把封装的第一个焊盘放置在封装视图界面中的坐标原点处，即此焊盘的 Location(X/Y)属性值设置为(0mil，0mil)。根据该电子元器件数据手册中封装的说明，设置其他焊盘的位置。焊盘的 Designator 属性设置焊盘的序号，封装中的焊盘和电子元器件的引脚具有一一对应的关系，焊盘的数量等于电子元器件引脚的数量。在插针式封装中，焊盘的 Layer 属性设置为 Multi-Layer；在表贴式封装中，焊盘的 Layer 属性设置为 Top Layer。焊盘的 Shape 属性有两个取值：Round 和 Rectangular。Round 表示焊盘的形状是圆形，Rectangular 表示焊盘的形状是长方形。焊盘的 Hole Size 属性设置焊盘内部通孔的大小。焊盘 Size and Shape 中的 X/Y 属性设置焊盘的长度和宽度。

(3) 在顶层丝印层，选择 Place / Line 命令放置封装的边框，封装边框的大小和电子元器件的面积有关。当把电子元器件焊接在电路板上时，此电子元器件应该覆盖住封装的边框。

下面举两个封装设计的例子。第一个例子，设计一个插针式接插件的封装，这个接插件有两个引脚，两个引脚之间的距离是2.54mm，此封装如图5-5所示。第二个例子，设计一个表贴式接插件的封装，这个接插件有两个引脚，两个引脚之间的距离是 2.54mm，此封装如图 5-6 所示。

图5-5　插针式封装

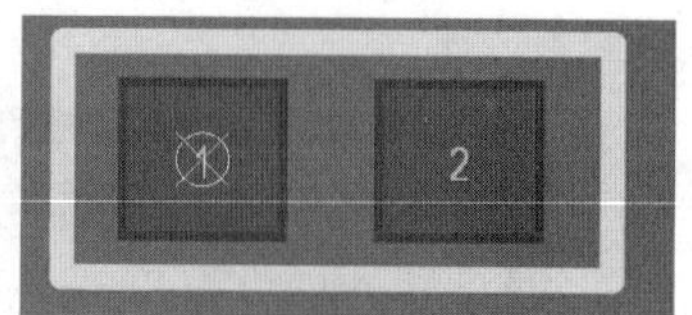

图5-6　表贴式封装

5.2.2　第二种封装设计方法

在第二种封装设计方法中，根据封装的设计向导和电子元器件数据手册中该元件引脚大小的说明进行封装的设计，这种设计方法适合于设计有大量焊盘的封装。选择 Tools / Component Wizard 命令，弹出如图 5-7 所示的封装向导对话框。

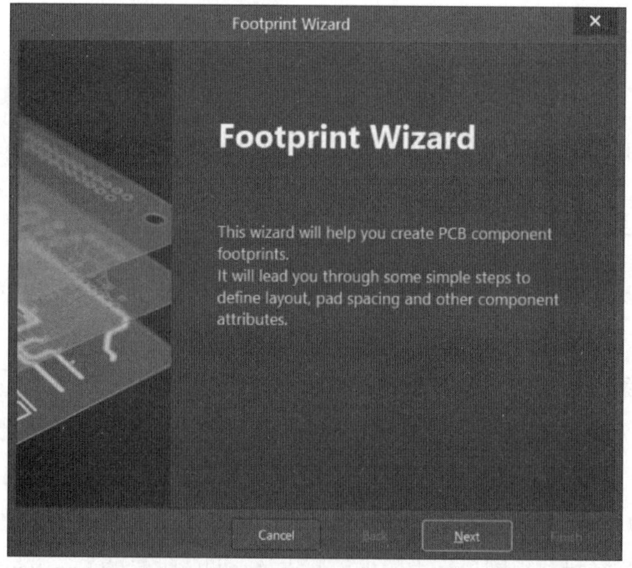

图5-7　封装设计的向导对话框

在图5-7中单击Next按钮，弹出选择封装模板的对话框，如图5-8所示。在图5-8中，常用的封装模板包括两侧有引脚的表贴式封装(Small Outline Packages，SOP)、四侧有引脚的表贴式封装(Quad Packs，QUAD)、双列插针式封装(Dual In-line Packages，DIP)、二极管形式的封装(Diodes)、电阻形式的封装(Resistors)、插针式球形封装(Staggered Pin Grid Arrays，SPGA)和表贴式球形封装(Staggered Ball Grid Arrays，SBGA)，其对应的封装模型如图5-9所示。

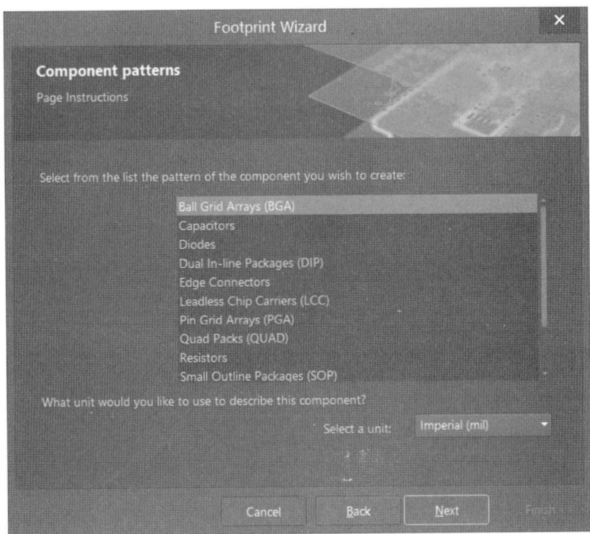

图 5-8 选择封装模板的对话框

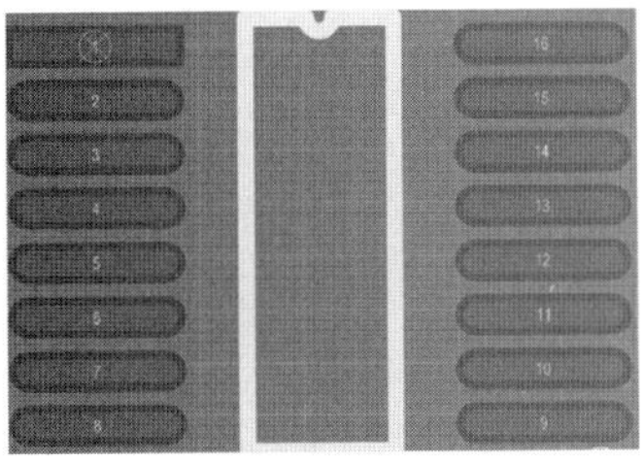

(a) SOP 封装

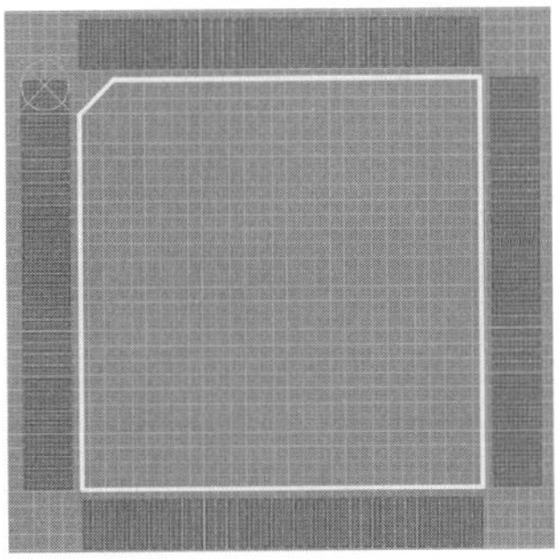

(b) QUAD 封装

(c) DIP 封装

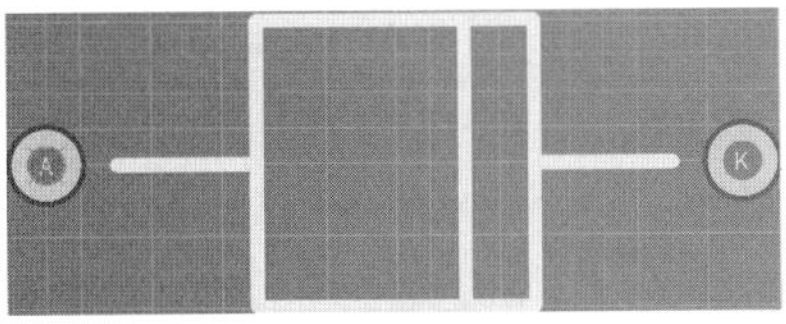

(d) Diodes 封装

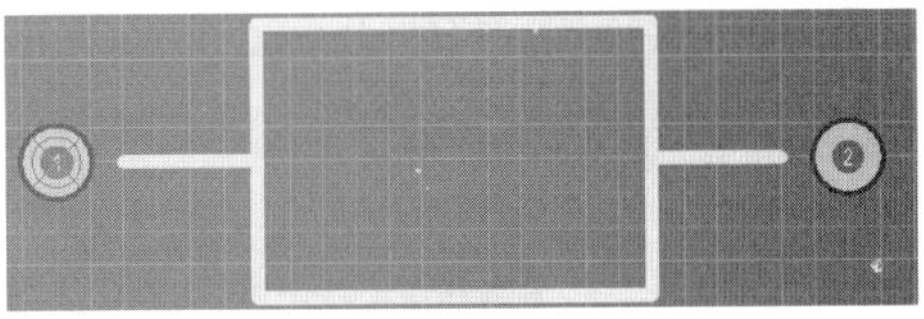

(e) Resistors 封装

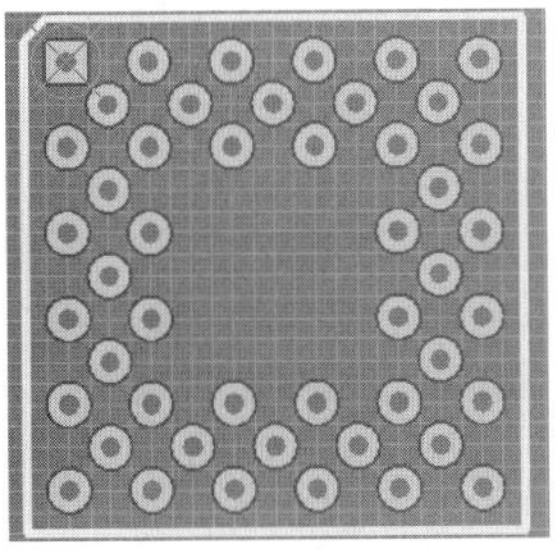

(f) SPGA 封装

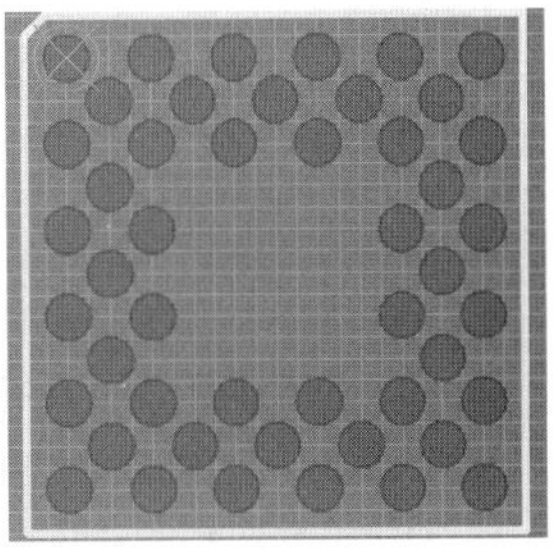

(g) SBGA 封装

图 5-9 封装的模板

下面通过两个例子说明使用封装向导设计封装的步骤。

1. AD9835 集成电路芯片封装的设计步骤

在以太网上下载 AD9835 芯片的数据手册，在此数据手册中找到此芯片引脚的实际大小，如图 5-10 所示。在图 5-10 中，每个长度给出了两种数值，这两种数值分别是最大值和最小值；括号内部数值的单位是毫米(mm)，括号外部数值的单位是英寸(Inch)。在下面的封装设计步骤中，使用长度的最大值进行封装的设计，并且长度的单位使用毫米。

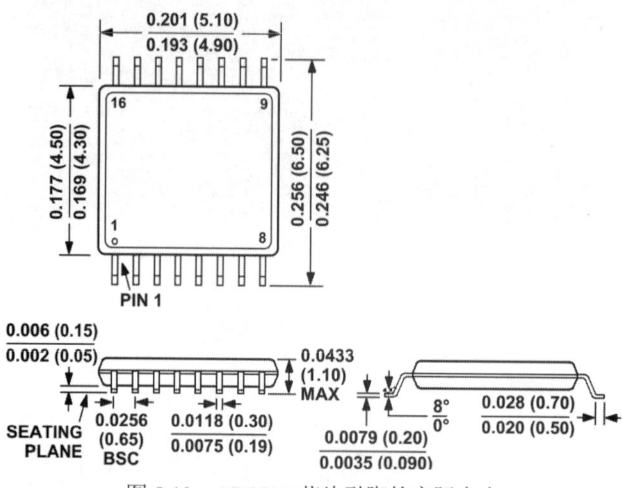

图 5-10　AD9835 芯片引脚的实际大小

根据封装的向导进行 AD9835 芯片的封装设计有如下 9 个步骤。

(1) 选择 Tools / Component Wizard 命令，弹出如图 5-7 所示的封装向导对话框。

(2) 在图 5-7 中，单击 Next 按钮，弹出如图 5-8 所示的对话框。

(3) 在图 5-8 中，选中 Small Outline Packages(SOP)选项，并设置 Select a unit 参数的取值为 Metric(mm)，最后单击 Next 按钮，弹出如图 5-11 所示的对话框。

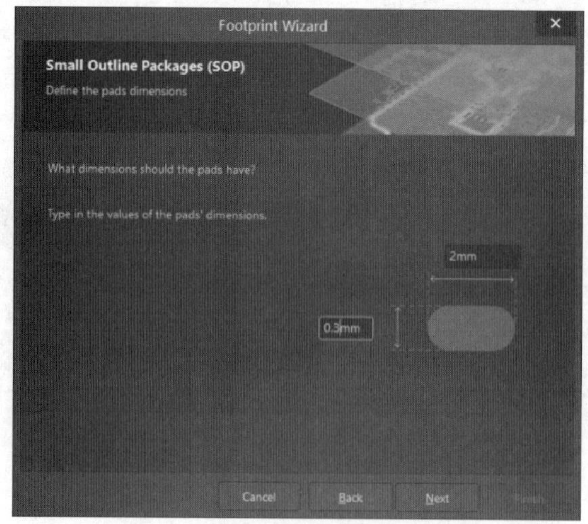

图 5-11　设置焊盘的长度和宽度

(4) 在图 5-11 中，把焊盘的长度和宽度分别设置为 2mm 和 0.3mm。从图 5-10 中可以看出，引脚长度的最大值和宽度的最大值分别是 1mm 和 0.3mm，这里把焊盘的长度设置为引脚长度加上 1mm，方便元器件引脚的焊接，并把焊盘的宽度设置为引脚的宽度。在图 5-11 中，单击 Next 按钮，弹出如图 5-12 所示的对话框。

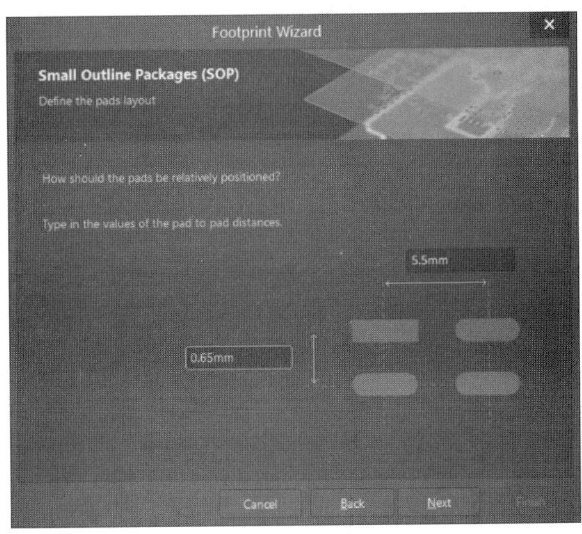

图 5-12　设置焊盘的间距

(5) 在图 5-12 中，设置焊盘两种类型的间距分别是 5.5mm 和 0.65mm。从图 5-10 中可以看出，元件引脚的这两种类型的间距分别是 5.5mm 和 0.65mm。这里把焊盘的间距设置为元件引脚的间距。单击图 5-12 中的 Next 按钮，弹出如图 5-13 所示的对话框。

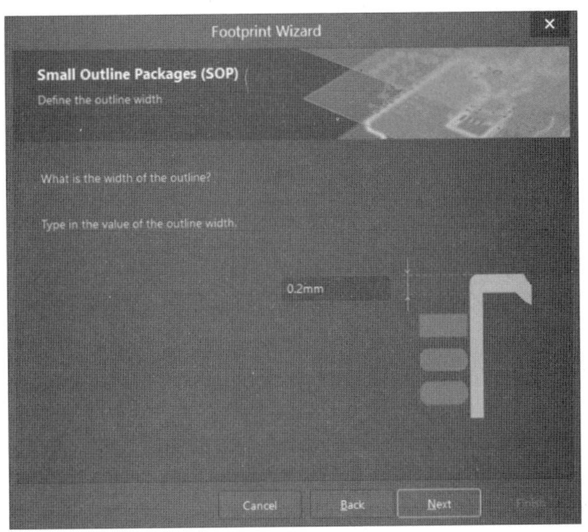

图 5-13　设置边框线的宽度

(6) 在图 5-13 中，设置封装边框线的宽度。这个参数使用默认值，单击此对话框的 Next 按钮，弹出如图 5-14 所示的对话框。

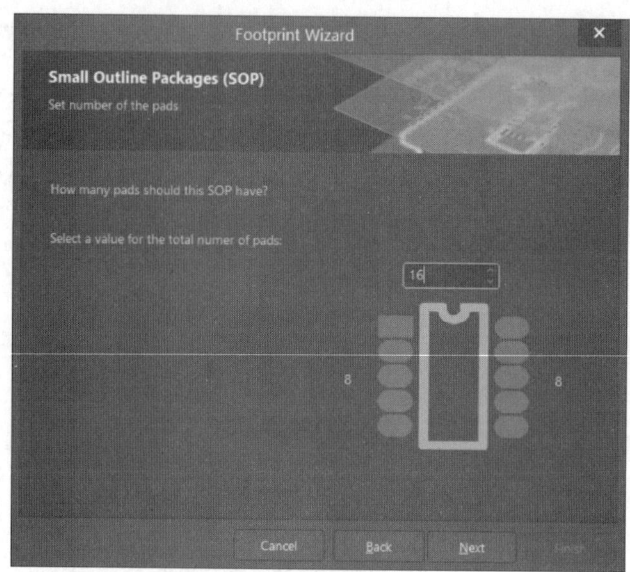

图 5-14　设置焊盘的数量

(7) 在图 5-14 中，设置焊盘的数量为 16，并单击此对话框的 Next 按钮，弹出如图 5-15 所示的对话框。

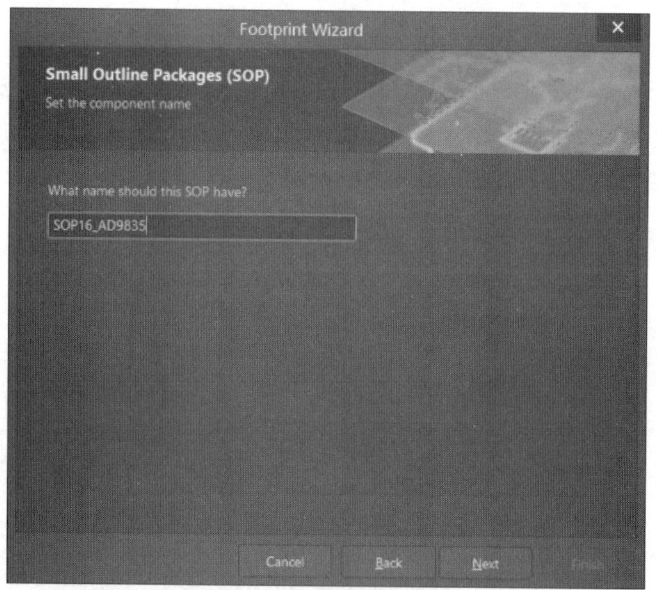

图 5-15　设置封装的名称

(8) 在图 5-15 中，设置封装的名称为 SOP16_AD9835，并单击此对话框的 Next 按钮，弹出如图 5-16 所示的对话框。

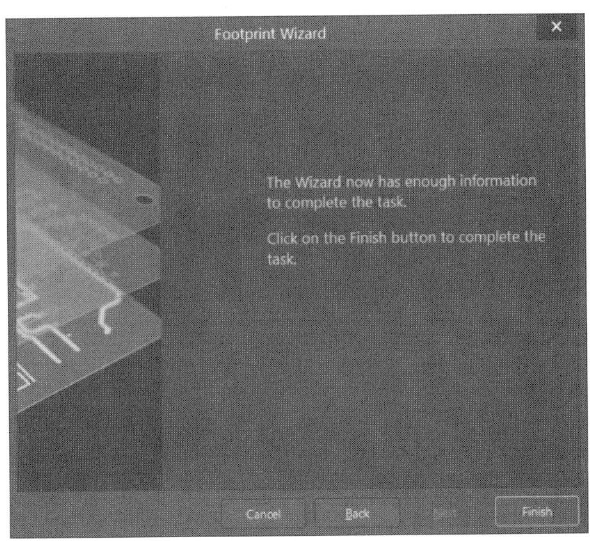

图 5-16　封装设计完成的对话框

(9) 在图 5-16 图中，单击 Finish 按钮完成 AD9835 芯片封装的设计过程。AD9835 芯片的封装如图 5-17 所示。

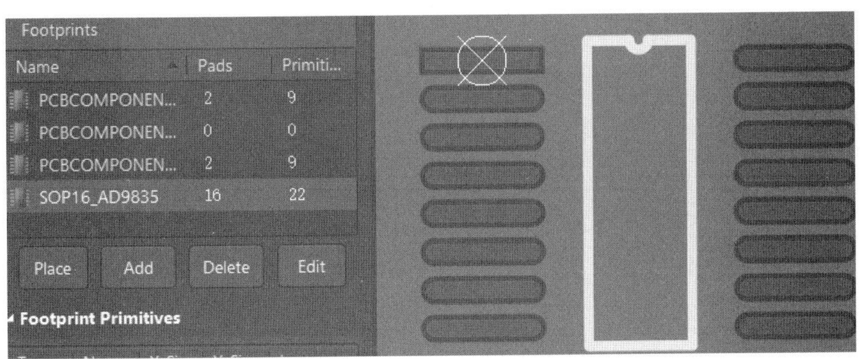

图 5-17　AD9835 芯片的封装

2. EP1C6 芯片封装的设计步骤

在以太网上下载 EP1C6 芯片的数据手册，在此数据手册中找到此芯片引脚的实际大小，如图 5-18 所示。在图 5-18 中，各种长度的单位是毫米(mm)。

根据封装的向导进行 EP1C6 芯片的封装设计有以下 11 个步骤。

(1) 选择 Tools / Component Wizard 命令，弹出如图 5-7 所示的封装向导对话框。

(2) 在图 5-7 中，单击 Next 按钮，弹出如图 5-8 所示的对话框。

(3) 在图 5-8 中，选中 Quad Packs(QUAD)选项，并设置 Select a unit 参数的取值为 Metric(mm)，最后单击 Next 按钮，弹出如图 5-19 所示的对话框。

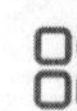

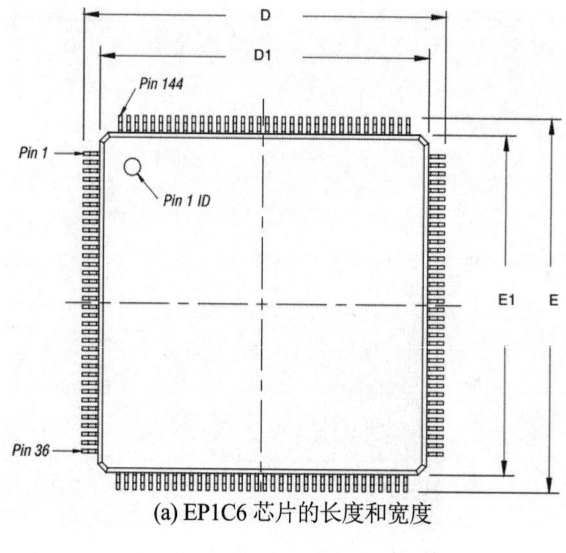

(a) EP1C6 芯片的长度和宽度

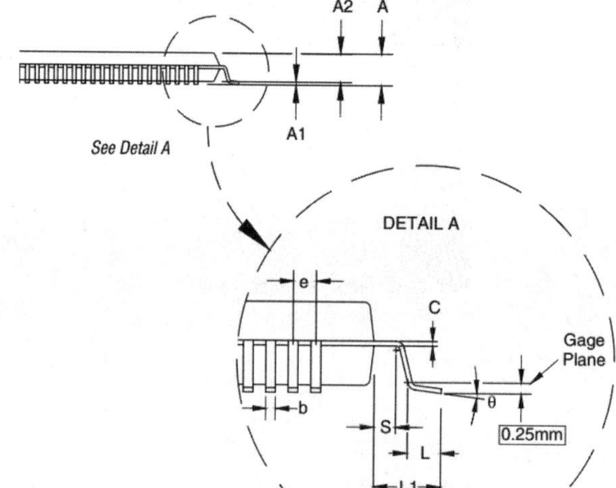

(b) EP1C6 芯片引脚的间距

Package Outline Figure Reference			
Symbol	**Millimeters**		
	Min.	**Nom.**	**Max.**
A	–	–	1.60
A1	0.05	–	0.15
A2	1.35	1.40	1.45
D	22.00 BSC		
D1	20.00 BSC		
E	22.00 BSC		
E1	20.00 BSC		
L	0.45	0.60	0.75
L1	1.00 REF		
S	0.20	–	–
b	0.17	0.22	0.27
c	0.09	–	0.20
e	0.50 BSC		
θ	0°	3.5°	7°

(c) (a)和(b)中各种长度的数值

图 5-18　EP1C6 芯片引脚的实际大小

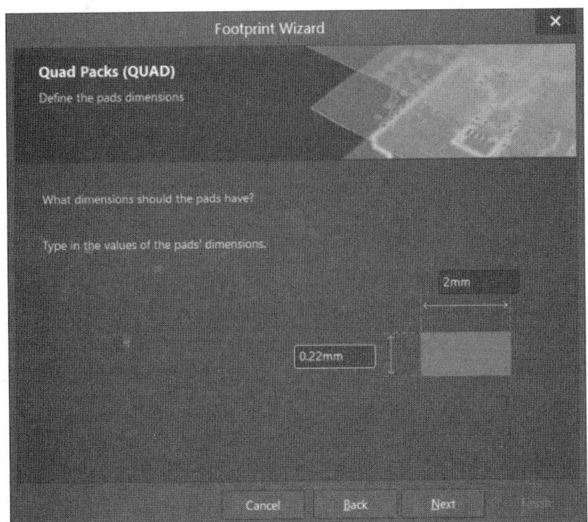

图 5-19　设置焊盘的长度和宽度

(4) 在图 5-19 中，把焊盘的长度和宽度分别设置为 2mm 和 0.22mm。从图 5-18 中可以看出，引脚的长度和宽度分别是 1mm 和 0.22mm，这里把焊盘的长度设置为引脚长度加上 1mm，目的是方便电子元器件引脚的焊接，并把焊盘的宽度设置为引脚的宽度。在图 5-19 中，单击 Next 按钮，弹出如图 5-20 所示的对话框。

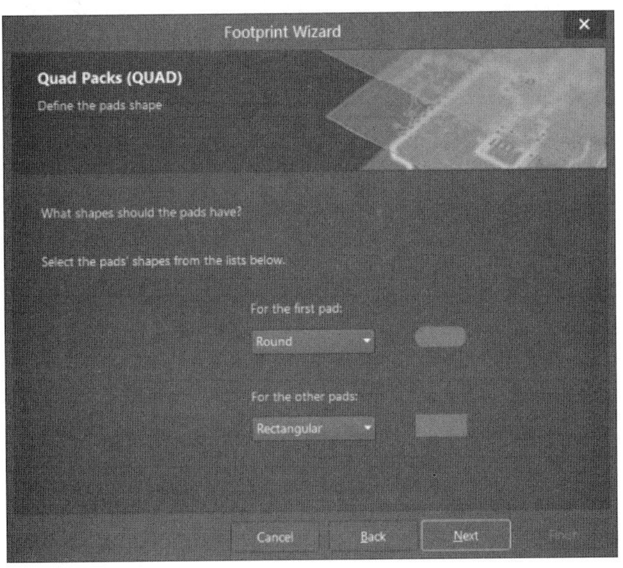

图 5-20　设置焊盘的形状

(5) 在图 5-20 中，设置第一个焊盘和其他焊盘的形状。第一个焊盘的两侧使用半圆形，其他焊盘的形状设置为长方形，目的是能够方便地识别出第一个焊盘。这个对话框可以使用默认值，单击此对话框的 Next 按钮，弹出如图 5-21 所示的对话框。

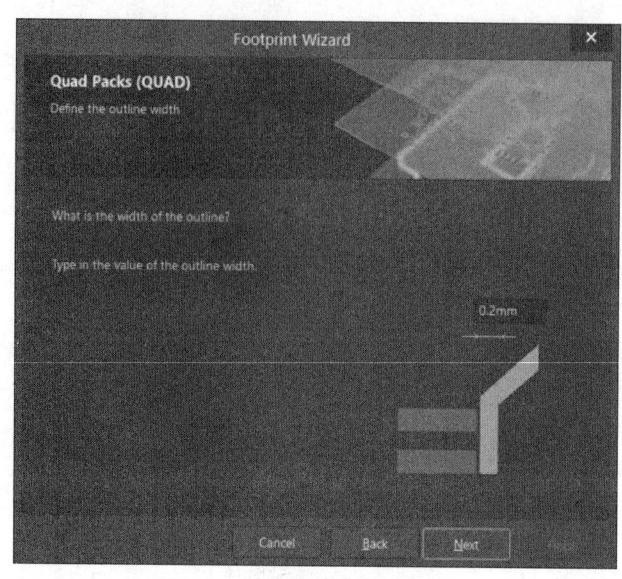

图 5-21　设置焊盘边框线的宽度

(6) 在图 5-21 中，设置封装边框线的宽度。这个参数使用默认值，单击此对话框的 Next 按钮，弹出如图 5-22 所示的对话框。

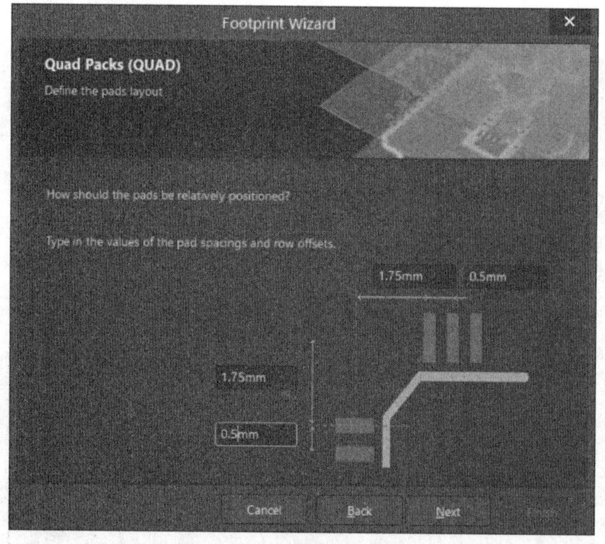

图 5-22　设置焊盘的间距

(7) 在图 5-22 中，设置焊盘两种类型的间距分别是 1.75mm 和 0.5mm。从图 5-18 中可以看出，元件引脚这两种类型的间距分别是 1.75mm 和 0.5mm。这里，把焊盘这两种类型的间距设置为元件引脚这两种类型的间距。单击图 5-22 的 Next 按钮，弹出如图 5-23 所示的对话框。

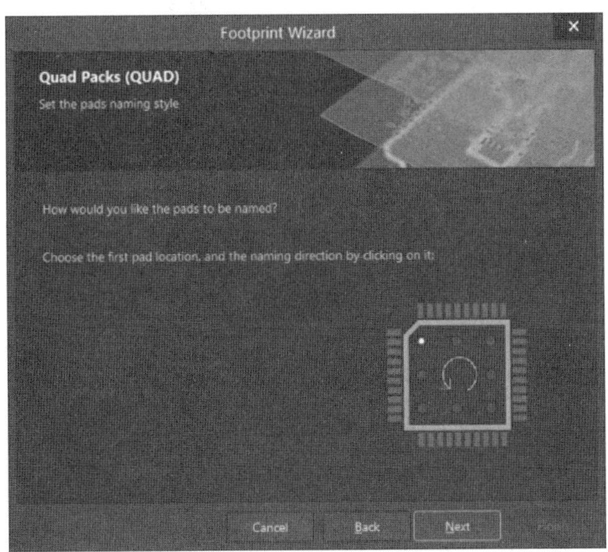

图 5-23　设置焊盘编号的顺序

(8) 在图 5-23 中，设置焊盘编号的顺序。这里使用默认的设置，单击此对话框的 Next 按钮，弹出如图 5-24 所示的对话框。

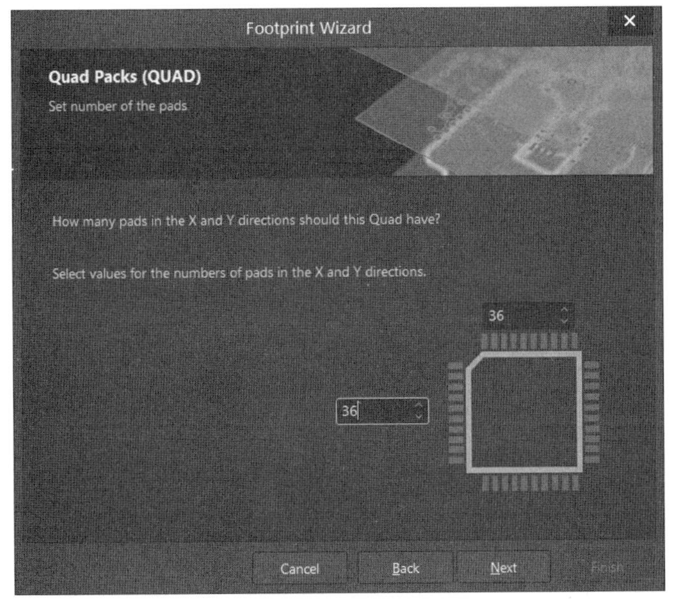

图 5-24　设置焊盘的数量

(9) 在图 5-24 中，设置焊盘在水平方向和竖直方向上的数量都是 36 个，并单击此对话框的 Next 按钮，弹出如图 5-25 所示的对话框。

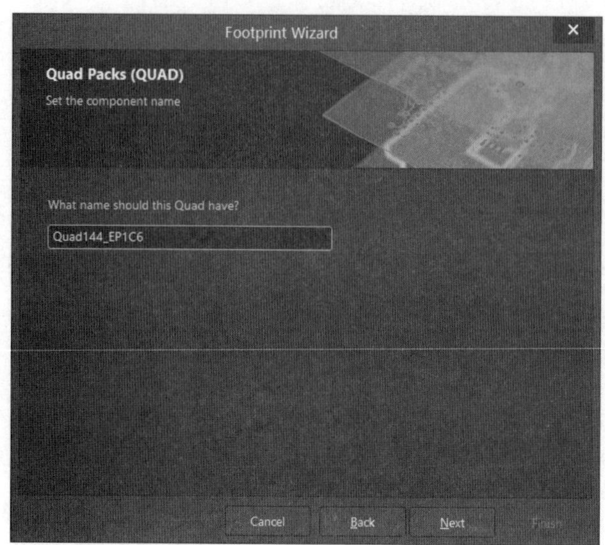

图 5-25　设置封装的名称

(10) 在图 5-25 中，设置封装的名称为 Quad144_EP1C6，并单击此对话框的 Next 按钮，弹出如图 5-26 所示的对话框。

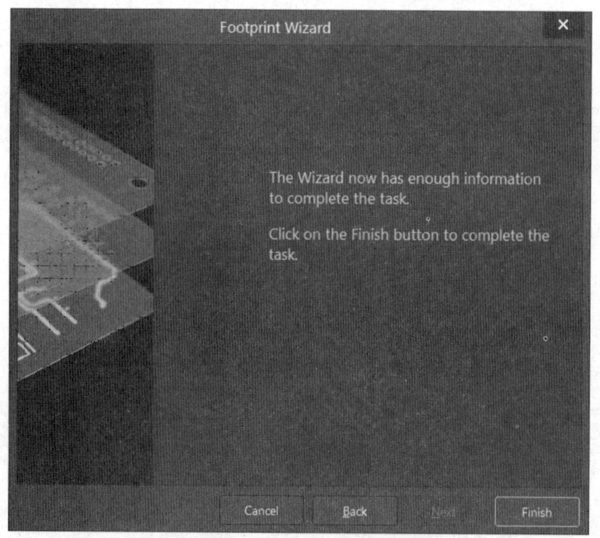

图 5-26　封装设计完成的对话框

(11) 在图 5-26 中，单击 Finish 按钮完成 EP1C6 芯片封装的设计过程。EP1C6 芯片的封装如图 5-27 所示。

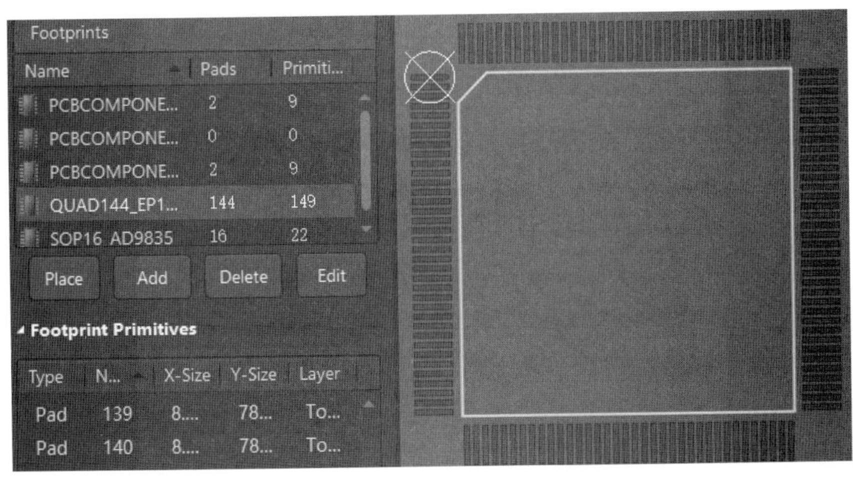

图 5-27　EP1C6 芯片的封装

5.3　PCB 图设计的实用技巧总结

在第 3 章、第 4 章和本章的内容中，介绍了 PCB 图设计的很多使用技巧。如果能够熟练掌握 PCB 图的使用技巧，可提高 PCB 图设计的效率，节省 PCB 图设计的时间。这里总结了 8 个 PCB 图的设计技巧。

(1) 在 PCB 图中，按下键盘的 Q 键完成 mm 和 mil 这两种单位之间的相互转换。

(2) 同时按下键盘的 J 键和 C 键查找 PCB 图中封装的位置。

(3) 自动寻找 PCB 图中实现某一功能的多个封装，并把它们放置在一起。首先，在原理图中选择实现某个功能的多个元件；然后，选择 Tools / Select PCB Components 命令或依次按下键盘的 T 键和 S 键选择 PCB 图中的多个封装，这些封装和原理图中被选择的元件具有一一对应的关系；最后，在选择 Tools / Component Placement / Arrange within Rectangle 命令之后，按下鼠标的左键在 PCB 图中画一个矩形，就把选择的多个封装放置在一起。

(4) 按下小键盘的*键改变 PCB 图的当前层。

(5) 依次按下键盘的 Ctrl 和 M 键测量 PCB 图中两点之间的距离。

(6) 把 PCB 图按照 1∶1 的比例打印出来，验证封装的正确性。

(7) 把 PCB 图使用的所有封装提取出来放在一个封装库文件中。

(8) 在封装库文件中，使用封装的自动更新功能修改 PCB 图中的封装。

思考练习

1. 封装库文件的创建方法是什么？

2. 表贴式封装有哪些类型？
3. 使用封装向导设计封装有哪些步骤？
4. PCB 图的设计技巧有哪些？

电路的仿真技术

本章介绍使用 Altium Designer 18 软件进行电路仿真的方法，包括电路仿真的基础知识、仿真原理图的设计、仿真环境参数的设置和仿真电路的应用实例。

6.1 电路仿真的基础知识

本节介绍电路仿真的基础知识，包括电路仿真的定义、电路仿真的优点、电路验证的传统方法和电路仿真的步骤。

1. 电路仿真的定义

电路仿真指根据电子电路的理论建立数学模型，在计算机上使用软件对电路的性能指标进行分析，以数字、图形和表格等形式表示仿真的结果。电路的仿真使用“电路分析”“模拟电子技术”“数字电子技术”和“单片机技术”等课程中学习的理论知识，例如基尔霍夫定理、戴维南定理和叠加原理等。

2. 电路仿真的优点

电路仿真的目的是验证电路的正确性。电路仿真有以下两个优点。

(1) 电路仿真不需要使用实际的电路板、电子元器件和仪器设备，从而节省它们的购买费用。

(2) 在电路仿真软件上能够非常方便地改变电路的结构，不需要焊接电子元器件，从而节省电路的调试时间。

3. 电路验证的传统方法

在出现电路仿真软件之前，有以下两种电路功能的验证方法。

(1) 使用面包板进行电路功能的验证。面包板如图 6-1(a)所示，在面包板上有很多小孔，可以插入电子元器件和导线，使用面包板搭建的电路如图 6-1(b)所示。显然，这种验证方法不需要加工电路板，从而节省电路板的加工费用。但是，这种验证方法需要购买电子元器件。此外，在面包板的小孔内插入电子元器件的引脚和导线，容易产生接触不良的现象，从而导致电路产生不稳定的信号。

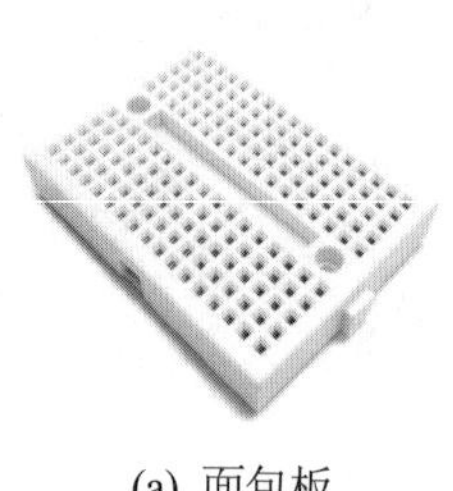

(a) 面包板

(b) 使用面包板搭建的电路

图 6-1　使用面包板进行电路的验证

(2) 使用多孔板(又称为万用电路板或实验测试板等)验证电路的功能。在多孔板上焊接电子元器件和导线构造电路，从而验证电路功能的正确性。多孔板如图 6-2 所示。和电路板的加工费用相比，多孔板的价格比较低。显然，使用这种验证方法具有一定的优势。但是，这种验证方法也需要购买电子元器件。

图 6-2　多孔板

4．电路仿真的步骤

使用 Altium Designer 18 软件进行电路仿真有以下 4 个步骤，如图 6-3 所示。

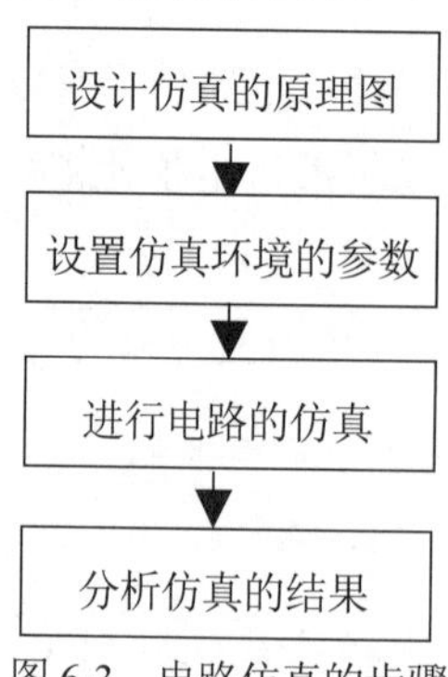

图 6-3　电路仿真的步骤

(1) 根据第 2 章的内容完成专门用于仿真的电路原理图。

(2) 设置仿真环境的参数。

(3) 进行电路的仿真。

(4) 根据仿真的结果验证电路的正确性。

和电路板的设计相比，电路的仿真有以下两处区别：第一，用于电路仿真的原理图需要电源元件、信号源元件和初始条件元件，而用于电路板设计的原理图不需要电源元件、信号源元件和初始条件元件。第二，电路的仿真不需要设计 PCB 图，而电路板的设计既需要完成原理图的设计，还需要完成 PCB 图的设计。

6.2 仿真原理图的设计

本节介绍仿真原理图设计的基本内容，包括仿真原理图的设计步骤、仿真原理图的元件、仿真原理图的信号源和初始条件，以及仿真原理图的设计规则。

1. 仿真原理图的设计步骤

仿真原理图的设计有以下 5 个步骤，如图 6-4 所示。

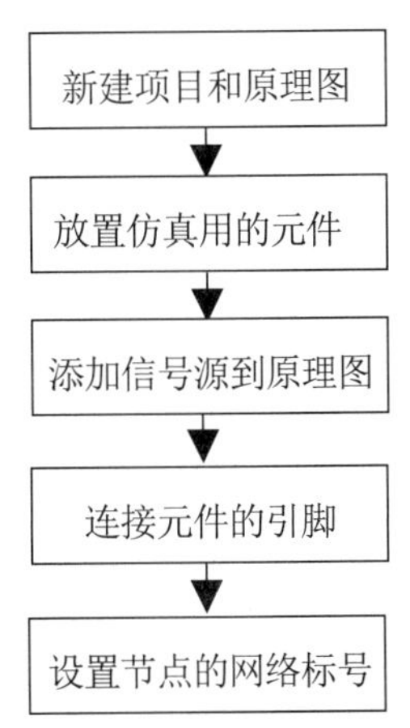

图 6-4　设计仿真原理图的步骤

(1) 新建一个电路板项目文件和一个原理图文件。

(2) 从仿真库文件中把需要使用的仿真元件放置到原理图中。

(3) 添加信号源到原理图。

(4) 放置电气连接线连接元件的引脚。

(5) 设置节点的网络标号，在仿真结果中能够观察到网络标号的波形。

仿真原理图设计步骤的第一步、第二步和第四步同电路板原理图的设计方法相同，它的第三步和第五步是电路板原理图的设计所没有的。

2. 仿真原理图的元件

在原理图中放置仿真元件之前，需要加载仿真元件所在的库文件。经常使用的库文件是Miscellaneous Devices.IntLib，此文件的目录是 D:\Users\Public\Documents\Altium\ AD18\Library。在电路仿真中，库文件的加载方法和电路板设计中原理图元件库文件的加载方法相同，原理图元件库文件的加载方法已经在“2.2.3 加载和卸载原理图元件的库文件”中进行了介绍，这里不再重复。

下面介绍库文件 Miscellaneous Devices.IntLib 中常用的仿真元件，包括电阻、电容、电感和三极管等。

1) 电阻

在库文件 Miscellaneous Devices.IntLib 中，Res1 元件表示电阻，该元件有两个重要的属性：标号和阻值。在原理图中，双击 Res1 元件，弹出它的属性对话框，如图 6-5 所示，其中，Designator 属性设置元件的标号。

在图 6-5 中，把右侧上下方向的进度条拉到底部，会显示电阻 Res1 的仿真模型，如图 6-6 所示。在图 6-6 中，双击 Simulation 字符，弹出电阻 Res1 的仿真设置对话框，如图 6-7 所示。

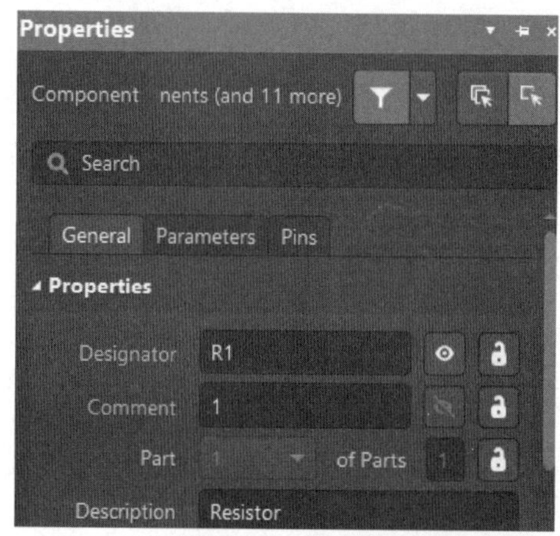

图 6-5　电阻元件 Res1 的属性对话框

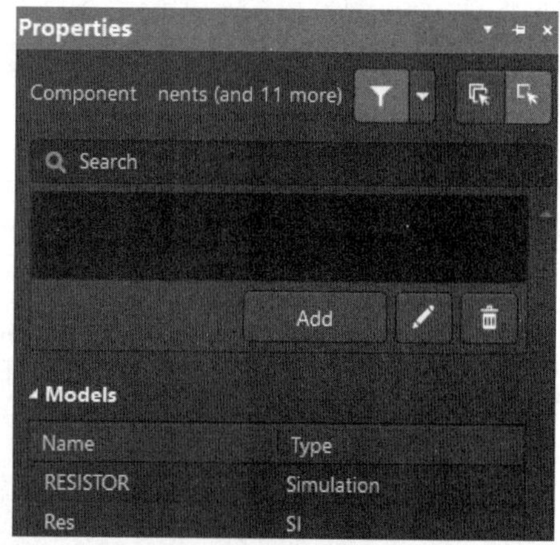

图 6-6　电阻 Res1 的仿真模型

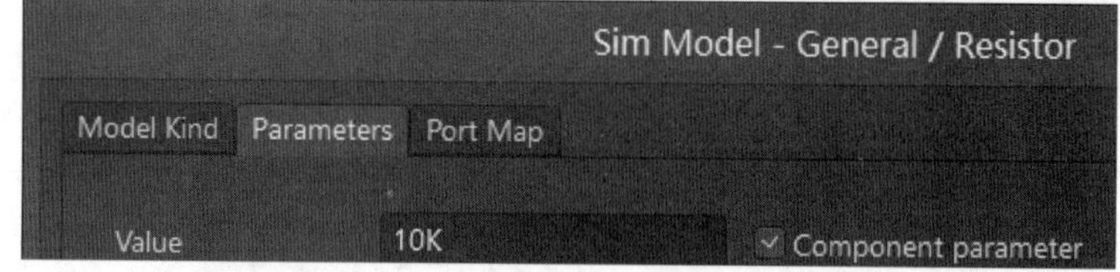

图 6-7　电阻仿真设置对话框的 Parameters 选项卡

在图 6-7 中打开 Parameters 选项卡，其中的 Value 属性设置电阻的阻值。例如，一个电阻的阻值是 10KΩ，那么 Value 属性设置为 10K。Component parameter 复选框设置前面的属性是否显示在原理图中，如果此复选框被选中，那么复选框左侧的属性就会显示在原理图中；反之，复选框左侧的属性就不会显示在原理图中。在图 6-7 中，选中 Value 属性右侧的复选框。

2) 电容

在库文件 Miscellaneous Devices.IntLib 中，Cap 元件表示电容，该元件有三个重要的属性：标号、容值和初始电压值。在原理图中，双击元件 Cap，弹出它的属性对话框，如图 6-8 所示。

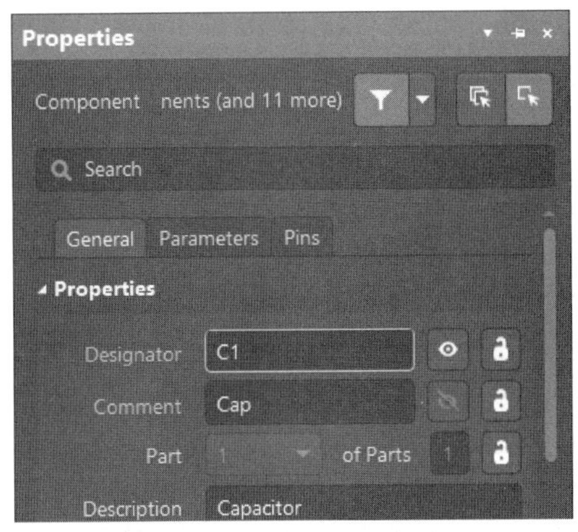

图 6-8　电容元件 Cap 的属性对话框

在图 6-8 中，Designator 属性设置电容的标号。把右侧上下方向的进度条拉到底部，会显示电容 Cap 的仿真模型，如图 6-9 所示。在图 6-9 中，双击 Simulation，弹出 Cap 元件的仿真设置对话框，如图 6-10 所示。

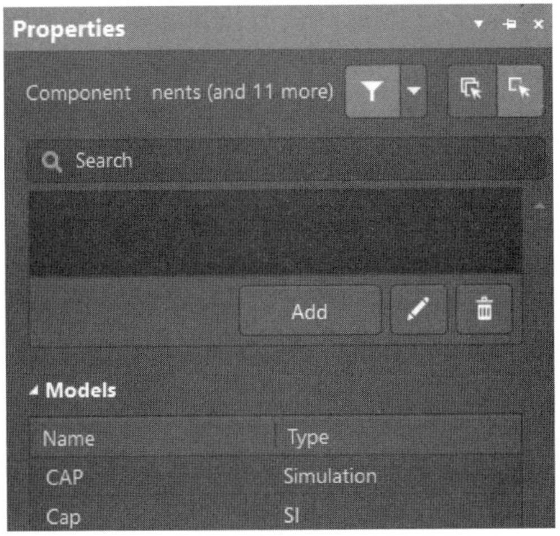

图 6-9　电容 Cap 的仿真模型

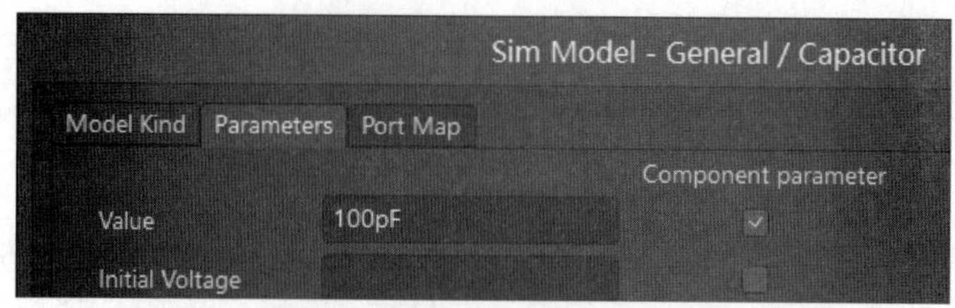

图 6-10　电容仿真设置对话框的 Parameters 选项卡

在图 6-10 中打开 Parameter 选项卡，该选项卡有两个属性：Value 和 Initial Voltage。Value 属性设置电容的容值。Initial Voltage 属性设置电容的初始电压值，即在仿真时刻等于 0 时，电容两端的电压值。例如，电容的容值是 10pF，其初始电压值是 10V，那么 Value 属性设置为 10pF，Initial Voltage 属性设置为 10V。在图 6-10 中，选中 Value 属性右侧的复选框。

3) 电感

在库文件 Miscellaneous Devices.IntLib 中，Inductor 元件表示电感，该元件有三个重要的属性：标号、电感值和初始电流值。在原理图中，双击 Inductor 元件，弹出它的属性对话框，如图 6-11 所示，其中，Designator 属性表示元件的标号。

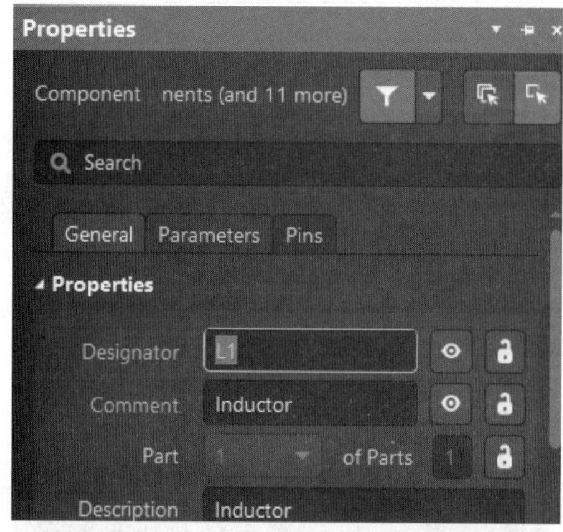

图 6-11　电感元件 Inductor 的属性对话框

在图 6-11 中，把右侧上下方向的进度条拉到底部，会显示电感的仿真模型，如图 6-12 所示。在图 6-12 中，双击 Simulation，弹出 Inductor 元件的仿真设置对话框，如图 6-13 所示。

在图 6-13 中打开 Parameters 选项卡，该选项卡有两个属性：Value 和 Initial Current。Value 属性设置电感值。Initial Current 属性设置电感的初始电流值，即在仿真时刻等于 0 时，电感中流过的电流值。例如，电感值是 100mH，其初始电流值是 0.2A，那么 Value 属性设置为 100mH，Initial Current 属性设置为 0.2A。在图 6-13 中，选中 Value 属性右侧的复选框。

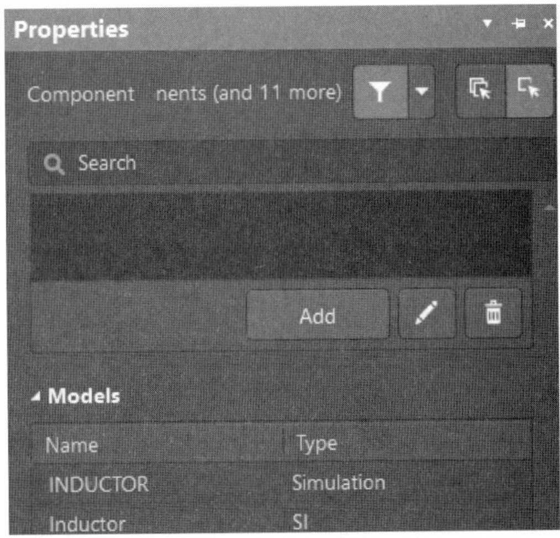

图 6-12　电感 Inductor 的仿真模型

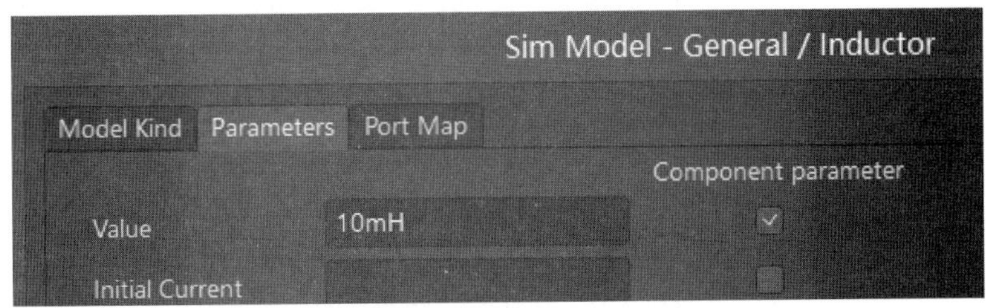

图 6-13　电感仿真设置对话框的 Parameters 选项卡

4) 三极管

在库文件 Miscellaneous Devices.IntLib 中，NPN 元件表示 NPN 类型的三极管。在原理图中，双击该元件，弹出它的属性对话框，如图 6-14 所示，其中，Designator 属性设置元件的标号。

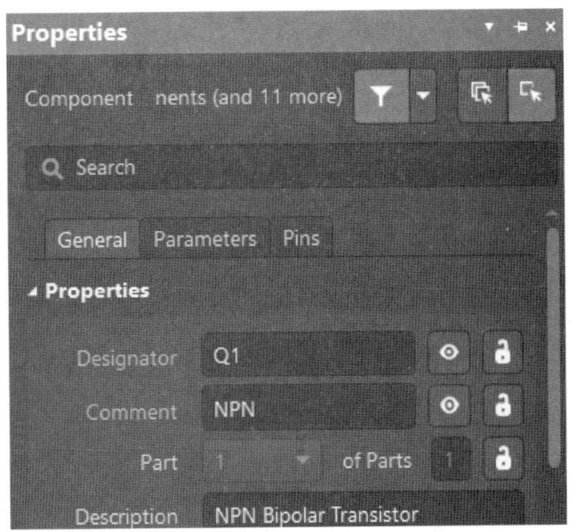

图 6-14　NPN 三极管的属性对话框

3．仿真原理图的信号源和初始条件

在电路仿真的原理图中，除了放置常见的放置元件以外，还需要放置仿真电路的电压源元件、信号源元件和初始条件元件等。库文件 Simulation Sources.IntLib 包含用于仿真的电压源元件、信号源元件和初始条件元件，此库文件的目录是 D:\Users\Public\Documents\Altium\AD18\Library\Simulation。

1) 直流电压源元件

在库文件 Simulation Sources.IntLib 中，VSRC 元件表示直流电压源，该元件有两个重要的属性：标号和电压值。在原理图中，双击 VSRC 元件，弹出它的属性对话框，如图 6-15 所示，其中，Designator 属性设置元件的标号。

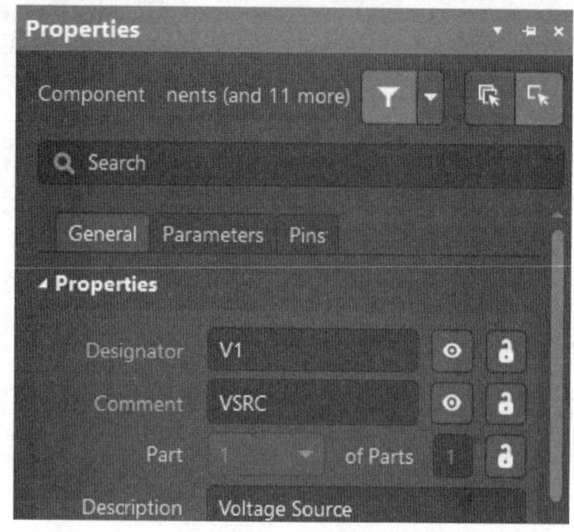

图 6-15　直流电压源元件 VSRC 的属性对话框

在图 6-15 中，把右侧上下方向的进度条拉到底部，会显示直流电压源 VSRC 的仿真模型，如图 6-16 所示。在图 6-16 中，双击 Simulation 字符，弹出 VSRC 元件的仿真设置对话框，如图 6-17 所示。

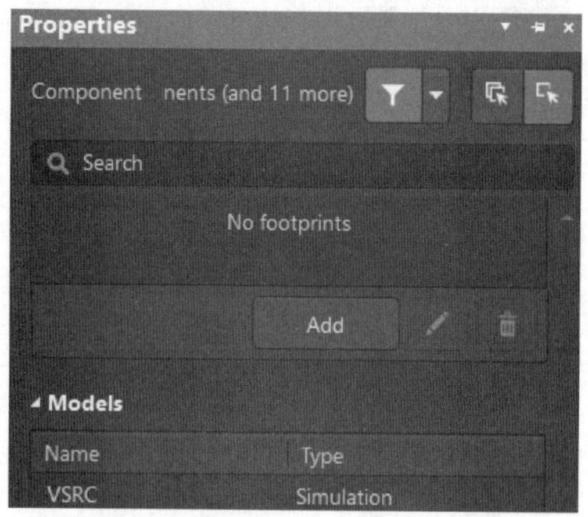

图 6-16　直流电压源元件 VSRC 的仿真模型

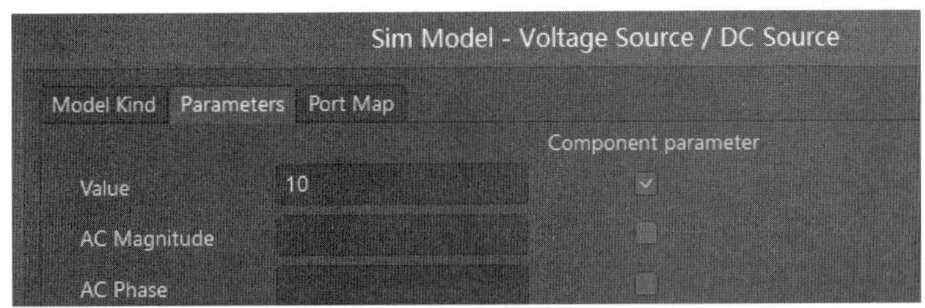

图 6-17 直流电压源元件 VSRC 仿真设置对话框的 Parameter 选项卡

在图 6-17 中打开 Parameters 选项卡，此选项卡有三个属性：Value、AC magnitude 和 AC Phase。Value 属性设置直流电压源元件的电压值。AC magnitude 属性设置直流电压源元件交流成分的幅度，该属性设置为 0。AC Phase 属性设置直流电压源元件交流成分的相位，该属性设置为 0。例如，一个 5V 的直流电压源，其 Value 属性设置为 5。在图 6-17 中，选中 Value 属性右侧的复选框，不选中另外两个属性右侧的复选框。

2) 直流电流源元件

在库文件 Simulation Sources.IntLib 中，ISRC 元件表示直流电流源，该元件有两个重要的属性：标号和电流值。在原理图中，双击 ISRC 元件，弹出它的属性对话框，如图 6-18 所示，其中，Designator 属性设置元件的标号。

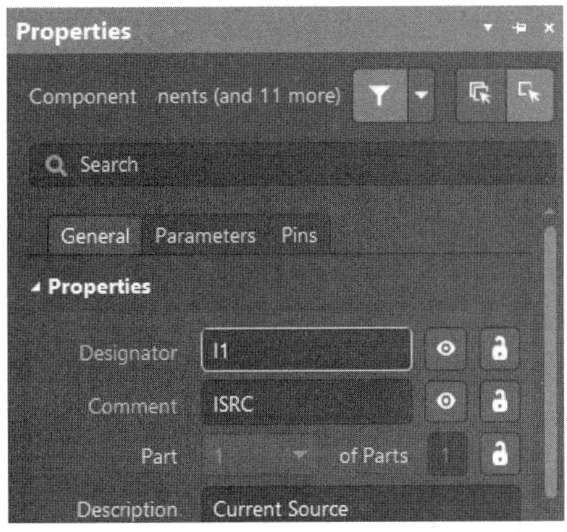

图 6-18 直流电流源元件 ISRC 的属性对话框

在图 6-18 中，把右侧上下方向的进度条拉到底部，会显示 ISRC 直流电流源元件的仿真模型，如图 6-19 所示。在图 6-19 中，双击 Simulation 字符，弹出直流电流源元件 ISRC 的仿真设置对话框，如图 6-20 所示。

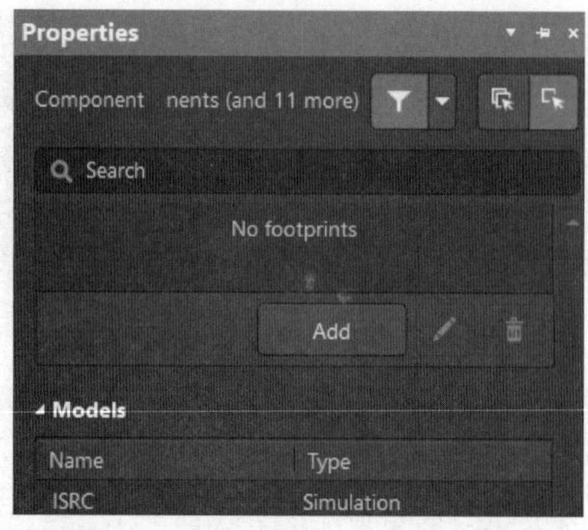

图 6-19 直流电流源元件 ISRC 的仿真模型

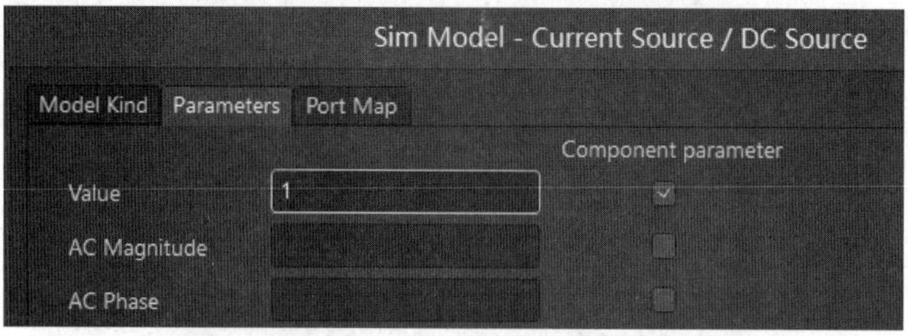

图 6-20 直流电流源元件 ISRC 仿真设置对话框的 Parameter 选项卡

在图 6-20 中打开 Parameters 选项卡，此选项卡有三个属性：Value、AC magnitude 和 AC Phase。Value 属性设置直流电流源元件的电流值。AC magnitude 属性设置直流电流源元件交流成分的幅度值，该属性设置为 0。AC Phase 属性设置直流电流源元件交流成分的相位值，该属性设置为 0。例如，一个 1A 的直流电流源，其 Value 属性设置为 1。在图 6-20 中，选中 Value 属性右侧的复选框，不选中其他两个属性右侧的复选框。

3) 交流正弦电压源元件

在库文件 Simulation Sources.IntLib 中，VSIN 元件表示交流正弦电压源，该元件有 4 个重要的属性：标号、电压的幅度、电压的频率和电压的初相位。在原理图中，双击 VSIN 元件，弹出它的属性对话框，如图 6-21 所示，其中，Designator 属性设置元件的标号。

在图 6-21 中，把右侧上下方向的进度条拉到底部，会显示交流正弦电压源 VSIN 的仿真模型，如图 6-22 所示。在图 6-22 中，双击 Simulation 字符，弹出交流正弦电压源 VSIN 的仿真设置对话框，如图 6-23 所示。

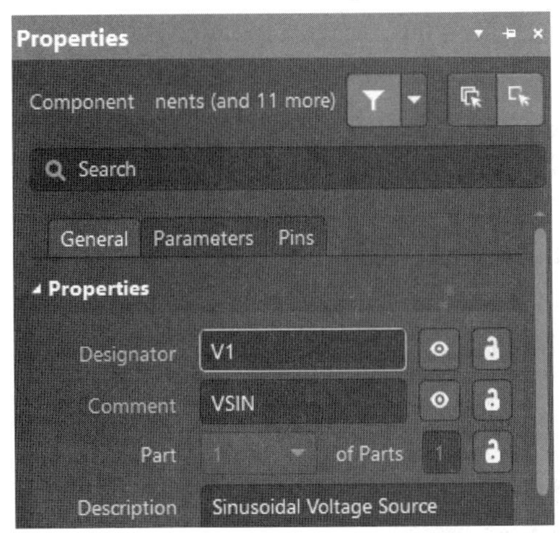

图 6-21　交流正弦电压源元件 VSIN 的属性对话框

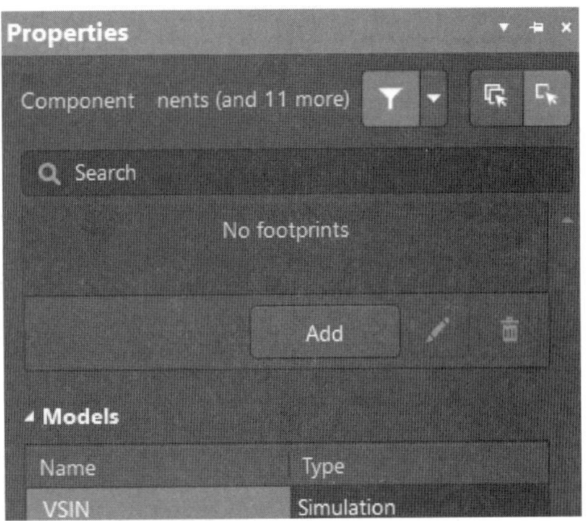

图 6-22　交流正弦电压源元件 VSIN 的仿真模型

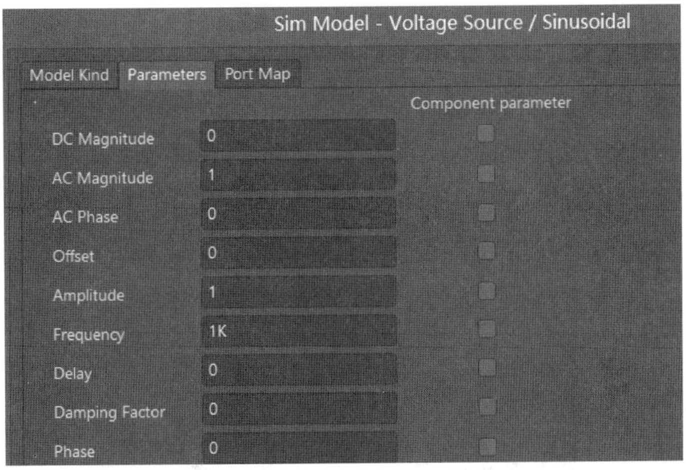

图 6-23　交流正弦电压源元件 VSIN 仿真设置对话框的 Parameter 选项卡

在图 6-23 中打开 Parameters 选项卡，此选项卡有多个属性，其中有三个属性(Amplitude、Frequency 和 Phase)需要设置，其他的属性都设置为 0。Amplitude 属性设置正弦信号的最大值，Frequency 属性设置正弦信号的频率，而 Phase 属性设置正弦信号的初相位。例如，一个最大值为 240mV 的交流正弦电压源，其频率是 6kHz，其初相位是 90°，那么元件 VSIN 的 Amplitude 属性、Frequency 属性和 Phase 属性分别设置为 240mV、6kHz 和 90。在图 6-23 中，选中 Amplitude、Frequency 和 Phase 这三个属性右侧的复选框，不选中其他属性右侧的复选框。

4) 电路节点

在原理图中，选择 Place / Net Label 命令把网络标号放置在电路节点上，用来表示该电路节点的网络名称。在仿真结果中，能够观察到电路节点处电压变化的详细曲线。

5) 初始条件元件

在库文件 Simulation Sources.IntLib 中，.IC 元件表示初始条件，该元件有两个重要的属性：标号和初始的电压值。在原理图中，双击.IC 元件，弹出它的属性对话框，如图 6-24 所示，其中，Designator 属性设置元件的标号。

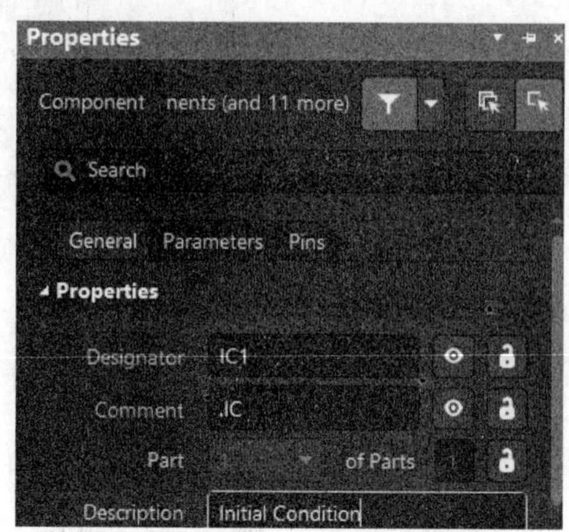

图 6-24 初始条件元件.IC 的属性对话框

在图 6-24 中，把右侧上下方向的进度条拉到底部，会显示初始条件.IC 的仿真模型，如图 6-25 所示。在图 6-25 中，双击 Simulation 字符，弹出初始条件.IC 的仿真设置对话框，如图 6-26 所示。在图 6-26 中打开 Parameters 选项卡，其中的 Initial Voltage 属性设置初始的电压值，也就是时刻等于 0 时的电压值。例如，初始电压值是 10V，那么 Initial Voltage 属性设置为 10V。在图 6-26 中，选中 Initial Voltage 属性右侧的复选框。

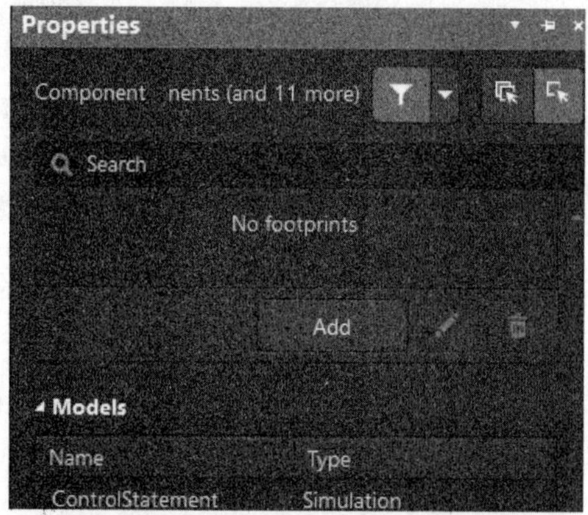

图 6-25 初始条件元件.IC 的仿真模型

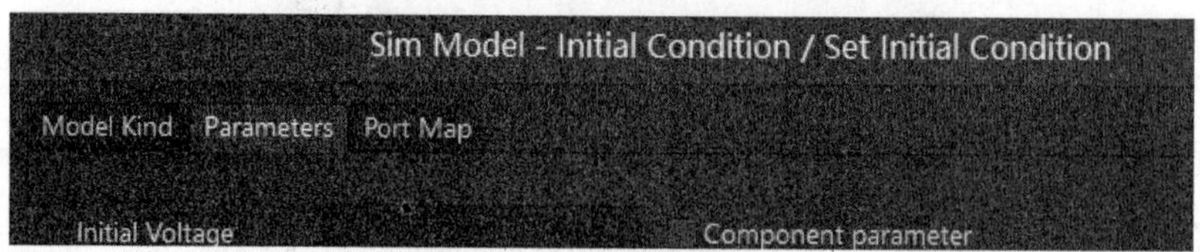

图 6-26 初始条件元件.IC 仿真对话框的 Parameter 选项卡

4. 仿真原理图的设计规则

在设计仿真原理图时，应该遵守以下 4 个规则。

(1) 在仿真原理图中，必须使用仿真元件。

(2) 在仿真原理图中，必须放置适当的电源元件和信号源元件，这一点和电路板原理图的设计不一样。在电路板原理图的设计中，不用放置电源元件和信号源元件，而是使用接插件连接电路板外部的电源和信号源。

(3) 在仿真原理图中，在需要观察电压变化曲线的电路节点处放置网络标号。

(4) 在仿真原理图中，在需要的情况下，应该设置电路的初始状态。例如，在进行电容的充放电仿真实验中，应该设置电路电压的初始值，才能够得到电容两端电压的变化曲线。

6.3 仿真环境参数的设置

完成仿真原理图的设计之后，需要设置仿真环境的参数。在 Altium Designer 18 软件中，选择 Design / Simulate / Mixed Sim 命令，弹出仿真环境设置对话框，如图 6-27 所示。在仿真环境设置对话框中，有 4 个重要的选项卡：General Setup 选项卡、Transient Analysis 选项卡、DC Sweep Analysis 选项卡和 AC Small Signal Analysis 选项卡。

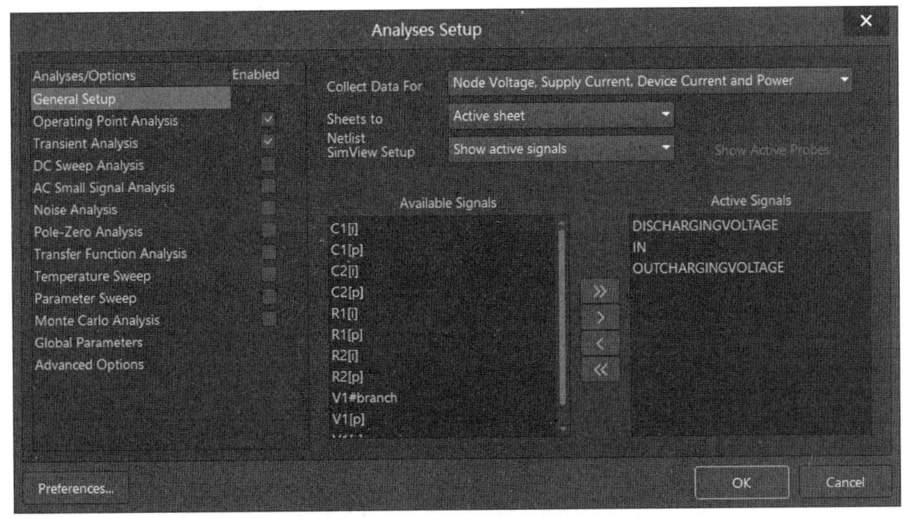

图 6-27　仿真环境设置对话框的 General Setup 选项卡

1. General Setup 选项卡

General Setup 是通用设置选项卡，如图 6-27 所示。此选项卡设置一些通用的仿真参数，下面介绍此选项卡的 4 个参数：Collect Data For、Sheets to Netlist、Available Signals 和 Active Signals。

(1) Collect Data For 参数：设置采集数据的范围。此参数的取值一般为 Node Voltages, Supply Current, Device Current and Powers，表示在仿真过程中采集节点的电压、信号的电流、元件的电流和功率等。

(2) Sheets to Netlist 参数：设置仿真的范围。此参数有两个取值：Active project 和 Active sheet。Active project 表示对当前项目中的所有原理图进行仿真；Active sheet 表示仅仅对当前的原理图进行仿真。

(3) Available Signals 参数：表示在仿真过程中能够得到的信号波形。Available Signals 参数中的取值包括两部分，一部分是 Altium Designer 18 软件自动生成的电路网络标号，另外一部分是在原理图中添加的网络标号。此参数的取值不需要改变。

(4) Active Signals 参数：表示在仿真结果中需要显示的信号波形。在默认的情况下，Active Signals 参数没有任何取值。在图 6-27 中，只有把 Available Signals 字符下面的网络标号移动到 Active Signals 字符下面的显示框中，才能在仿真结果中显示网络标号随时间变化的波形。在图 6-27 中，首先选中 Available Signals 字符下方的某个网络标号，然后单击>按钮，把此网络标号移动到 Active Signals 字符下方的显示框中。

单击此对话框最下方的 OK 按钮，即可开始进行仿真，在仿真结束后弹出包含仿真结果的对话框。

2. Transient Analysis 选项卡

Transient Analysis 是瞬态分析选项卡，如图 6-28 所示。此选项卡设置电路仿真需要的时间，下面介绍此选项卡的 4 个参数：Use Transient Defaults、Transient Start Time、Transient Stop Time 和 Transient Step Time。

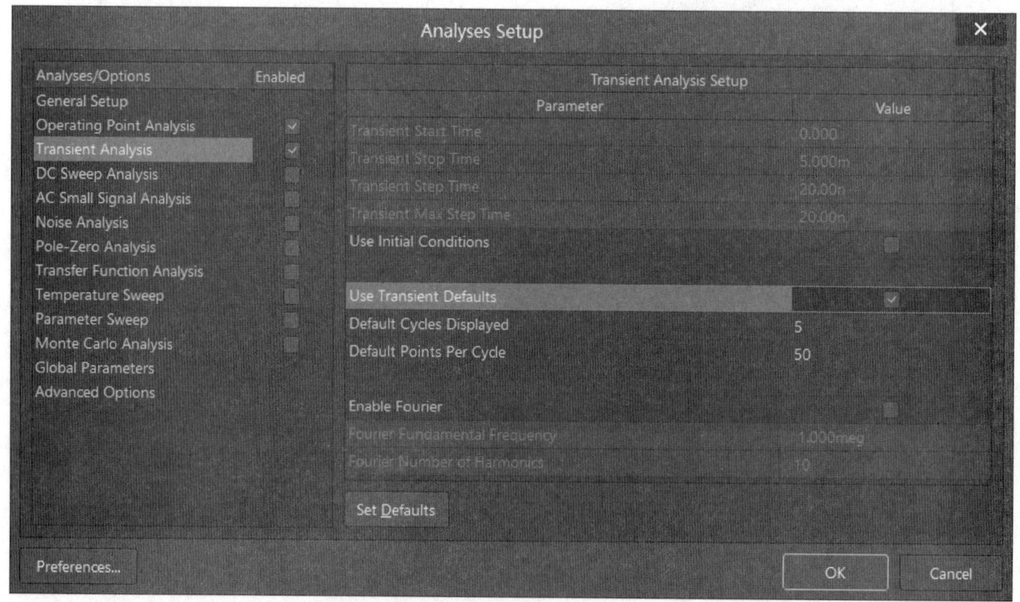

图 6-28　仿真环境设置对话框的 Transient Analysis 选项卡

(1) Use Transient Defaults 参数：表示使用默认的仿真时间。

(2) Transient Start Time 参数和 Transient Stop Time 参数：分别设置仿真的开始时刻和结束时刻。

(3) Transient Step Time 参数：设置仿真时间每次增加的增量。

3. DC Sweep Analysis

DC Sweep Analysis 是直流分析选项卡，如图 6-29 所示。此选项卡设置仿真电路中直流电压源元件输出电压的不同取值，从而得到不同的仿真结果。下面介绍此选项卡的 4 个参数：Primary Source、Primary Start、Primary Stop 和 Primary Step。

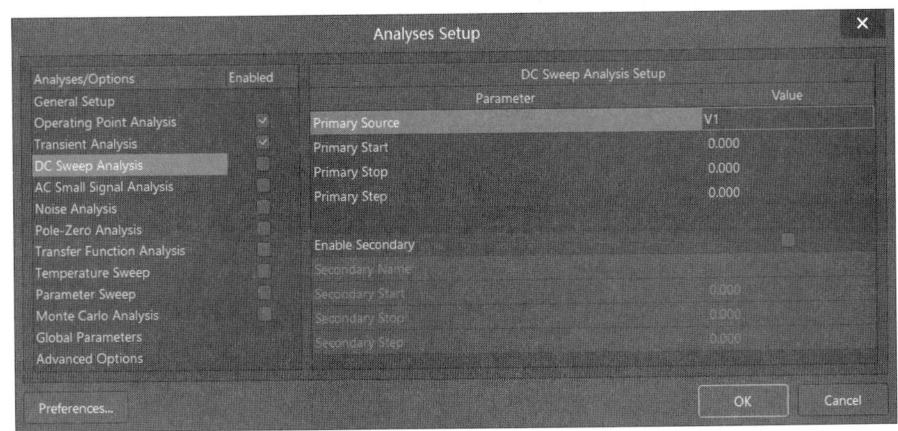

图 6-29　仿真环境设置对话框的 DC Sweep Analysis 选项卡

(1) Primary Source 参数：设置需要改变的直流电压源元件的标号。

(2) Primary Start 参数和 Primary Stop 参数：分别设置直流电压源元件输出电压的开始值和结束值。

(3) Primary Step 参数：设置直流电压源元件输出电压每次增加的电压值。

4. AC Small Signal Analysis 选项卡

AC Small Signal Analysis 是交流信号分析选项卡，如图 6-30 所示。此选项卡设置仿真过程中频率的变化情况，仿真结果中显示不同频率的波形曲线。在此选项卡中，Start Frequency 参数和 Stop Frequency 参数分别设置仿真开始的频率值和结束的频率值。

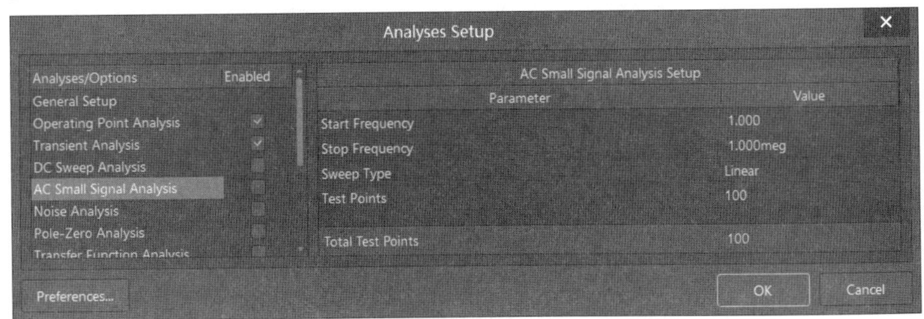

图 6-30　仿真环境设置对话框的 AC Small Signal Analysis 选项卡

6.4 仿真电路的应用实例

本节介绍电路仿真的三个例子：RC 电路的充放电实验、基于集成运放的反相比例放大实验和基于二极管的半波整流实验。

1. RC 电路的充放电实验

RC 电路充电实验的仿真原理图如图 6-31 所示。图 6-31 使用 4 个元件：10V 的直流电压源 V1、1000Ω 的电阻 R1、1μF 的电容 C1 和初始条件元件 IC1。在图 6-31 中，设置电容 C1 两端电压的初始值是 0V，也就是把初始条件元件 IC1 的 Initial Voltage 属性设置为 0V。此外，在图 6-31 中放置两个网络标号：in 和 OutChargingVoltage。in 表示电压源 V1 两端的电压，OutChargingVoltage 表示电容两端的电压值。

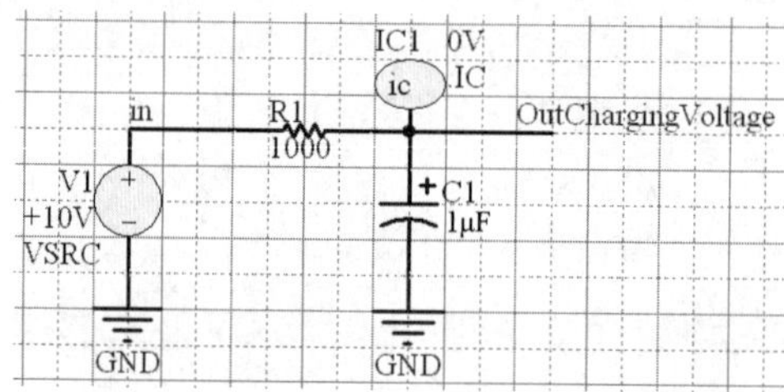

图 6-31　RC 电路充电实验的仿真原理图

由于 Altium Designer 18 软件默认的仿真时间比较短，无法看出充电的效果，所以把仿真时间设置为 4ms。图 6-31 的仿真结果如图 6-32 所示。

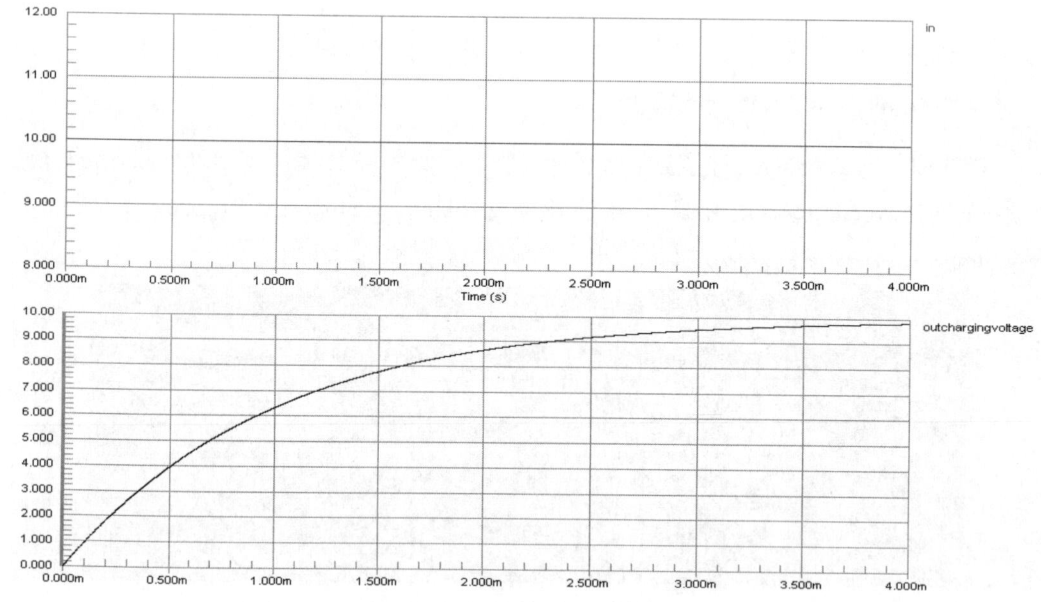

图 6-32　RC 电路充电实验的结果

在 RC 电路的充电实验中，时间常数 τ 定义为电阻 R1 和电容 C1 的乘积，即 τ=R1×C1=1ms。从图 6-32 中可以看出，经过 τ 时间(也就是 1ms)之后，电容两端的电压值 OutChargingVoltage 到达稳态值(也就是电压源 V1 的电压值 10V)的 63.2%，即 6.32V。

RC 电路放电实验的仿真原理图如图 6-33 所示。图 6-33 使用 3 个元件：1000Ω 的电阻 R2、1μF 的电容 C2 和初始条件元件 IC2。在图 6-33 中，设置电容 C2 两端电压的初始值是 10V，也就是设置初始条件元件 Initial Voltage 属性为 10V。此外，在图 6-33 中放置一个网络标号：DisChargingVoltage。DisChargingVoltage 表示电容两端的电压值。

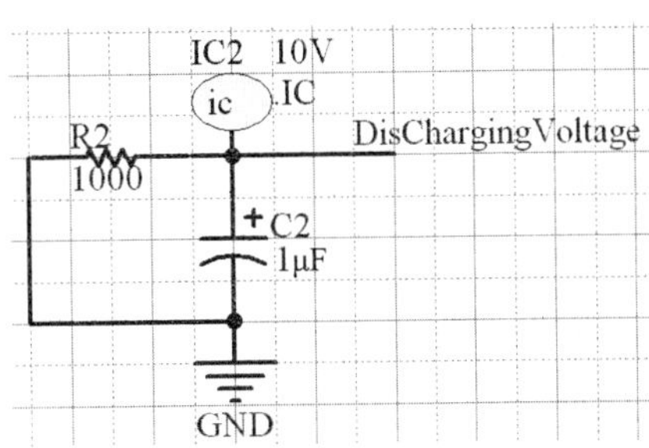

图 6-33 RC 电路放电实验的仿真原理图

图 6-33 中的电路仿真时间设置为 4ms。图 6-33 的仿真结果如图 6-34 所示。在 RC 电路的放电实验中，时间常数 τ 也定义为电阻 R2 和电容 C2 的乘积，即 τ=R2×C2=1ms。从图 6-34 中可以看出，经过 τ 时间(也就是 1ms)之后，电容两端的电压值 DisChargingVoltage 衰减为初始值(10V)的 36.8%，即 3.68V。

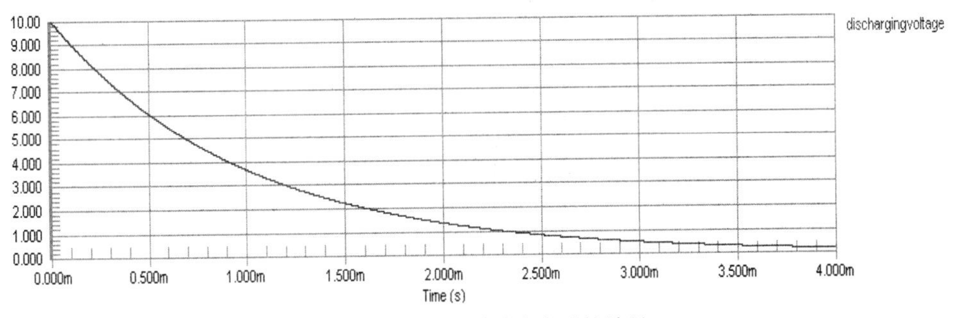

图 6-34 RC 电路放电实验的结果

2. 基于集成运放的反相比例放大实验

基于集成运放的反相比例放大电路如图 6-35 所示。图 6-35 使用 7 个元件：一个正弦信号源元件 V2、三个电阻、1 个集成运放、1 个+12V 的直流电源元件 V3 和 1 个−12V 的直流电源元件 V4。正弦信号源元件 V2 产生 5kHz 的正弦波，其最大值是 0.5V，其初相位是 90°。电阻 RF 是此反相比例放大电路的反馈电阻。此外，在图 6-35 中放置两个网络标号：Input222 和 Output222。Input222 表示正弦信号源产生的电压值，也是此放大电路的输入电压值。Output222 表示此放大电路的输出电压值。

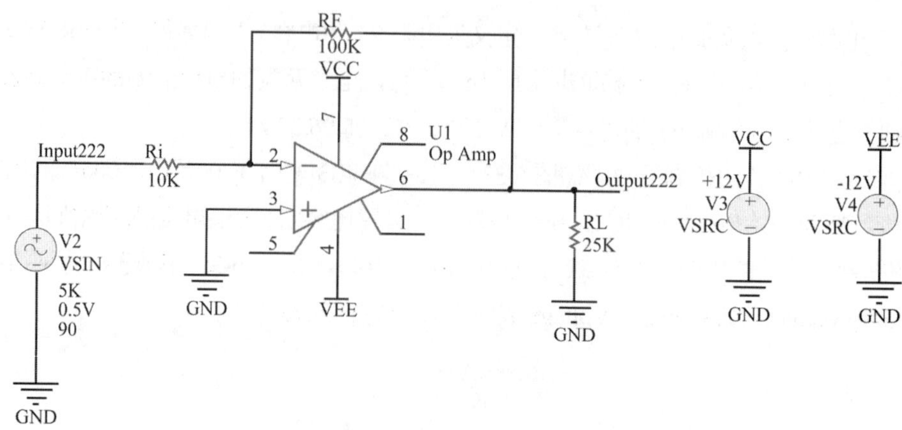

图 6-35　基于集成运放的反相比例放大电路

图 6-35 的仿真结果如图 6-36 所示。从图 6-36 中可以看出，输入电压值 Input222 的最大值是 500mV，而输出电压值 Output222 的最大值是 5V，所以输入电压值被放大了 10 倍。此外，当输入电压值 Input222 到达最大值时，输出电压值 Output222 恰好到达最小值；当输入电压值 Input222 到达最小值时，输出电压值 Output222 恰好到达最大值。所以，输入电压值 Input222 和输出电压值 Output222 是反相的关系。

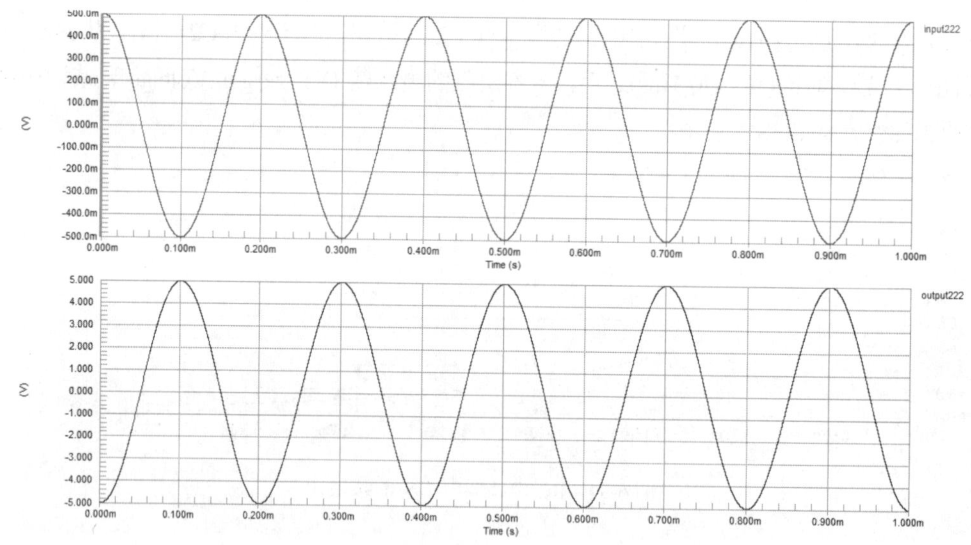

图 6-36　反相比例放大电路的实验结果

3. 基于二极管的半波整流实验

基于二极管的半波整流电路如图 6-37 所示。图 6-37 使用 3 个元件：1 个正弦信号源元件 V1、1 个二极管 1N4007 和 1 个 1kΩ 的电阻。此外，在图 6-37 中放置两个网络标号：IN 和 OUT。IN 表示正弦信号源元件 V1 产生的电压值，也是此半波整流电路的输入电压值。OUT 表示半波整流电路输出的电压值。

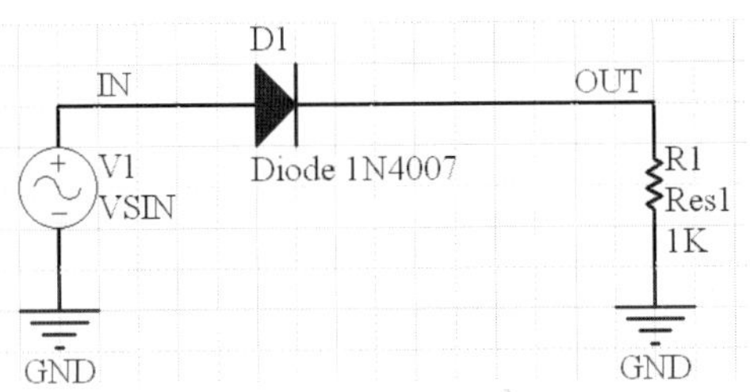

图 6-37　基于二极管的半波整流电路

图 6-37 的仿真结果如图 6-38 所示。从图 6-38 中可以看出，输入电压值 IN 是一个正弦波形，而输出电压值 OUT 只有输入电压值 IN 半个周期的波形。虽然图 6-37 中的半波整流电路达到了整流的目的，但是输出电压值 OUT 的变化还非常剧烈。

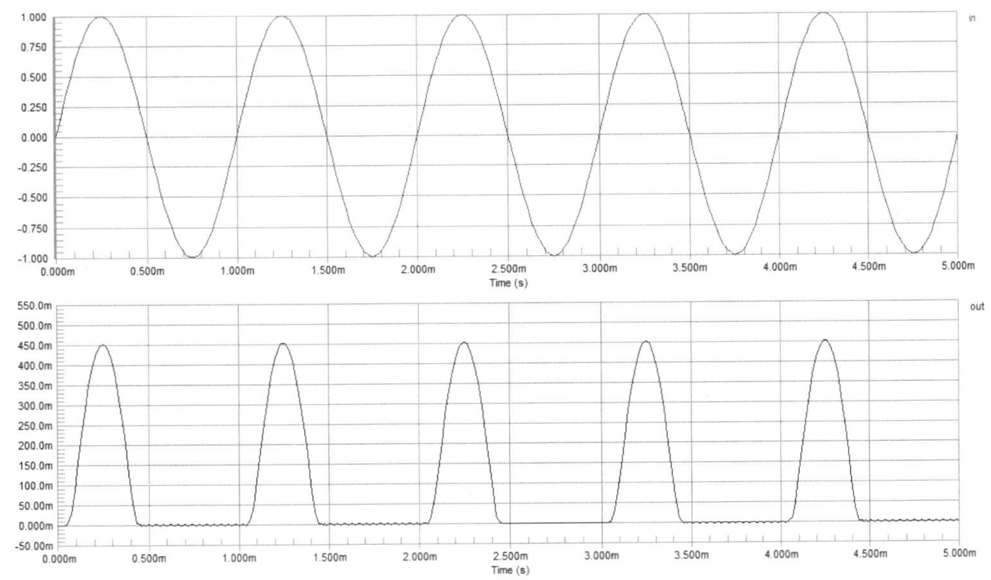

图 6-38　半波整流电路的仿真结果

为了消除图 6-38 中半波整流电路输出电压值 OUT 中剧烈变化的成分，使用容值为 1000μF 的电容对输出电压值 OUT 进行滤波，如图 6-39 所示。

图 6-39 的仿真结果如图 6-40 所示。从图 6-40 中可以看出，输出电压值 OUT 的电压值变化比较平缓，达到了滤波的目的。

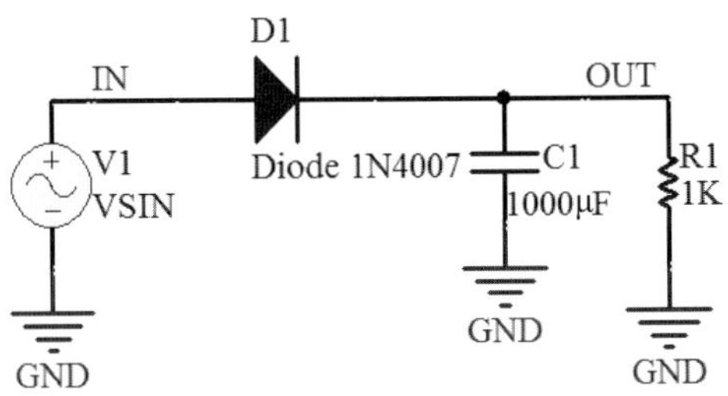

图 6-39　对半波整流电路的输出电压值进行滤波

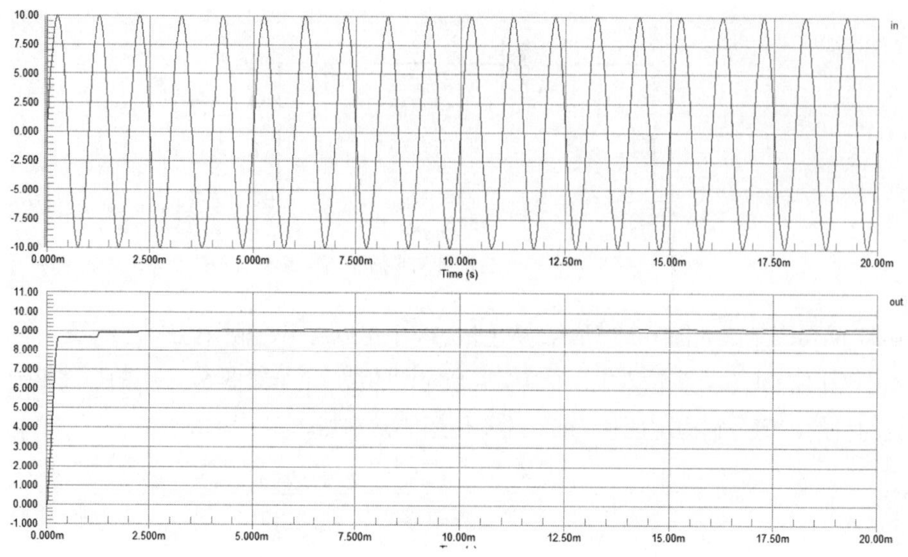

图 6-40　对半波整流电路的输出电压值进行滤波的仿真结果

思考练习

1. 电路仿真的目的和优点是什么？
2. 仿真原理图的设计有哪些步骤？
3. 仿真环境 General Setup 选项卡中参数设置的方法是什么？
4. 仿真环境 Transient Analysis 选项卡中参数设置的方法是什么？

第7章 电路板设计实验

本章介绍电路板设计的实验内容，包括 14 个实验，其中第 1~5 个实验是关于原理图设计的实验内容，第 6~13 个实验是关于 PCB 图设计的实验内容，第 14 个实验是关于电路仿真的实验内容。这些实验使用的硬件设备是计算机，需要在计算机上安装 Windows 操作系统，实验使用的电路板设计软件是 Altium Designer 18。

7.1 Altium Designer 18 的安装和原理图的相关操作

1. 实验目的

本实验有以下 3 个目的。

(1) 掌握 Altium Designer 18 软件的安装方法。

(2) 掌握使用 Altium Designer 18 软件进行原理图设计的常用技巧，并掌握 Altium Designer 18 软件设置原理图环境参数的方法。

(3) 掌握原理图中对象和视图等的操作方法。

2. 实验内容

(1) 在计算机上安装 Altium Designer 18 软件，有助于掌握安装软件的方法。

(2) 掌握 Altium Designer 18 软件英文菜单和中文菜单之间的转换操作。首先选择 Tools / Preferences 命令，在弹出的对话框的左侧单击 System / General 字符，在此对话框的右侧显示 General 选项卡；然后选中 General 选项卡中的 Use localized resources 复选框，在弹出的对话框中单击 OK 按钮；最后关闭 Altium Designer 18 软件，再重现打开这个软件，此软件就会显示中文形式的菜单。

(3) 新建项目文件和原理图文件，掌握原理图图纸参数和环境参数的设置方法。

选择 File / New / Project / PCB Project 命令，新建一个项目文件(扩展名为 PrjPCB)。在桌面上新建一个文件夹 Test1，并选择 File / Save Project 命令把项目文件保存到此文件夹中。选择 File / New / Schematic 命令新建一个原理图文件，并选择 File / Save 命令把此文件保存到文件夹 Test1 中。

单击原理图界面右侧的 Properties 按钮，弹出原理图图纸的设置对话框。根据第 2 章介绍的内容，练习此对话框中图纸参数的设置方法。

选择 Tools / Preferences 命令，弹出原理图环境设置对话框。根据第 2 章介绍的内容，练习此对话框中原理图环境参数的设置方法。

(4) 练习原理图中对象的编辑操作。常见的对象编辑操作包括对象的选择、取消对象的选择、复制选择的对象(使用键盘的 Ctrl 键和 C 键)、粘贴选择的对象(使用键盘的 Ctrl 键和 V 键)、剪切选择的对象、删除选择的对象(使用键盘的 Delete 键)、把选中的对象旋转 90°(使用键盘的空格键)、把选中的对象左右翻转(使用键盘的 X 键)和把选中的对象上下翻转(使用键盘的 Y 键)等。

(5) 练习原理图视图的操作。视图的常见操作包括视图的放大和缩小(在按下鼠标的中间键后，向前或向下移动鼠标；或者首先按下键盘的 Ctrl 键，然后滚动鼠标的中间键)以及视图的移动(使用鼠标的右键)。

(6) 把原理图图纸的大小设置为 A4 类型，绘制图 7-1 中共发射极放大电路的原理图。此原理图需要保存下来，第 6 个实验会用到此原理图。

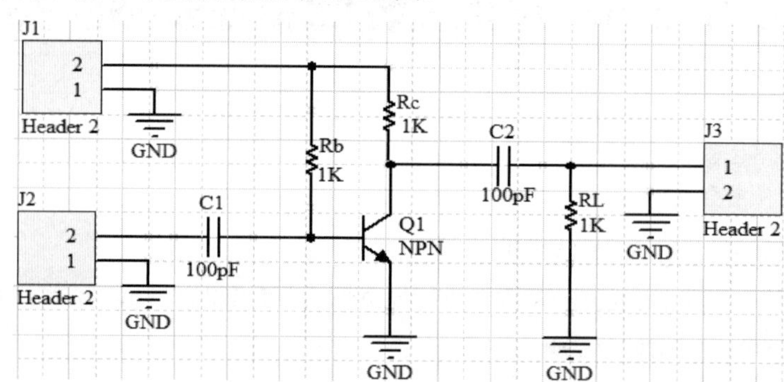

图 7-1　共发射极放大电路

绘制原理图时应注意以下两点：第一，元件的标号属性不能包含空格，否则在加载封装时会出现错误。第二，在绘制导线时，容易出现的错误如图 7-2 所示。在三个或三个以上的元件引脚或导线的共同连接处，会出现电气连接点。在图 7-2 中，电气连接点不应该出现在一个元件引脚和一根导线的共同连接处。

图 7-2　绘制导线时出现的错误

(7) 选择 File / Smart PDF 命令生成 PDF 文件。

3. 实验报告要求

实验报告有以下 3 个要求。

(1) 写清楚完整的实验内容和实验步骤。

(2) 把自己画的原理图打印出来，粘贴在实验报告中。

(3) 写出实验总结，详细分析实验中出现的问题和解决的办法，并对实验内容和实验方法提出合理的建议。

本章其他实验的实验报告和这个实验的实验报告有相同的要求，因此下面不再重复说明实验报告的要求。

7.2 原理图元件的设计

1. 实验目的

此实验的目的：熟悉自定义原理图元件的制作过程以及原理图元件属性的意义。

2. 实验内容

(1) 新建原理图元件的库文件。选择 File / New / Library / Schematic Library 命令，新建一个原理图元件的库文件。在桌面上新建一个文件夹 Test2，选择 File / Save 命令把元件库文件保存到此文件夹中。此元件库文件需要保存下来，在后面的实验中会用到此库文件。

(2) 设计只有一个部分的元件。AT89C51 是一个单片机芯片，在它的数据手册中找到此芯片的引脚分布图，如图 7-3 所示。根据图 7-3 中 AT89C51 的引脚分布图，绘制元件库文件中的 AT89C51 元件。掌握低电平有效信号的设置方式和元件引脚 Number 属性的自动递增功能。根据图 7-3 绘制元件库文件中的 AT89C51 元件，如图 7-4 所示。

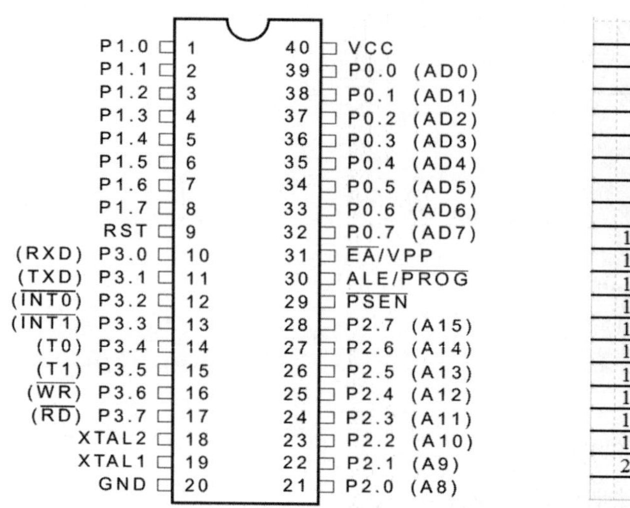

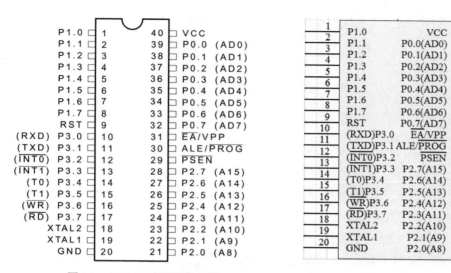

图 7-3　AT89C51 的引脚分布图

图 7-4　元件库文件中的 AT89C51 元件

(3) 设计具有多个部分的元件。TMS320LF2407 是一个数字信号处理芯片，此芯片有 144 个引脚。根据引脚功能的不同，TMS320LF2407 的引脚分为 10 个部分，其中前两个部分如图 7-5 所示。根据图 7-5 绘制元件库文件中 TMS320LF2407 元件的前两个部分，如图 7-6 所示。

PIN NAME	LF2407
EVENT MANAGER A (EVA)	
CAP1/QEP1/***IOPA3***	83
CAP2/QEP2/***IOPA4***	79
CAP3/***IOPA5***	75
PWM1/***IOPA6***	56
PWM2/***IOPA7***	54
PWM3/***IOPB0***	52
PWM4/***IOPB1***	47
PWM5/***IOPB2***	44
PWM6/***IOPB3***	40
T1PWM/T1CMP/***IOPB4***	16
T2PWM/T2CMP/***IOPB5***	18
TDIRA/***IOPB6***	14
TCLKINA/***IOPB7***	37

(a) 事件管理器 A 的引脚

PIN NAME	LF2407
EVENT MANAGER B (EVB)	
CAP4/QEP3/***IOPE7***	88
CAP5/QEP4/***IOPF0***	81
CAP6/***IOPF1***	69
PWM7/***IOPE1***	65
PWM8/***IOPE2***	62
PWM9/***IOPE3***	59
PWM10/***IOPE4***	55
PWM11/***IOPE5***	46
PWM12/***IOPE6***	38
T3PWM/T3CMP/***IOPF2***	8
T4PWM/T4CMP/***IOPF3***	6
TDIRB/***IOPF4***	2
TCLKINB/***IOPF5***	126

(b) 事件管理器 B 的引脚

图 7-5　TMS320LF2407 芯片前两个部分的引脚

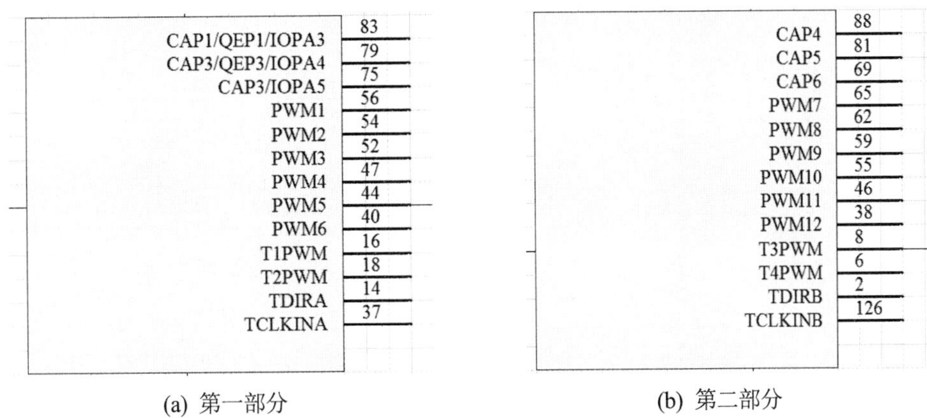

(a) 第一部分　　　(b) 第二部分

图 7-6　元件库文件中 TMS320LF2407 元件的前两个部分

7.3 简单原理图的设计

1. 实验目的

此实验有以下两个目的。

(1) 掌握元件的调用方法和元件的各种操作技巧。

(2) 掌握元件属性的修改方法。

2. 实验内容

(1) 新建项目文件和原理图文件。

选择 File / New / Project / PCB Project 命令，新建一个项目文件(扩展名是 PrjPCB)。在桌面上新建一个文件夹 Test3，并选择 File / Save Project 命令把此项目文件保存到此文件夹中。选择 File / New / Schematic 命令新建一个原理图文件，并选择 File / Save 命令把此文件保存到文件夹 Test3 中。

(2) 绘制原理图。

根据图 7-7 绘制 AT89C51 单片机的最小系统原理图。在绘制的过程中，使用复制功能绘制相同的对象(例如元件和导线等)，并修改每个元件的属性。此电路图需要保存下来，后面的实验要用到此原理图。

在“实验 7.2 原理图元件的设计”中，已经完成了 AT89C51 元件的设计。把 AT89C51 元件所在的元件库文件复制到文件夹 Test3 中，并选择 Project / Add Existing To Project 命令把此文件添加到此实验的项目中，就能够在画原理图时调用 AT89C51 元件。把排阻 R3 所在的元件库文件复制到文件夹 Test3 中，并选择 Project / Add Existing To Project 命令把此文件添加到此实验的项目中，就能够在画原理图时调用排阻元件。

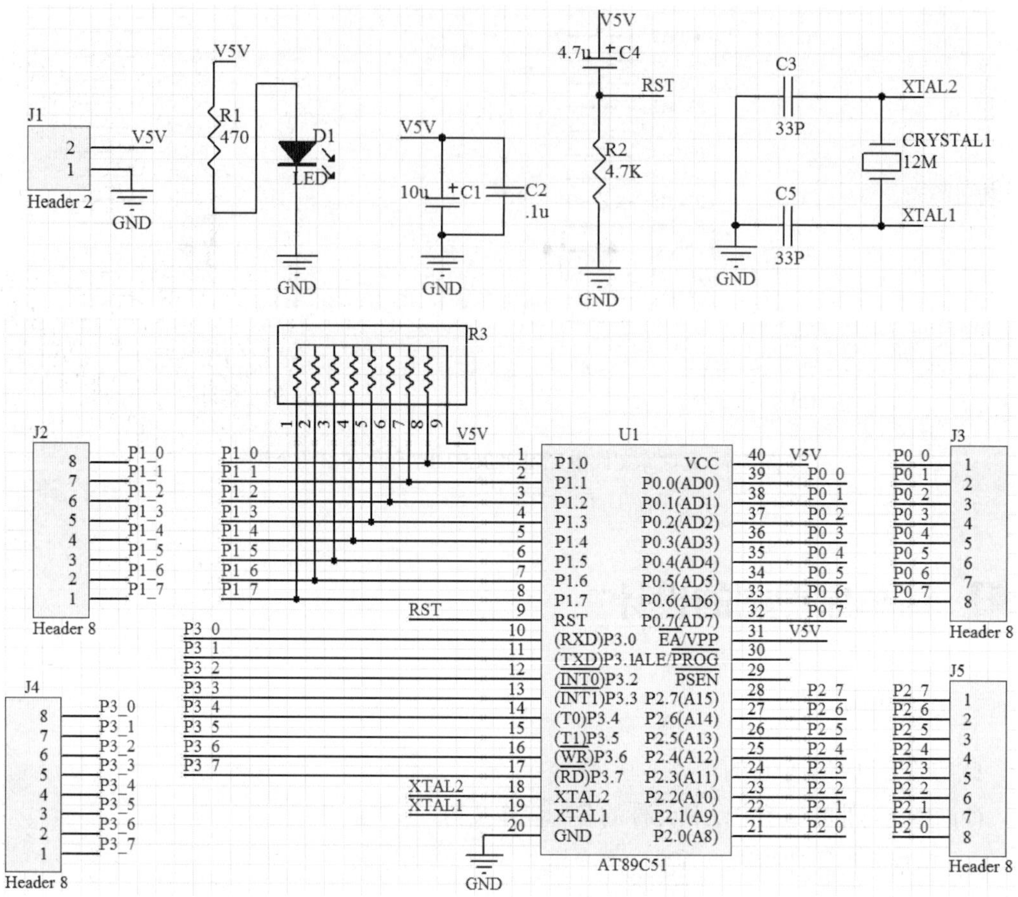

图 7-7　AT89C51 单片机的最小系统原理图

常用元件所在的库文件是 Miscellaneous Devices.IntLib，常用接插件所在的库文件是 Miscellaneous Connector.IntLib。

(2) 掌握网络标号的正确放置。在原理图中放置网络标号时，要注意网络标号的位置。网络标号的左下角应放在元件引脚的末端或电气连接线上，也可以放置在电气连接线的末端。在放置完网络标号后，电气连接线的网络名或元件引脚的网络名就是这个网络标号的 Net 属性值。

网络标号的错误位置有以下两种情况。第一，网络标号的左下角在元件引脚的中间位置。第二，网络标号的左下角没有任何对象。网络标号的错误放置如图 7-8 所示。

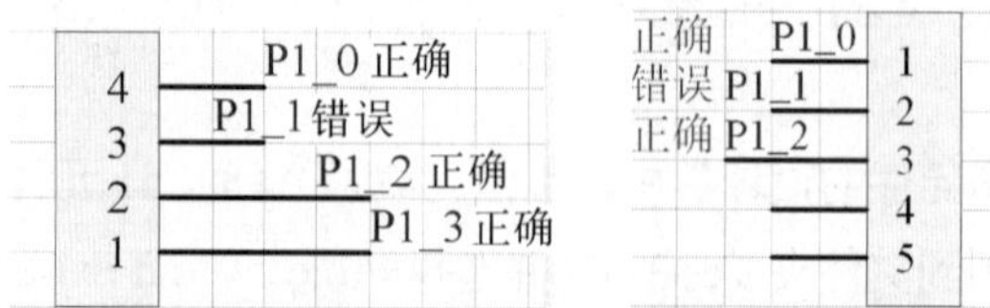

图 7-8　网络标号的错误位置

推荐的网络标号放置方法如图 7-9 所示。

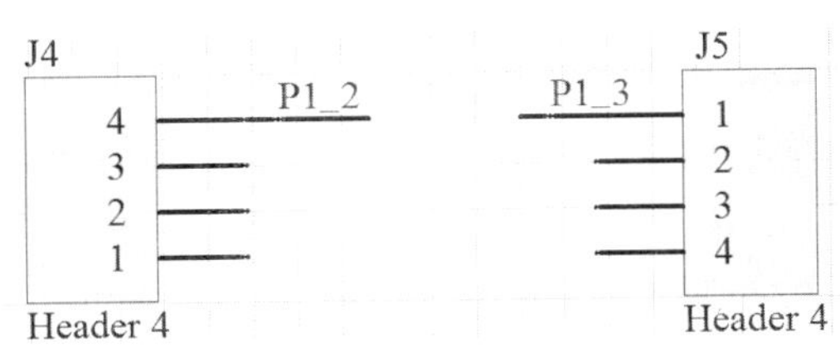

图 7-9　推荐的网络标号放置方法

(4) 练习元件的自动标注功能。选择 Tools / Annotation / Annotate Schematics 命令完成元件标号的自动标注。

(5) 练习对原理图的电气规则检查。选择 Project / Compile PCB Project PCB_Project1.PrjPCB 命令完成原理图的电气规则检查，根据检查的结果修改原理图的错误。

(6) 在原理图右下方放置文本信息，如在原理图的右下方放置每个学生的姓名、学号、专业和班级，主要有以下两种放置方法。第一种方法选择 Place/Text String 命令放置文本对象，并设置文本对象的 Text 属性。下面以 DrawnBy 为例介绍第二种方法。首先，单击原理图界面右侧的 Properties 按钮，弹出原理图图纸的设置对话框，在 Parameter 选项卡中设置 DrawnBy 参数。然后，选择 Place / Text String 命令，在图纸右下角的标题栏 DrawnBy 处放置一个文本对象，并设置此文本对象的 Text 属性值为“=DrawnBy”。把文本对象的字体设置为宋体，否则在把原理图转成 PDF 文件时，会出现乱码。

(7) 生成 PCB 图的 PDF 文件。

7.4　层次原理图设计 1

1. 实验目的

此实验有以下 3 个目的。

(1) 掌握层次原理图的绘制方法。

(2) 掌握具有多个部分元件的放置方法。

(3) 掌握原理图中元件数量的统计方法。

2. 实验内容

(1) 新建项目文件和原理图文件。选择 File / New / Project / PCB Project 命令，新建一个项目文件(扩展名为 PrjPcb)。在桌面上新建一个文件夹 Test4，并选择 File / Save Project 命令把此项目文件保存到此文件夹中。选择 File / New / Schematic 命令新建一个原理图文件，并选择 File / Save 命令把此文件保存到文件夹 Test4 中。

(2) 绘制原理图。此实验绘制 TMS320LF2407 芯片的最小系统原理图。需要保存此实验绘制的原理图，后面的“7.7 插针式封装的双层电路板的设计”实验会用到此原理图。

本实验练习只使用电路模块(Sheet Symbol)的层次原理图的绘制方法。

第一步，新建三个原理图文件：Sheet1.SchDoc、Sheet2.SchDoc 和 Sheet3.SchDoc，并绘制两个底层原理图(即 Sheet2.SchDoc 和 Sheet3.SchDoc)中的电路图，如图 7-10 和图 7-11 所示。在绘制原理图时，注意元件的标号属性不要包含空格，否则在加载封装时会出现错误。第二步，在高层原理图(即 Sheet1.SchDoc)上放置关于底层原理图的电路模块，如图 7-12 所示。在高层原理图上，选择 Design / Create Sheet Symbol From Sheet 命令自动生成电路模块，并把电路模块的 Filename 属性设置为底层原理图的文件名。

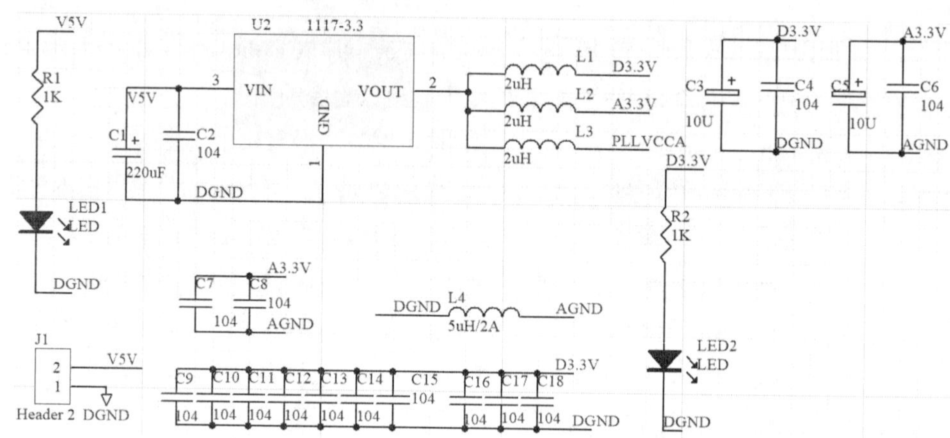

图 7-10　底层原理图 Sheet2.SchDoc 的电路

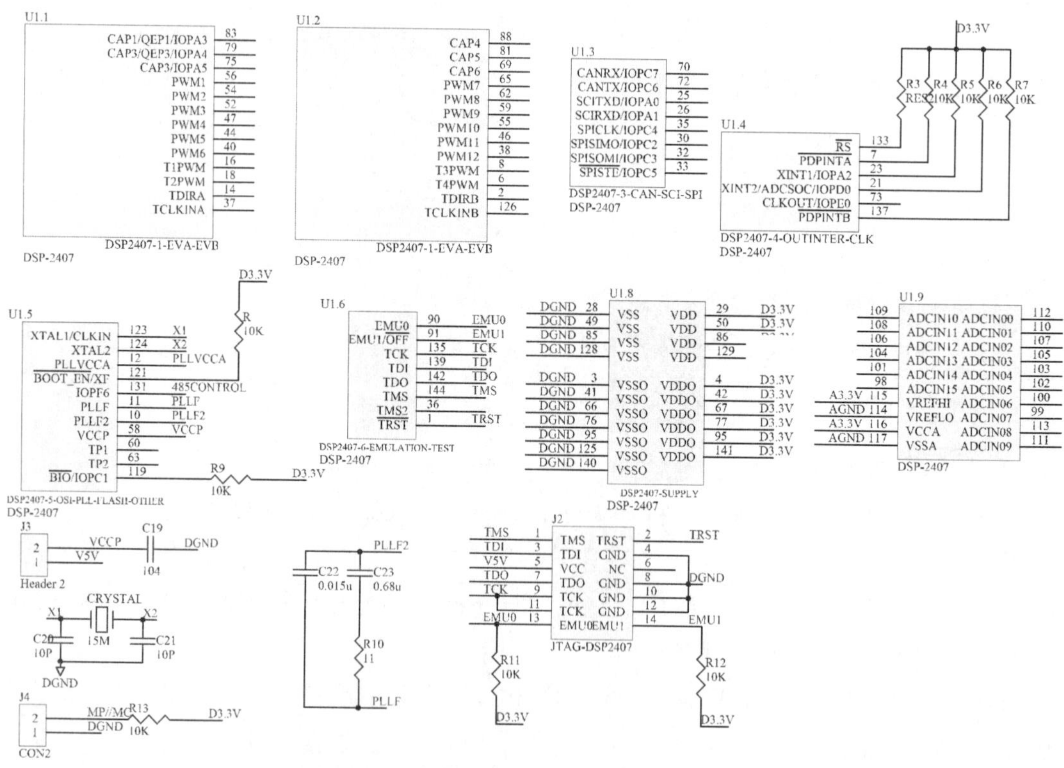

图 7-11　底层原理图 Sheet3.SchDoc 的电路

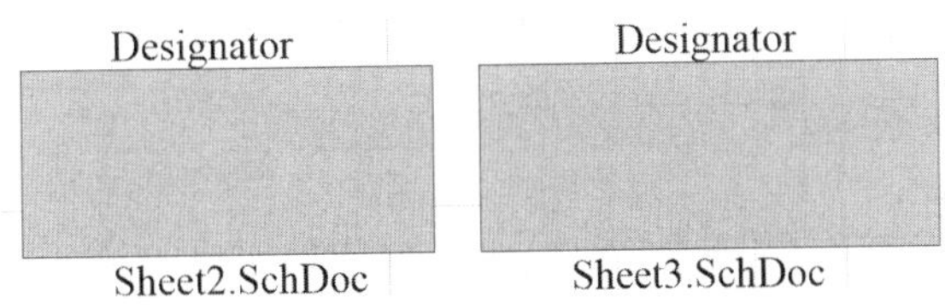

图 7-12　高层原理图 Sheet1.SchDoc 的电路

(3) 练习具有多个部分元件的放置方法。

(4) 练习以下三个画图技巧。第一，在原理图的图纸上直接修改元件的属性，不需要打开元件的属性对话框。第二，使用键盘的 Tab 按键，练习电容标号的自动递增功能和电容 Part Type 属性的自动填充方法。第三，在画图时，使用复制操作提高画图效率。

(5) 选择 Report / Bill of Material 命令统计元件的数量。

(6) 选择 Project / Compile Document Sheet1.SchDoc 命令检查原理图的错误。

(7) 在原理图的右下方放置每个学生的姓名、学号、专业和班级，并把原理图生成 PDF 文件。

7.5 层次原理图设计 2

1. 实验目的

此实验的目的是掌握层次原理图的第二种设计方法。

2. 实验内容

(1) 绘制层次原理图。此实验使用三个对象绘制层次原理图，这三个对象分别是电路模块(Sheet Symbol)、端口(Port)和模块端口(Sheet Entry)。在层次原理图中，使用端口和模块端口连接各个原理图之间的信号。此实验有三个原理图：Sheet1.SchDoc、Sheet2.SchDoc 和 Sheet3.SchDoc，其中 Sheet1.SchDoc 是高层原理图，Sheet2.SchDoc 和 Sheet3.SchDoc 是底层原理图。

在此实验中，绘制层次原理图有以下三个步骤。第一步，绘制所有底层原理图(即 Sheet2.SchDoc 和 Sheet3.SchDoc)中的电路图，如图 7-13 和图 7-14 所示。在底层原理图中，使用端口连接需要对外连接的网络名。第二步，在高层原理图上放置底层原理图的电路模块，如图 7-15 所示。选择 Design / Create Sheet Symbol From Sheet 命令，自动生成底层原理图的电路模块和模块端口。第三步，在高层原理图上，使用电气连接线连接电路模块中的模块端口。

要保存此实验绘制的原理图，后面的实验会使用此原理图。

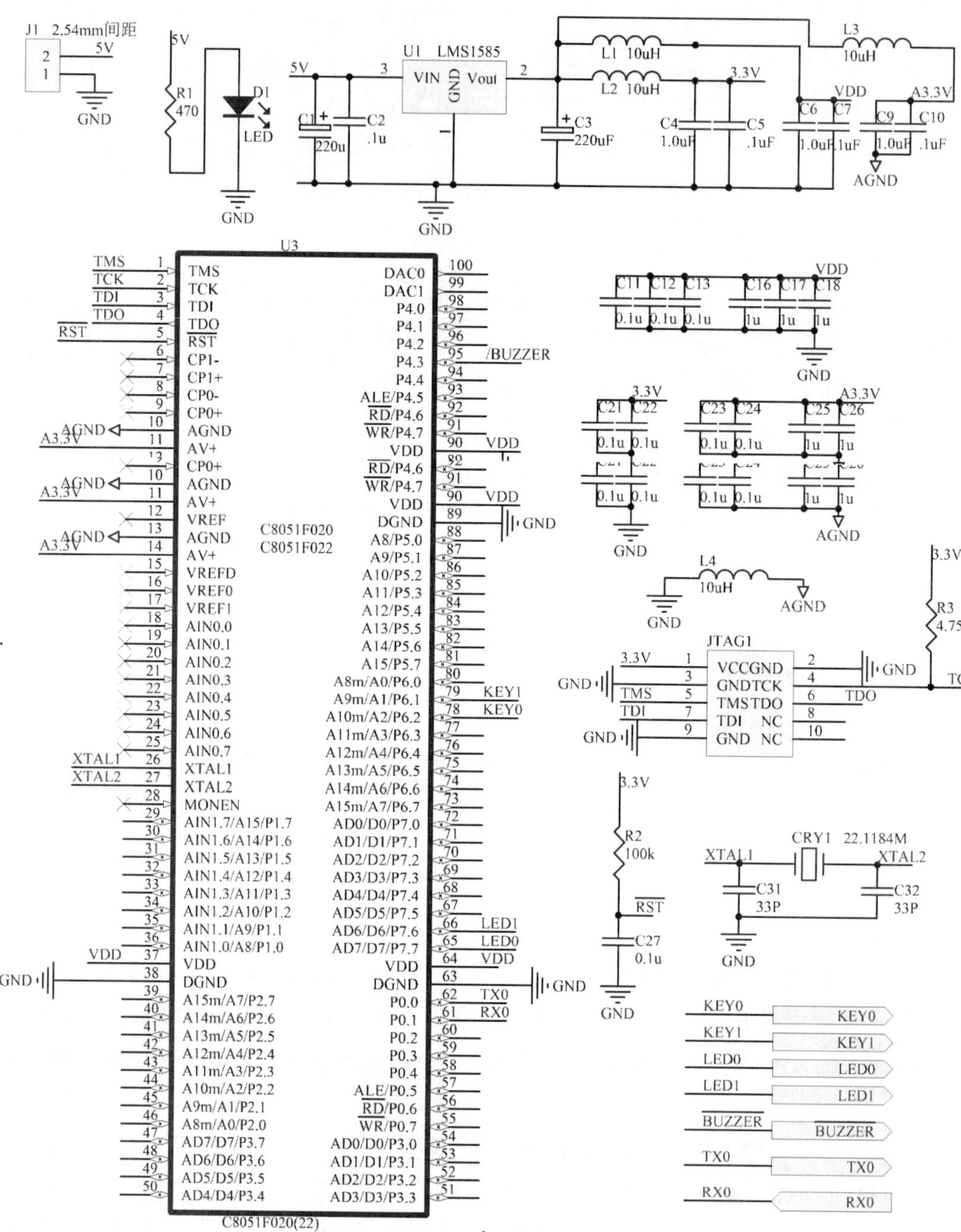

图 7-13 底层原理图 Sheet2.SchDoc 的电路

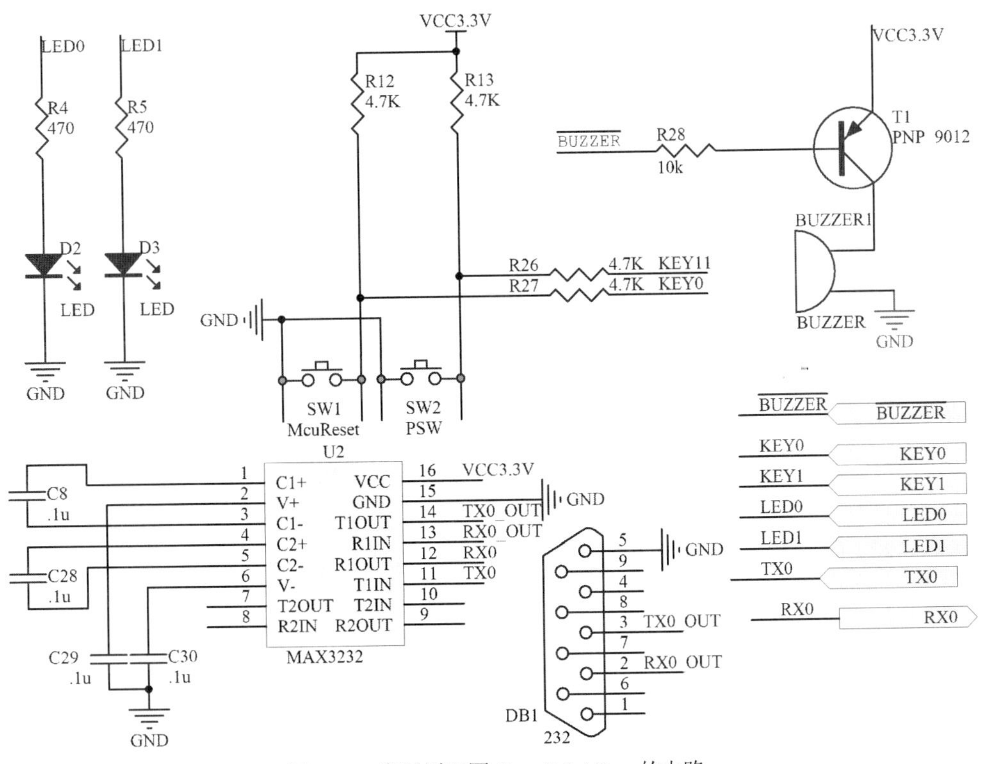

图 7-14　底层原理图 Sheet3.SchDoc 的电路

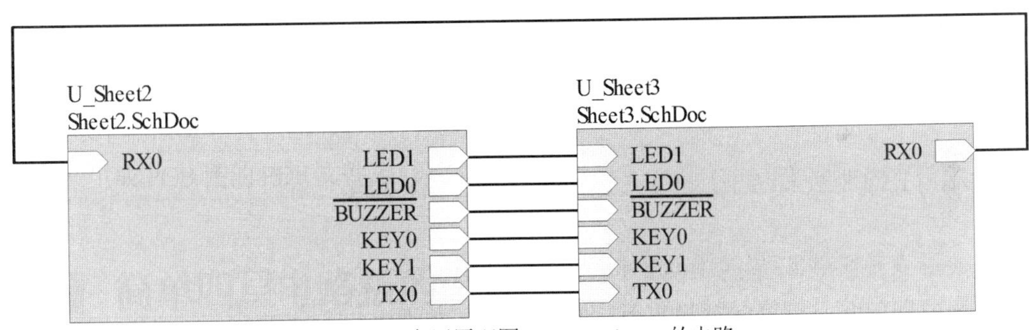

图 7-15　高层原理图 Sheet1.SchDoc 的电路

(2) 对原理图进行电气规则检查，并修改原理图中的错误。

(3) 在原理图的右下方放置每个学生的姓名、学号、专业和班级，并把原理图生成 PDF 文件。

7.6 单层电路板的设计

1. 实验目的

此实验有以下 4 个目的。

(1) 掌握PCB图的设计流程、PCB图文件的创建方法、PCB图机械边界和电气边界的设置方法。

(2) 掌握PCB图环境参数的设置方法。

(3) 掌握PCB图的自动布线方法。

(4) 掌握单层电路板的设计方法。

2. 实验内容

(1) 在原理图中，设置每个元件的封装属性。

选择File / Open Project命令，打开“实验7.1 Altium Designer 18的安装和原理图的相关操作”中已经完成的项目文件(扩展名为PrjPcb)，并原理图文件(扩展名为SchDoc)，然后对原理图中的每个元件设置封装属性。注意：不能只打开原理图文件，而不打开项目文件。如果没有打开项目文件，只打开了原理图文件，就无法进行后面的很多操作。

在原理图中，各个元件的封装属性如表7-1所示，封装所在的库文件是Miscellaneous Devices.IntLib和Miscellaneous Connectors.IntLib。选择Tools / Footprint Manager命令，弹出封装管理器对话框。在封装管理器对话框中，检查每个元件的封装属性。

表7-1　各个元件的封装属性

元件	封装属性
电阻	AXIAL-0.4
电容	RAD-0.2
接插件	HDR1X2
三极管	BCY-W3/B.7或TO-92A

(2) 设置PCB图单层电路板。

选择File / New / PCB命令新建一个PCB图文件，并选择File / Save命令保存此文件，保存的目录是原理图文件所在的文件夹。一定要保存PCB图文件，否则无法进行后面的操作。选择Design / Layer Stack Manager命令，弹出层堆栈管理器的对话框，选择此对话框左下角的Menu / Example Layer Stacks / Single Layer命令，把电路板设置为单层。

(3) 设置电路板的机械层边界和电气边界。打开PCB图，把当前的工作层设置为Mechanical 1，并选择Place / Line命令画出电路板的机械层边界线，从而确定电路板实际的物理尺寸。把PCB图的当前工作层设置为Keep-Out Layer，并选择Place / KeepOut / Track命令画出电路板的电气边界线。

(4) 选择Design / Import Changes from X.PrjPcb命令加载原理图中元件的封装。如果只单独打开PCB文件，而没有打开此PCB文件所在的项目文件，就无法使用菜单Design/Import Changes from X.PrjPcb。在加载封装的对话框中，不需要选中Add Room。

在加载原理图中元件的封装时，如果弹出如图 7-16 所示的对话框，则表明没有保存 PCB 图文件。首先保存 PCB 图文件，然后加载元件的封装，就不会弹出此对话框。

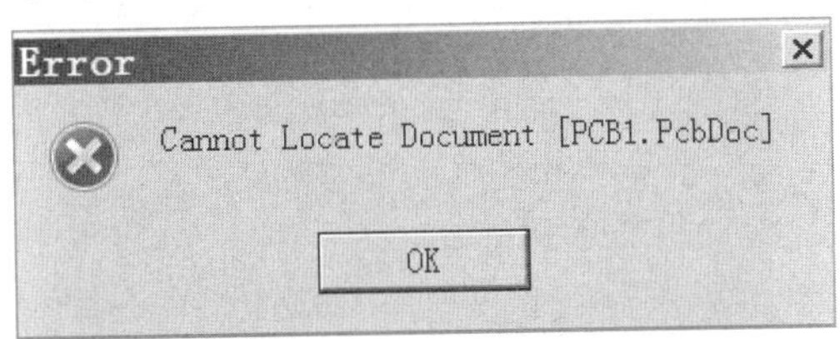

图 7-16　加载元件的封装时弹出的对话框

(5) 进行自动布线工作。

选择 Route / Auto Route / ALL 命令，弹出如图 7-17 所示的对话框。在此对话框中，单击 Edit Layer Directions 按钮，弹出如图 7-18 所示的对话框。在此对话框中，把 Top Layer 中的 Current Setting 设置为 Not Used，并单击 OK 按钮关掉此对话框。在图 7-17 的对话框中，单击 Route All 按钮进行单层电路板的自动布线工作。

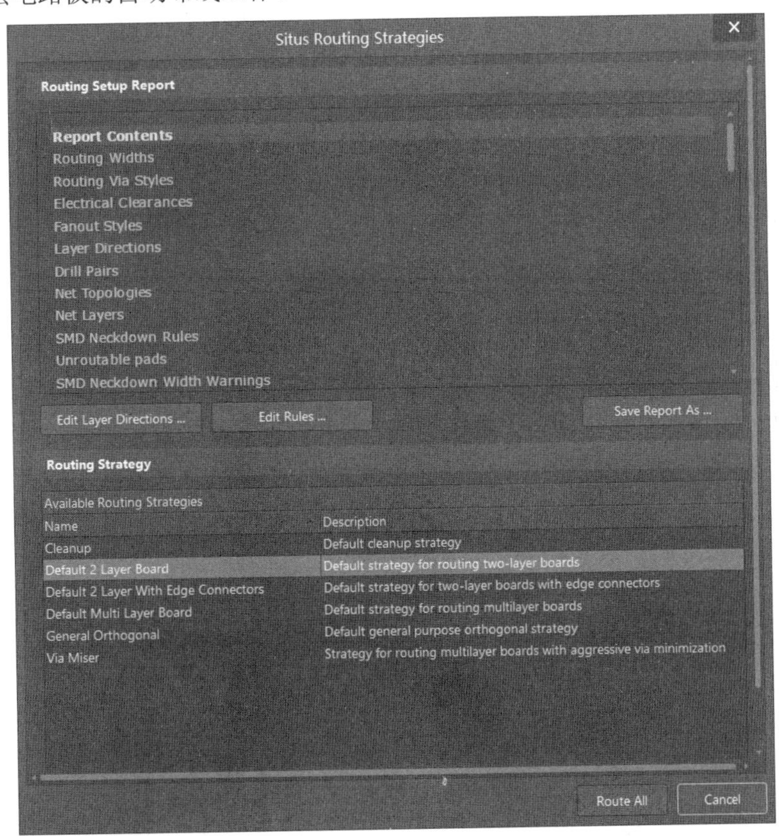

图 7-17　布线设置的对话框

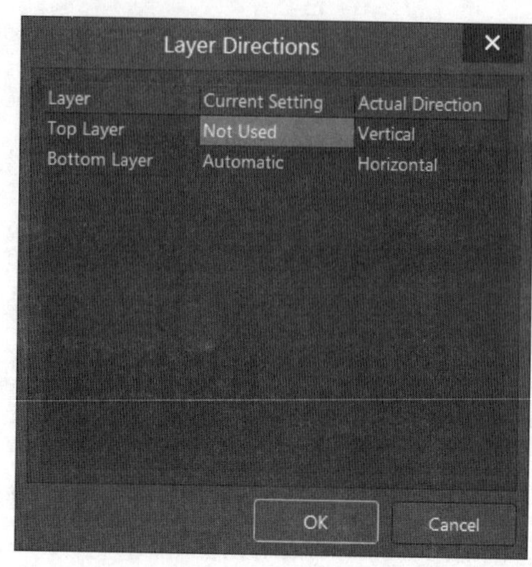

图 7-18　单层布线的设置对话框

(6) 选择 Design / Board Options 命令弹出电路板选项对话框，练习此对话框中各个参数的设置方法。

(7) 选择 Tools / Preferences 命令弹出环境参数设置对话框，练习此对话框中各个参数的设置方法。

(8) 练习 PCB 图中对象的编辑操作，包括对象的选择、取消对象的选择、复制选择的对象(使用键盘的 Ctrl 键和 C 键)、粘贴选择的对象(使用键盘的 Ctrl 键和 V 键)、剪切选择的对象、删除选择的对象(使用键盘的 Delete 键)和对象的旋转(使用键盘的空格键)。

(9) 练习 PCB 图的视图操作。按下鼠标的中间键不松开，向上或向下移动鼠标，就能够放大或缩小视图。首先按下鼠标的右键不要松开，然后移动鼠标，就能够移动视图。

(10) 选择 Place / String 命令，在 PCB 图右下角的顶层丝印层(TopOverlay)放置每个学生的姓名和学号。如果是文本内容是中文，文本内容的字体必须设置为 TrueType，否则不能正确显示汉字。

(11) 生成 PCB 图的 PDF 文件。

7.7 插针式封装的双层电路板设计

1. 实验目的

此实验有以下 4 个目的。

(1) 掌握 PCB 图中各种对象的编辑操作。

(2) 掌握 PCB 图的手工布局方法和手工布线方法，并完成单片机最小系统的 PCB 图设计。

(3) 掌握使用插针式封装的 PCB 图设计方法。

(4) 掌握双层电路板的设计方法。

2. 实验内容

(1) 在原理图中，设置每个元件的封装属性。

选择 File / Open Project 命令，打开“实验 7.3 简单原理图设计”中已经完成的项目文件(扩展名为 PrjPcb)，并打开原理图文件(扩展名为 SchDoc)。如果只打开原理图文件，而没有打开项目文件，就无法进行后面的操作。

在设置元件的封装属性之前，先加载封装所在的封装库文件。单击原理图右侧的 Libraries 按钮，弹出如图 7-19 所示的对话框。在图 7-19 中，单击 Libaries 按钮，弹出如图 7-20 的对话框。在图 7-20 中，打开 Installed 选项卡，如图 7-21 所示。在图 7-21 中，单击下方的 Install 按钮，在弹出的按钮中单击 Install from file 按钮，然后选择某个封装库文件，就完成了此封装库文件的加载。

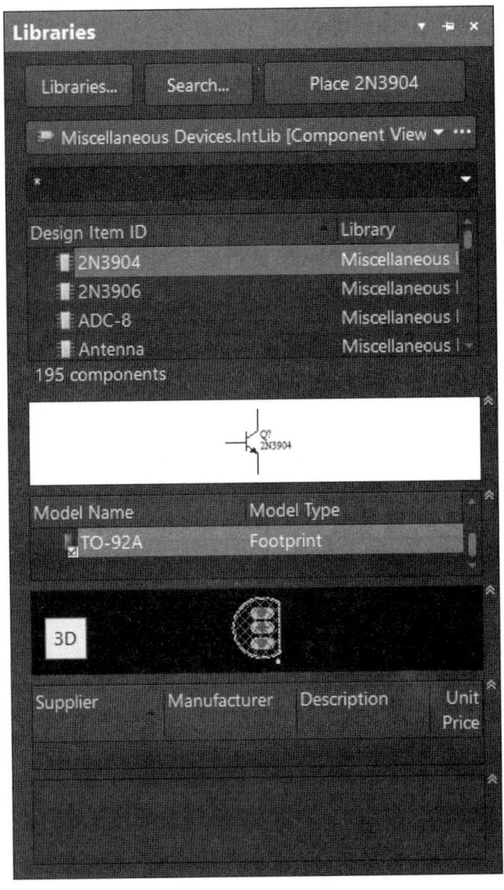

图 7-19　单击 Libraries 按钮弹出的对话框

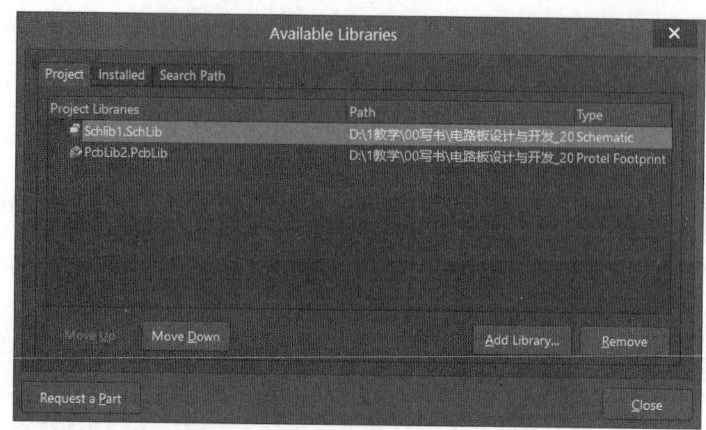

图 7-20　库文件的设置对话框

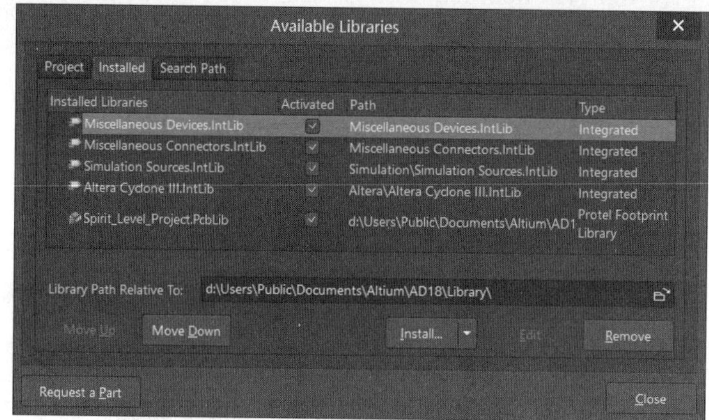

图 7-21　Installed 选项卡

在原理图中，按照表 7-2 设置每个元件的封装属性。封装库文件的目录是 D:\Users\Public\Documents\Altium\AD18\Library。在这个实验中，使用的封装都是插针式封装。

表 7-2　元件的封装属性和封装所在的封装库文件(一)

元件的类别	封装属性	封装所在的封装库文件
电阻	AXIAL-0.4	Miscellaneous Devices.IntLib
无极性电容	RAD-0.2	Miscellaneous Devices.IntLib
有极性电容	RB7.6-15	Miscellaneous Devices.IntLib
晶体 XTAL1	XTAL1	4 Port Serial Interface.PcbLib
接插件 J1	HDR1X2	Miscellaneous Connectors.IntLib
接插件 J2、J3、J4、J5	HDR1X8	Miscellaneous Connectors.IntLib
发光二极管	DIODE0.4	Miscellaneous Devices.IntLib
AT89C51	DIP40	Dallas Semiconductor Footprints.PcbLib
排阻	HDR1X9	Miscellaneous Connectors.IntLib

选择 Tools / Footprint Manager 命令，弹出封装管理器对话框，检查每个元器件的封装属性。

(2) 设置电路板的长度和宽度，绘制机械层边界线和电气边界线。

选择 File / New / PCB 命令，新建一个 PCB 图文件，并选择 File / Save 命令把此文件保存到原理图所在的文件夹。一定要保存 PCB 图文件，否则不能进行下面的操作。使用坐标原点、坐标和长度这三个对象设置电路板的长度和宽度，如图 7-22 所示。在图 7-22 中，电路板的形状是长方形，其长度和宽度分别是 5cm 和 3cm。选择 Edit / Origin / Set 命令放置坐标原点。把 PCB 图的当前工作层设置为 Mechanical 1，分别选择 Place / Coordinate 命令和 Place / Dimension /Dimension 命令放置坐标对象和长度对象。按下键盘的 Q 键，进行英制(mil)单位和公制(mm)单位之间的转换。

图 7-22　设置电路板的长度和宽度

在 PCB 图中，把当前的工作层设置为 Mechanical 1，选择 Place / Line 命令画出电路板机械层的边界线。此外，把当前的工作层设置为 Keep Out Layer，　选择 Place / KeepOut / Track 命令画出电路板的电气边界线。

(3) 选择 Design / Import Changes from X.PrjPcb 命令加载原理图中元件的封装。

(4) 练习封装的布局操作，如设定捕获栅格的大小、改变 PCB 图的当前层(使用数字小键盘的*键)和测量 PCB 图中两点之间的距离(选择 Reports / Measurement Distance 命令，或使用键盘的 Ctrl 键和 M 键)。

选择 Edit / Align 命令或单击 Component Placement 工具栏中的图标，把封装排列整齐。按照以下要求进行封装的摆放：电源接插件 J1 放在电路板的边缘；电阻 R1 和电源指示灯 D1 放在接插件 J1 的附近；电容 C1 的功能是对电源进行滤波，所以电容 C1 放在接插件 J1 的附近；电容 C2 的功能是对单片机的电源引脚进行滤波，所以电容 C2 放在 U1 第 40 个引脚(此引脚是电源引脚)的附近；电容 C4 和电阻 R2 放在一起，组成单片机的复位电路；电容 C3、电容 C5 和晶体 CRYSTAL1 组成单片机的时钟电路，它们放在单片机的第 18 引脚和第 19 引脚的附近。

按下键盘的 J 键和 C 键，弹出一个对话框，在此对话框中输入封装的标号，可进行封装的查找。

注意在布局时，封装之间的走线要尽可能的短，封装要排列整齐。引脚数量多的封装的周围要留一些空间，方便以后进行电子元器件的焊接。

(5) 选择 Place / Interactive Routing 命令，练习手工布线。在布线时，如果前面有障碍物而无法通过时，则需要放置过孔，在另外一层继续布线。普通信号线的宽度一般设置为 10mil，电源线和地线的宽度一般设置为 50mil。

在布线时，按下键盘的 Tab 键，弹出如图 7-23 所示的对话框，在此对话框中设置导线的默认宽度。在图 7-23 中 Width 文本框中输入导线的默认宽度。如果导线的默认宽度大于导线的最大值或小于导线的最小值，就需要修改导线宽度的最大值和最小值。单击图 7-23 中下方的 Width Rule 按钮，弹出如图 7-24 所示的对话框，在此对话框中修改导线宽度的最大值和最小值。在图 7-24 中的下方，分别修改顶层(TopLayer)和底层(BottomLayer)中导线宽度的数值，Min Width、Preferred Size 和 Max Width 分别表示导线宽度的最小值、默认值和最大值。一般来说，顶层和底层中导线宽度的最小值可以设置为 3mil，其最大值可以设置为 100mil。此外，选择 Design / Rules / Routing / Width 命令，也会弹出如图 7-24 所示的对话框。

可以使用多边形铺铜(也称为铺地)代替地线。选择 Place / Polygon Pour 命令，弹出铺铜的属性对话框，需要分别在顶层和底层进行铺地。在铺铜的属性对话框中，Fill Mode 参数设置铺铜的形式，一般使用网格状铺铜；Layer 参数设置铺铜的所在层，该参数设置为 Top Layer 或 Bottom Layer；Connect to Net 参数设置多边形辅铜的网络名，一般使用 GND 网络；Remove Dead Copper 参数表示是否删除孤立的铺铜，一般需要选中此选项。

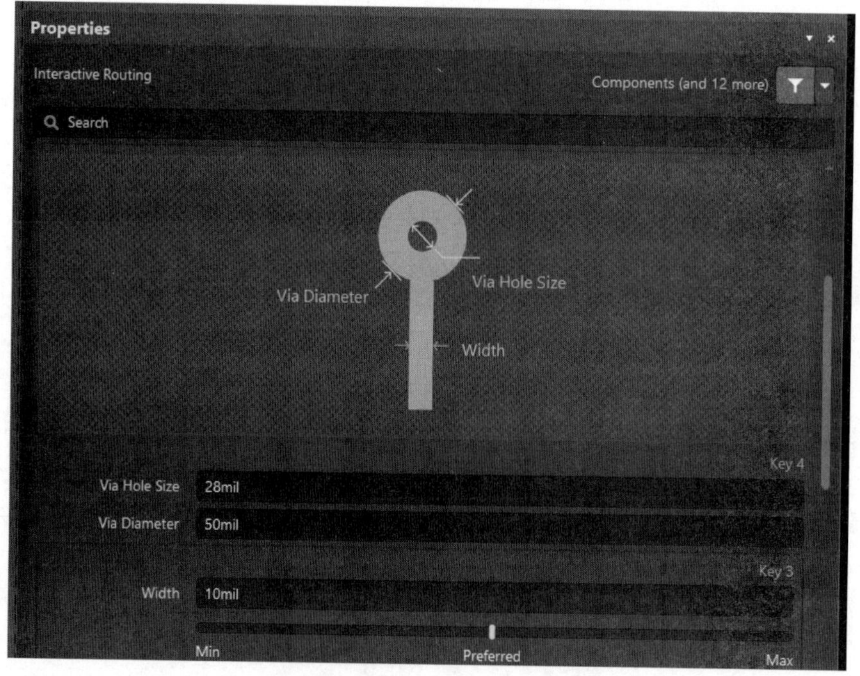

图 7-23　修改导线的默认宽度

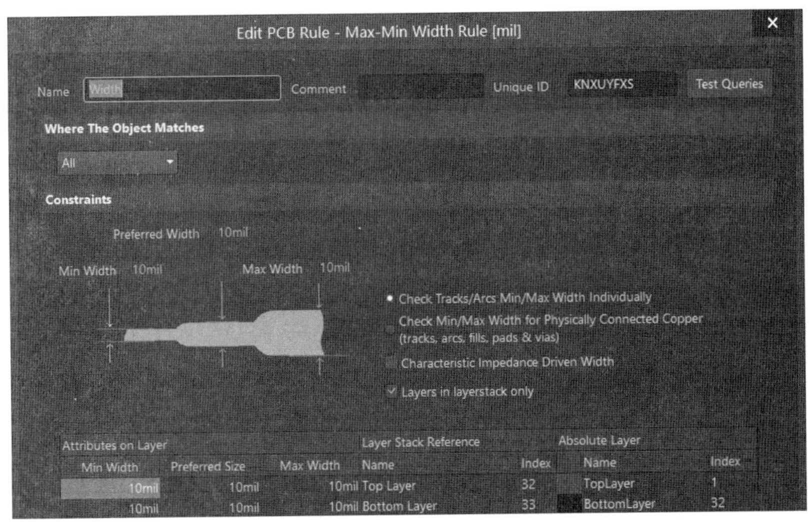

图 7-24　修改导线宽度的最大值和最小值

在人工布线时，要满足以下四个要求。第一，在步线之前，设置好线和线、线和焊盘、过孔和过孔之间的距离要求。第二，顶层和底层的走线方向要尽量垂直，顶层尽量走横线，而底层尽量走竖线。第三，走线尽量不要绕着走，可以使用过孔进行走线。第四，在走线时，如果很难放置走线或布线太长，可以调整封装的位置。

(6) 在画完 PCB 图后，需要检查 PCB 图。选择 Tools / Design Rule Check 命令，弹出如图 7-25 所示的对话框。在图 7-25 中，单击左侧的 Manufacturing 字符，在右侧出现的选项中不选择三个规则：Silk To Solder Mask Clearance、Silk To Silk Clearance 和 Minimum Solder Mask Sliver，最后单击对话框中的 Run Design Rule Check 按钮，进行 PCB 图的检查。

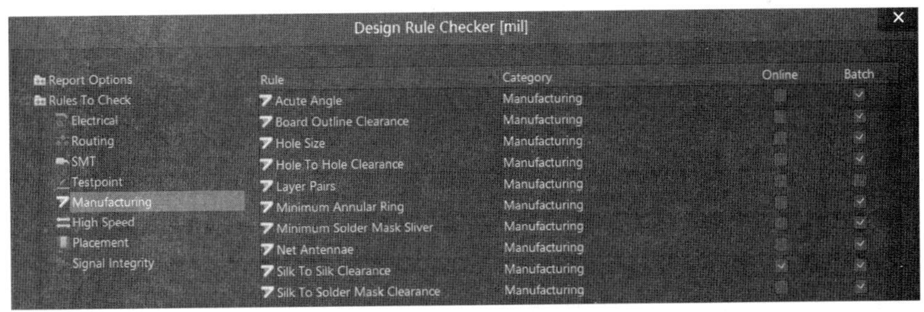

图 7-25　PCB 图的检查对话框

在检查完 PCB 图之后，弹出如图 7-26 所示的检查结果。在图 7-26 中，PCB 图的检查结果包括以下 10 部分内容。

① Clearance Constraint 表示走线、焊盘和过孔之间的间距规则，违反此规则的数量必须是 0。

② Short-Circuit Constraint 表示短路规则，违反此规则的数量必须是 0。

③ Un-Routed Net Constraint 表示完成全部布线的规则，违反此规则的数量必须是 0。

④ Width Constraint 表示走线宽度的规则，违反此规则的数量必须是 0。

⑤ Hole Size Constraint 表示孔径大小的规则，违反此规则的数量可以不是 0。

⑥ Hole to Hole Clearance 表示孔之间的间距规则，违反此规则的数量可以不是 0。

⑦ Minimum Solder Mask Silver 表示阻焊层对象之间最小间距的规则，违反此规则的数量可以不是 0。

⑧ Silk To Solder Mask 表示丝印层对象和封装之间最小间距规则，违反此规则的数量可以不是 0。

⑨ Silk to Silk 表示丝印层对象之间最小间距的规则，违反此规则的数量可以不是 0。

⑩ Net Antennae 表示布线中不能有尖峰形状的规则，违反此规则的数量必须是 0。

根据图 7-26 中的检查结果，修改 PCB 图中的错误。

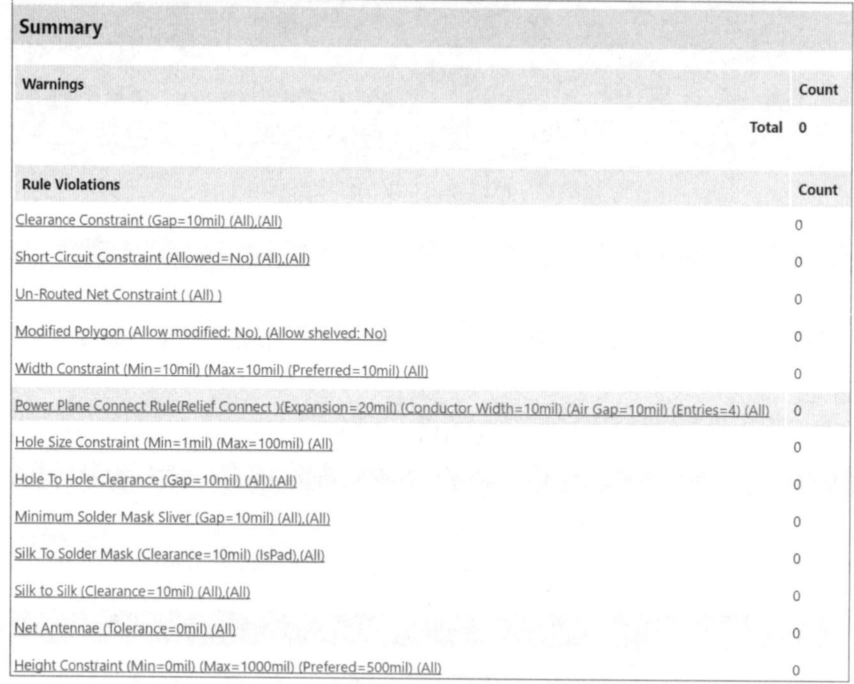

Summary

Warnings	Count
Total	0

Rule Violations	Count
Clearance Constraint (Gap=10mil) (All),(All)	0
Short-Circuit Constraint (Allowed=No) (All),(All)	0
Un-Routed Net Constraint ((All))	0
Modified Polygon (Allow modified: No), (Allow shelved: No)	0
Width Constraint (Min=10mil) (Max=10mil) (Preferred=10mil) (All)	0
Power Plane Connect Rule(Relief Connect)(Expansion=20mil) (Conductor Width=10mil) (Air Gap=10mil) (Entries=4) (All)	0
Hole Size Constraint (Min=1mil) (Max=100mil) (All)	0
Hole To Hole Clearance (Gap=10mil) (All),(All)	0
Minimum Solder Mask Sliver (Gap=10mil) (All),(All)	0
Silk To Solder Mask (Clearance=10mil) (IsPad),(All)	0
Silk to Silk (Clearance=10mil) (All),(All)	0
Net Antennae (Tolerance=0mil) (All)	0
Height Constraint (Min=0mil) (Max=1000mil) (Prefered=500mil) (All)	0

图 7-26　PCB 图的检查结果

(7) 选择 View / 3D Layout Mode 命令，观察 PCB 图的 3D 图形。

(8) 选择 Place / String 命令，在电路板右下角的顶层丝印层(TopOverlay)中放置文本对象，在文本对象中输入每个学生的姓名和学号。

(9) 选择 Place / Pad 命令，给电路板放置 4 个安装孔。安装孔的 Hole Size 属性、X-Size 属性和 Y-Size 属性设置为相同的数值，一般设置为 60mil。

(10) 生成 PCB 图的 PDF 文件。

7.8 表面安装型封装的双层电路板设计

1. 实验目的

此实验有以下两个目的。

(1) 掌握手工布局的方法和手工布线的方法。

(2) 掌握使用表面安装型封装的 PCB 图设计方法。

2. 实验内容

(1) 绘制原理图。选择 File / New / Project / PCB Project 命令，新建一个项目文件(扩展名是 PrjPcb)，并选择 File / Save Project 命令把此文件保存在桌面上的文件夹 Test8 中。选择 File / New / Schematic 命令新建一个原理图文件，并选择 File / Save 命令把此文件保存在文件夹 Test8 中。选择 File / New / PCB 命令新建一个 PCB 文件，并选择 File / Save 命令把此文件保存在文件夹 Test8 中。画出如图 7-27 所示的原理图。

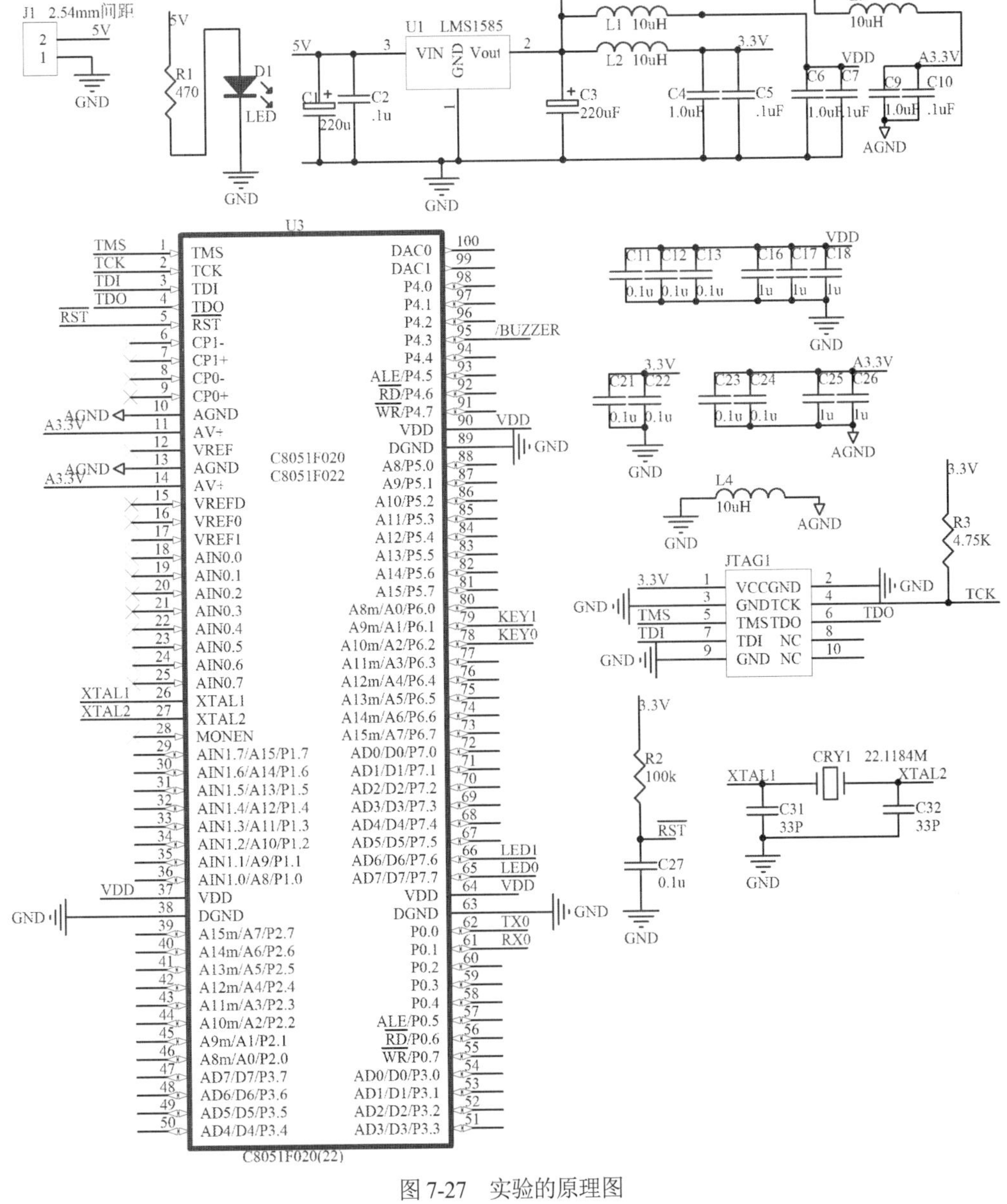

图 7-27　实验的原理图

在检查原理图的错误时，如果提示元件 U3 中有悬空的引脚，选择 Place / Directives / No ERC 命令在悬空引脚的末端放置一个不需要检查的对象。

(2) 对原理图的每个元件设置封装属性。在设置元件的封装属性之前，先加载封装所在的封装库文件。封装库文件的加载方法已经在“7.7 插针式封装的双层电路板的设计”中进行了介绍。

每个元件的封装属性和封装所在的封装库文件如表 7-3 所示。在原理图中，多个电容使用相同的 C0805 封装，可以使用批量修改封装的功能，从而提高画图效率。选择 Tools / Footprint Manager 命令，弹出封装管理器的对话框，检查所有元件的封装属性。

表 7-3　元件的封装属性和封装所在的封装库文件(二)

元件	封装属性	封装所在的封装库文件
接插件 J1	HDR1X2	Miscellaneous Connectors.IntLib
电阻	1206	KEMET Electronics Footprints.PcbLib
发光二极管	1206	KEMET Electronics Footprints.PcbLib
0.1μF 电容	C0805	KEMET Electronics Footprints.PcbLib
33pF 电容	0603	KEMET Electronics Footprints.PcbLib
1μF 电容	C0805	KEMET Electronics Footprints.PcbLib
电感 10uH	C1206	KEMET Electronics Footprints.PcbLib
220μF 电容	3528	IPC-SM-782 Section 8.4 Tantalum Capacitor.PcbLib
晶体 XTAL1	XTAL1	4 Port Serial Interface.PcbLib
C8051F020	100T1_L	Atmel Footprints.PcbLib
JTAG1	HDR2X5	Miscellaneous Connectors.IntLib
LMS1585	TO263	Spirit_Level_Project.PcbLib

(3) 打开 PCB 图，选择 Design / Import Changes from X.PrjPcb 命令加载原理图中元件的封装。

(4) 此实验的要求是 PCB 图越小越好。PCB 图的面积越小，电路板的加工费用就越低。首先对封装进行布局，封装要紧凑排列；然后画出最小的机械层边界线和禁止布线层边界线。在进行封装的布局时，把实现某种功能的多个封装放在一起，例如电源部分的多个封装放置在一起。使用以下 3 个步骤自动寻找实现某个功能的多个封装。

① 在原理图中，选择实现某个功能的多个元件。

② 选择 Tools / Select PCB Components 命令或同时按下键盘的 T 键和 S 键，选择 PCB 图中的多个封装，这些封装和原理图中被选择的元件具有一一对应的关系。

③ 在选择 Tools / Component Placement / Arrange within Rectangle 命令之后，按下鼠标的左键在 PCB 图中画一个矩形，就能把选择的多个封装放置在一起。

注意：在 PCB 图中，按下键盘的 J 键和 C 键，在弹出的对话框中输入某个封装的标号，就能够在 PCB 图中查找此封装。选择 Design / Rules / Electrical / Clearance 命令设置走线的安全间距规则，走线间距的最小值设置为 7mil。

(5) 按照功能进行封装的布局有以下 6 个步骤。

① 为了实现滤波功能，在元件 U3 的每个 A3.3V 电源引脚和 VDD 电源引脚的旁边放置两个电容，这两个电容的容值分别是 0.1μF 和 1μF。

② 为了实现电源指示的功能，把电源指示灯 D1 和电源接插件 J1 放在一起。

③ 为了实现 5V 转为 3.3V 的电源功能，把 U1 和其他相关的封装放在一起。

④ L3、C9、C10、C23、C24、C25 和 C26 属于处理模拟信号的封装，把它们放在 U3 的第 10~14 引脚附近，因为这些引脚中的信号也是模拟信号，而 U3 其他引脚中的信号都是数字信号。

⑤ 为了实现复位功能，把 R2 和 C27 放在一起。

⑥ 把 JTAG1 和 R3 放在一起。

(6) 批量修改封装标号的大小。默认的封装标号会比较大，使用以下两个步骤批量修改封装标号的大小。

① 右击任意一个封装的标号，在弹出的菜单中选择 Find Similar Objectives 命令，弹出一个对话框，单击此对话框中的 OK 按钮，弹出第二个对话框。

② 在第二个对话框中，分别修改 Text Height 属性值和 Test Width 属性值，并按下回车键，就能够修改 PCB 图中全部封装标号的大小。

(7) 布线。5V、3.3V、VDD 和 A3.3V 属于电源线，它们的宽度要尽可能地设置为 50mil。信号线的宽度设置为 9mil 或 10mil。地线的宽度设置为 50mil，或者地线使用铺地(就是铺铜)来代替。

(8) 注意过孔的使用。选择 Place / Pad 命令给电路板放置 4 个安装孔。

(9) 画完 PCB 图后，选择 Tools / Design Rule Check 命令检查 PCB 图，并根据 PCB 图的检查结果修改 PCB 图中的错误。PCB 图的检查方法和检查结果已经在“7.7 插针式封装的双层电路板设计”中进行了介绍。

(10) 选择 Place / String 命令，在电路板右下角的顶层丝印层(TopOverlay)放置文本对象，文本内容是每个学生的姓名和学号。

(11) 生成 PCB 图的 PDF 文件。

7.9 封装的设计

1. 实验目的

此实验的目的是掌握封装的设计方法。

2. 实验内容

(1) 选择 File / New / Library / PCB Library 命令，新建一个封装库文件，并把此文件保存在桌面的文件夹 Test9 中。

(2) 在 AD9835 的数据手册中，找到该芯片的实际尺寸，如图 7-28 所示。根据该芯片实际尺寸的说明，进行该芯片封装的设计，该芯片的封装如图 7-29 所示。详细的实验步骤已经在第 5 章的“5.2.2 第二种封装设计方法”中进行了介绍。

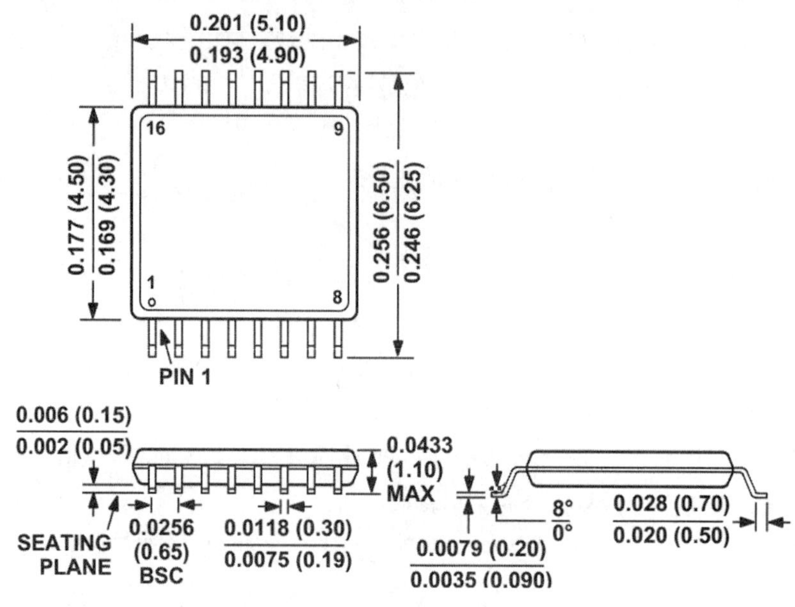

图 7-28　AD9835 芯片的实际尺寸

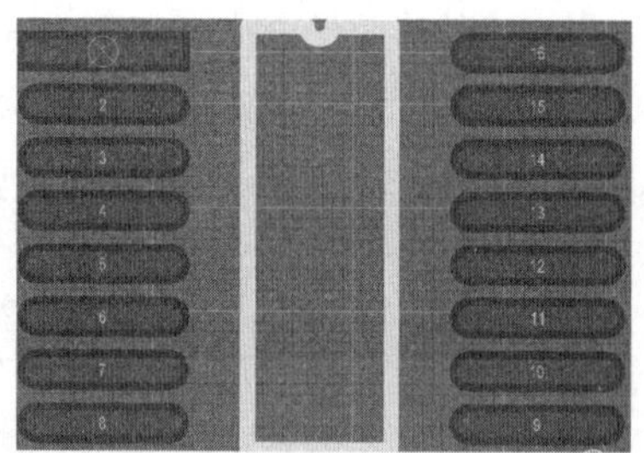

图 7-29　封装库文件中 AD9835 的封装

(3) 在 EP1C6 的数据手册中，找到该芯片的实际尺寸，如图 7-30 所示。根据该芯片实际尺寸的说明，进行该芯片封装的设计，该芯片的封装如图 7-31 所示。详细的实验步骤已经在第 5 章的“5.2.2 第二种封装设计方法”中进行了介绍。

(4) 练习 PCB 图封装库文件中封装的复制、粘贴和剪切操作。练习在不同的封装库文件之间进行封装的复制和粘贴操作。

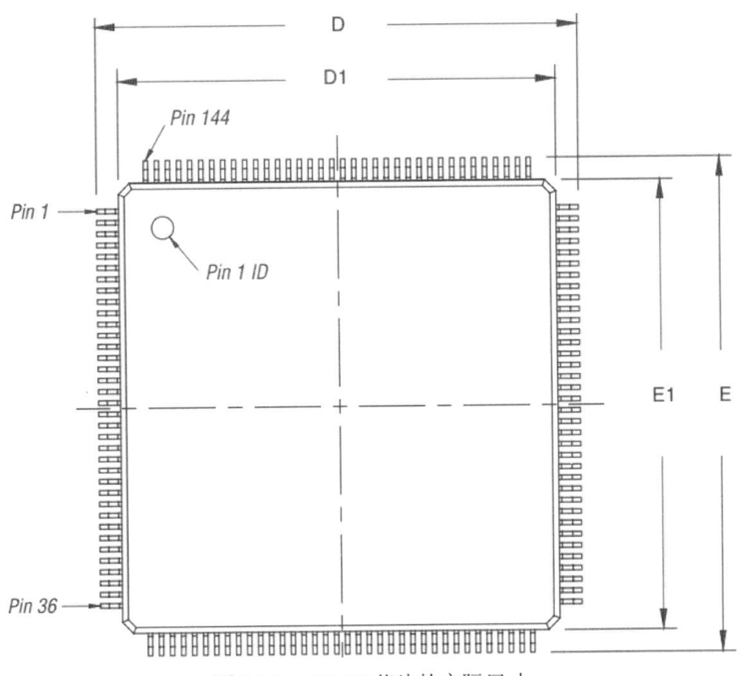

图 7-30　EP1C6 芯片的实际尺寸

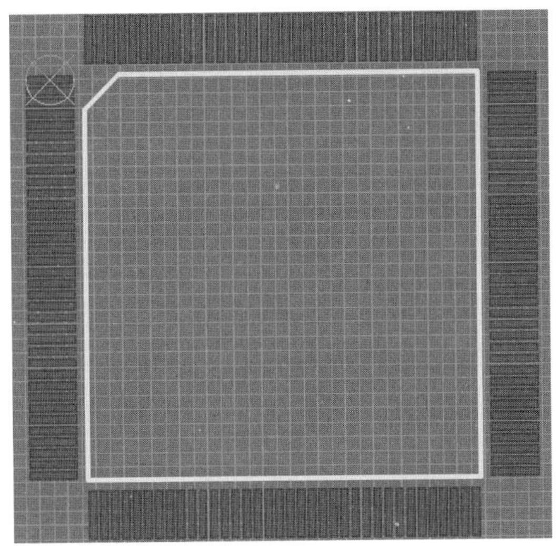

图 7-31　封装库文件中 EP1C6 的封装

(5) 练习修改已有的封装的方法。

(6) 练习新创建的封装的调用方法。

7.10 混合型封装的双层电路板设计

本节介绍同时使用插针式封装和表贴式封装的双层电路板设计的实验内容。

1. 实验目的

此实验有以下两个目的。

(1) 掌握手工布局的方法和手工布线的方法。

(2) 掌握混合型封装的 PCB 图设计方法。

2. 实验内容

(1) 新建一个项目文件和一个原理图文件，并在原理图文件中画出如图 7-32 所示的电路图。

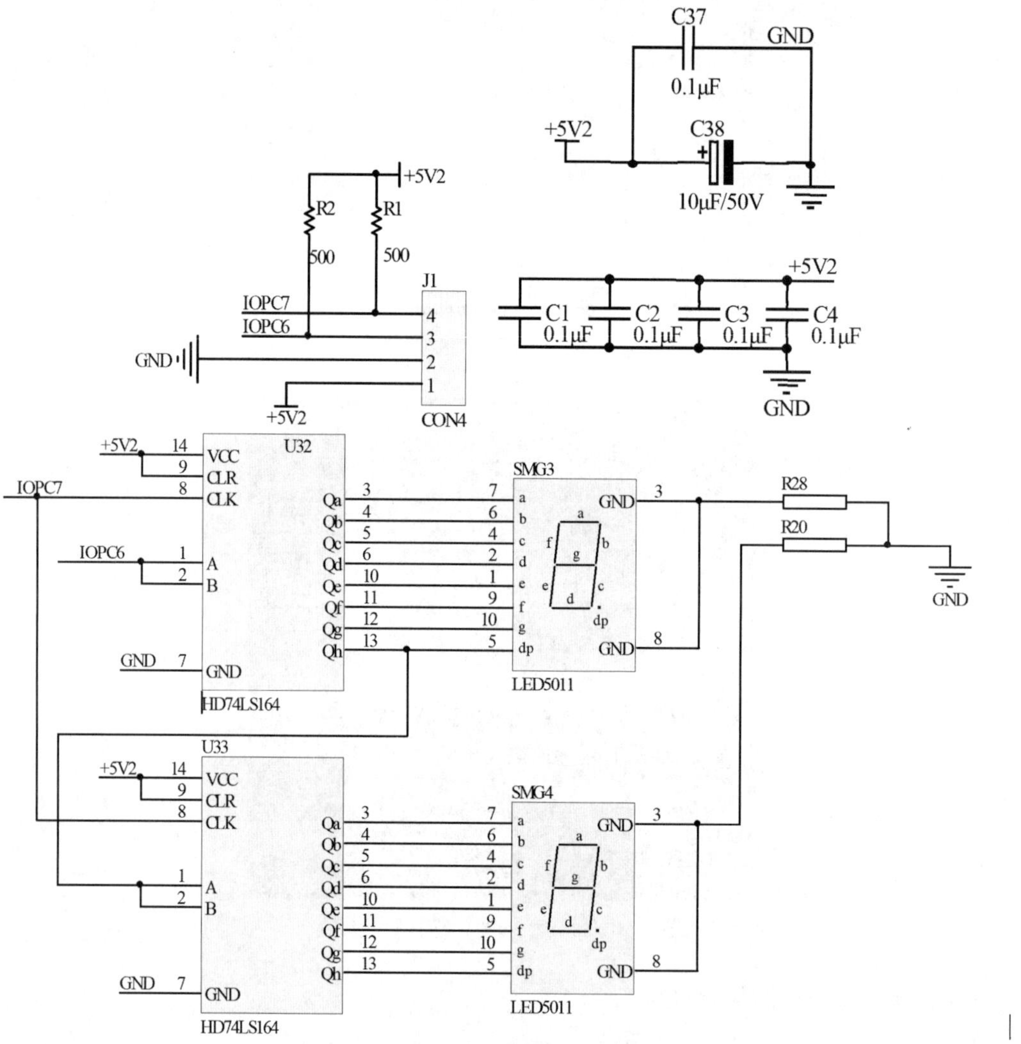

图 7-32　此实验的原理图

(2) 给原理图的每个元件设置封装属性，如表 7-4 所示。封装所在的封装库文件是 4 Port Serial Interface.PcbLib、Miscellaneous Devices.IntLib、Miscellaneous Connectors.IntLib、KEMET Electronics Footprints.PcbLib、Dallas Semiconductor Footprints.PcbLib、Atmel Footprints.PcbLib 和 IPC-SM-782 Section 8.4 Tantalum Capacitor.PcbLib。

表 7-4　元件的封装属性(一)

元件	封装属性
接插件 J1	HDR1X4
电容 C38	3528
HD74LS164	DIP14
数码管 LED5011	LED
无极性电容	0805
电阻	0805

(3) 新建一个 PCB 图文件，选择 Design / Import Changes from X.PrjPcb 命令加载原理图中元件的封装，并画出 PCB 图。注意 PCB 图的尺寸越小越好。

(4) 在 PCB 图中，首先画出机械层的边界线和禁止布线层的边界线，然后完成封装的布局，最后完成封装的布线。在布局时，在每个元件电源引脚的附近放置一个 0.1μF 电容。在 PCB 图的布线过程中，注意过孔的合理使用。

(5) 选择 Place / Pad 命令给电路板放置 4 个安装孔。

(6) 选择 Tools / Design Rule Check 命令检查 PCB 图。根据 PCB 图的检查结果，修改 PCB 图中的错误。PCB 图的检查方法和检查结果已经在“7.7 插针式封装的双层电路板的设计”中进行了介绍。

(7) 选择 Place / String 命令，在电路板右下角的顶层丝印层(TopOverlay)放置文本对象，在文本对象中输入每个学生的姓名和学号。

(8) 生成 PCB 图的 PDF 文件。

7.11 简单四层电路板的设计

1. 实验目的

此实验的目的是掌握简单四层电路板的设计方法。

2. 实验内容

(1) 选择 File / New / Project / PCB Project 命令新建一个项目文件，并选择 File / Save Project 命令把此文件保存在文件夹 Test11 中。把“7.3 简单原理图的设计”中绘制的原理图文件复制到文件夹 Test11 中，并选择 Project / Add Existing To Project 命令把此文件添加到当前的项目中。选择 File / New / PCB 命令新建一个 PCB 图文件，并选择 File / Save 命令把此文件保存在文件夹 Test11 中。

(2) 在原理图中，给每个元件设置封装属性，如表 7-5 所示。封装所在的封装库文件为：4 Port

Serial Interface.PcbLib、Miscellaneous Devices.IntLib、Miscellaneous Connectors.IntLib、KEMET Electronics Footprints.PcbLib 和 Dallas Semiconductor Footprints.PcbLib。

表 7-5 元件的封装属性(二)

元件	封装名称
电阻	0603
无极性电容	C0805
有极性电容	RB7.6-15
晶阵	XTAL1
接插件	HDR1X2，HDR1X8
二极管	DIODE0.4
AT89C51	DIP40
排阻	HDR1X9

(3) 打开 PCB 图文件，并选择 Design / Import Changes from X.PrjPcb 命令加载原理图中元件的封装。

(4) 选择 Design / Layer Stack Manager 命令，弹出如图 7-33 所示的层堆栈管理器的对话框，使用以下三个步骤把 PCB 图设置为 4 层。

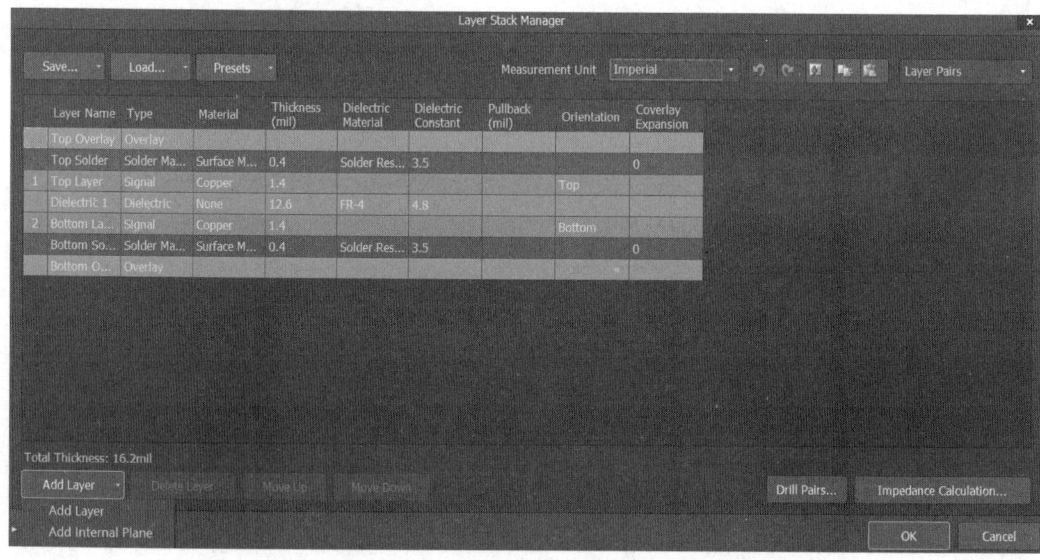

图 7-33 层堆栈管理器对话框

① 在层堆栈管理器对话框中，单击下方的 Add Layer / Add Internal Plane 按钮，增加两个平面层。

② 画出机械层的边界线和禁止布线层的边界线。分别单击屏幕下方的中间层按钮 Internal

Plane 1 和 Internal Plane 2，并选择 Place / Line 命令画出闭合的分割线，如图 7-34 所示。

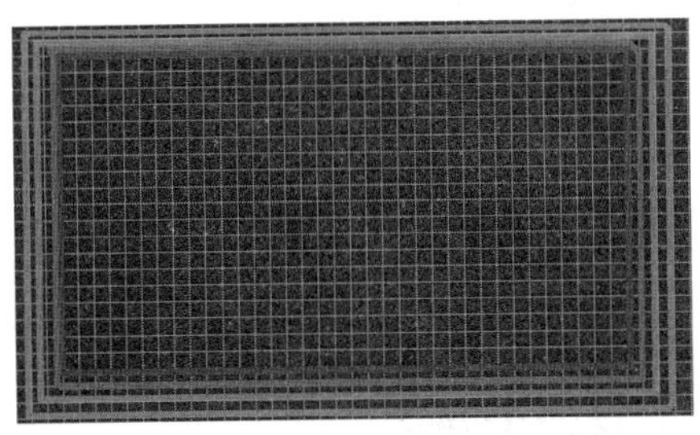

图 7-34　机械层的边界线、禁止布线层的边界线和两个中间层的边框

③ 分别双击 2 个中间层中已经分割好的矩形平面，在弹出的对话框中分别设置两个中间层的网络名称为 V5V 和 GND，如图 7-35 和图 7-36 所示。

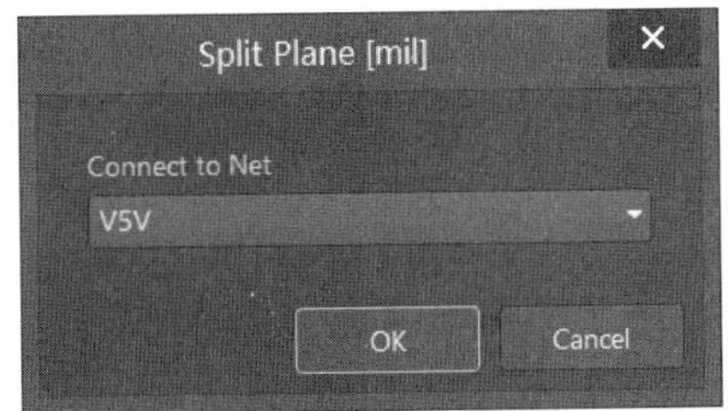

图 7-35　第一个中间层的网络设置对话框

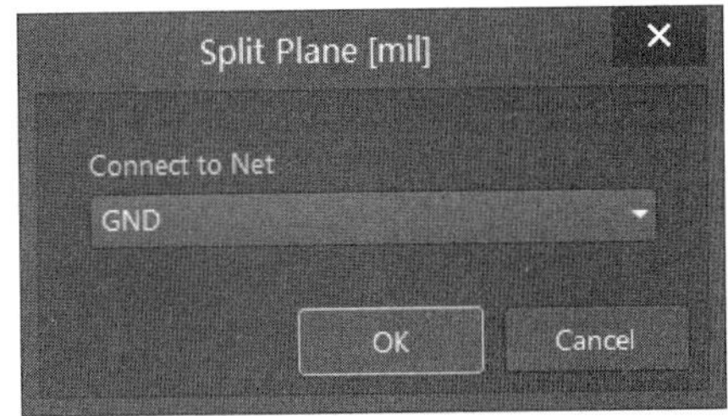

图 7-36　第二个中间层的网络设置对话框

(5) 对 PCB 图中的封装进行布局和布线。在布线时，只能在顶层布线层(Top Layer)和底层布线层(Bottom Layer)中放置导线，不能在电源层(Internal Plane 1)和地层(Internal Plane 2)中放置导线。对于封装中连接电源网络或地网络的焊盘，如果焊盘是插针式焊盘，不需要画插针式焊盘的电源线或地线，插针式焊盘会自动连接中间的电源层或地层，并且呈现十字的形状，如图 7-37 所示；如果焊盘是表贴式焊盘，首先从焊盘上画出导线，然后选择 Place / Via 命令在导线上放置过孔连接中间的电源层或地层，如图 7-38 所示。此外，多层电路板一般不需要进行铺地操作。

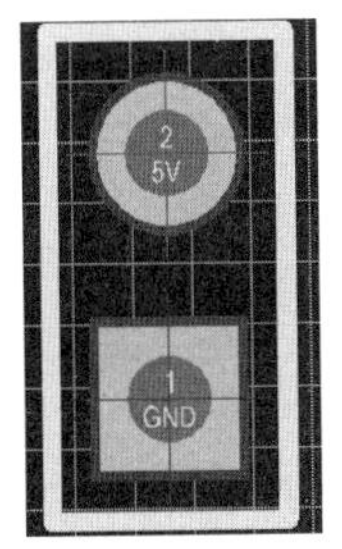

图 7-37　插针式焊盘

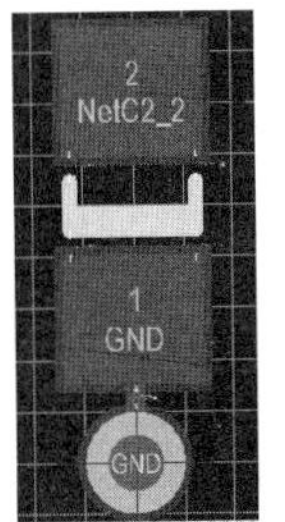

图 7-38　表贴式焊盘

(6) 在画完 PCB 图之后，选择 Tools / Design Rule Check 命令检查 PCB 图中的错误，并根据 PCB 图的检查结果修改 PCB 图中的错误。PCB 图的检查方法和检查结果已经在“7.7 插针式

封装的双层电路板的设计”中进行了介绍。

(7) 选择 Place / Pad 命令放置 4 个安装孔。

(8) 选择 Place / String 命令，在电路板顶层丝印层(TopOverlay)的右下角放置每个学生的姓名和学号。

(9) 生成 PCB 图的 PDF 文件。

7.12 复杂四层电路板的设计

1. 实验目的

此实验有以下两个目的。

(1) 完成 TMS320LF2407 最小系统的 PCB 图设计。

(2) 掌握包含表贴式封装的复杂 PCB 图的设计方法。

2. 实验内容

(1) 在“7.4 层次原理图设计 1”中，已经完成包含 TMS320LF2407 最小系统的原理图设计。在此原理图中，给每个元件设置封装属性，每个元件的封装属性如表 7-6 所示。在表 7-6 中，绝大部分的元件都使用表贴式封装。

表 7-6 元件的封装属性(三)

元件	封装属性
电阻、二极管、电感	3216
有极性电容	CAPPR5-5x5
无极性电容	C1206
1117-3.3	SOT223
晶阵	VP32-3.2
接插件	HDR1X2
DSP2407	DSP2407_144
IS61LV6416	IS61LV6416_SOP44
JTAG-DSP2407	HDR2X7

(2) 新建一个 PCB 图文件，并选择 Design / Layer Stack Manager 命令，弹出层堆栈管理器的对话框。在层堆栈管理器的对话框中，设置电路板中间的两层分别为电源层和地层。电路板的形状设置为长方形，其长度和宽度分别是 30cm 和 20cm。选择 Design / Import Changes from X.PrjPcb 命令加载原理图中元件的封装。

(3) 在 PCB 图中，进行封装的布局和布线。在进行封装的布局时，在集成电路芯片的每个电源引脚旁边放置一个滤波电容，此电容越靠近电源的引脚，则电容就具有更好的滤波效果。在 PCB 图中，放置 4 个定位孔。

(4) 在完成 PCB 图的设计之后，选择 Tools / Design Rule Check 命令检查 PCB 图，并根据 PCB 图的检查结果修改 PCB 图中的错误。PCB 图的检查方法和检查结果已经在“7.7 插针式封装的双层电路板的设计”中进行了介绍。

(5) 选择 Place / String 命令，在电路板右下角的顶层丝印层放置每个学生的姓名和学号，并生成 PCB 图的 PDF 文件。

7.13 六层电路板的设计

1. 实验目的

此实验的目的是掌握六层电路板的设计方法。

2. 实验内容

(1) 此实验使用“7.8 表面安装型封装的双层电路板的设计”实验中的原理图。在原理图，给每个元件设置封装属性。每个元件的封装属性如表 7-7 所示，封装所在的库文件是 4 Port Serial Interface.PcbLib、Miscellaneous Devices.IntLib、Miscellaneous Connectors.IntLib、KEMET Electronics Footprints.PcbLib、Dallas Semiconductor Footprints.PcbLib、Atmel Footprints.PcbLib 和 Altium Nanoboard Project.IntLib。

表 7-7 元件的封装属性(四)

元件	封装名称
接插件 J1	HDR1X2
电阻、发光二极管、电感	1206
0.1μF 电容、33P 电容、1μF 电容	C0805
220μF 电容	3528
晶体	XTAL1
C8051F020	100T1_L
JTAG1	HDR2X5
LMS1585	TO263

(2) 新建一个 PCB 图文件，并把此 PCB 图设置为六层电路板，详细的实现步骤已经在“3.3.8 多层电路板的设计方法”中进行了介绍。选择 Design / Import Changes from X. PrjPcb 命令加载

原理图中元件的封装。

(3) 对 PCB 图中的封装进行布局和布线。在元件 U3 的 A3.3V 电源引脚和 VDD 电源引脚的附近位置分别放置一个 0.1μF 电容和 1 个 1μF 的电容。在六层电路板中，可以在中间布线层进行布线。

(4) 在设计完 PCB 图之后，选择 Tools / Design Rule Check 命令检查 PCB 图，并根据 PCB 图的检查结果修改 PCB 图中的错误。PCB 图的检查方法和检查结果已经在“7.7 插针式封装的双层电路板的设计”中进行了介绍。

(5) 在电路板右下角的顶层丝印层(TopOverLay)放置每个学生的姓名和学号，并生成 PCB 图的 PDF 文件。

7.14 电路的仿真实验

1. 实验目的

此实验有以下两个目的。

(1) 掌握电路仿真元件的使用方法。

(2) 掌握电路仿真的整个流程。

2. 实验内容

(1) 新建项目文件和原理图文件。选择 File / New / Project / PCB Project 命令新建一个项目文件(扩展名是 PrjPcb)，并选择 File / Save Project 命令把此文件保存在桌面的文件夹 Test14 中。选择 File / New / Schematic 命令新建一个原理图文件，并选择 File / Save 命令把此文件保存在文件夹 Test14 中。一定要保存项目文件和原理图文件，否则不能进行后面的操作。

仿真元件所在的库文件是 Miscellaneous Devices.IntLib，此库文件在计算机中的目录是 D:\Users\Public\Documents\Altium\AD18\Library。用于仿真的电源元件和初始条件元件所在的库文件是 Simulation Sources.IntLib，此库文件在计算机中的目录是 D:\Users\Public\Documents\Altium\AD18\Library\Simulation。

(2) 完成 RC 电路的充电仿真实验，其电路图如图 7-39 所示。完成原理图文件的设计之后，一定要保存此原理图文件，否则后面的操作不能正常进行。

选择 Design / Simulate / Mixed Sim 命令弹出仿真设置对话框，如图 7-40 所示。打开仿真设置对话框的 General Setup 选项卡，双击 Available Signals 字符下方的 IN 和 OUTCHARGEVOLTAGE 这两个网络标号，把这两个网络标号移到 Active Signal 的下方，如图 7-40 所示。

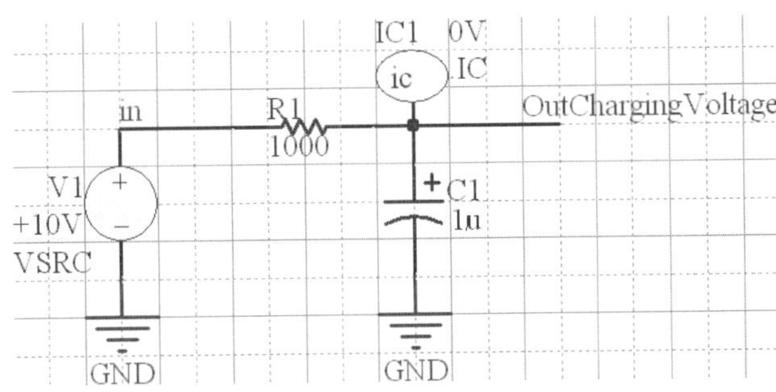

图 7-39　RC 电路的充电仿真电路图

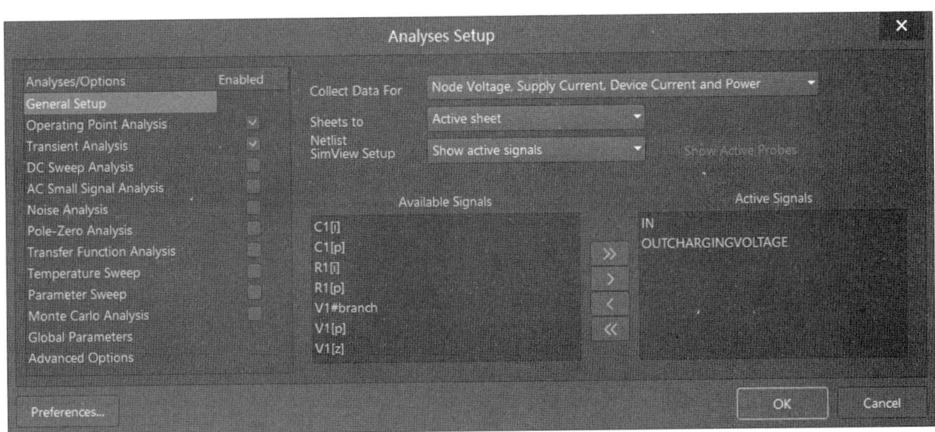

图 7-40　仿真设置对话框的 General Setup 选项卡

打开仿真设置对话框的 Transient Analysis 选项卡，如图 7-41 所示，不选中 Use Transient Defaults 参数后面的选择框，把 Transient Stop Time 参数设置为 5000，然后单击仿真设置对话框的 OK 按钮，进行原理图中电路的仿真，得出如图 7-42 所示的仿真结果。

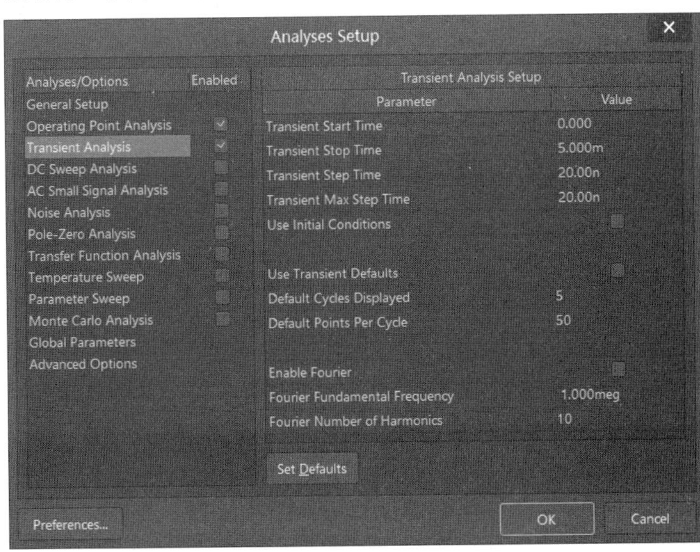

图 7-41　仿真设置对话框的 Transient Analysis 选项卡

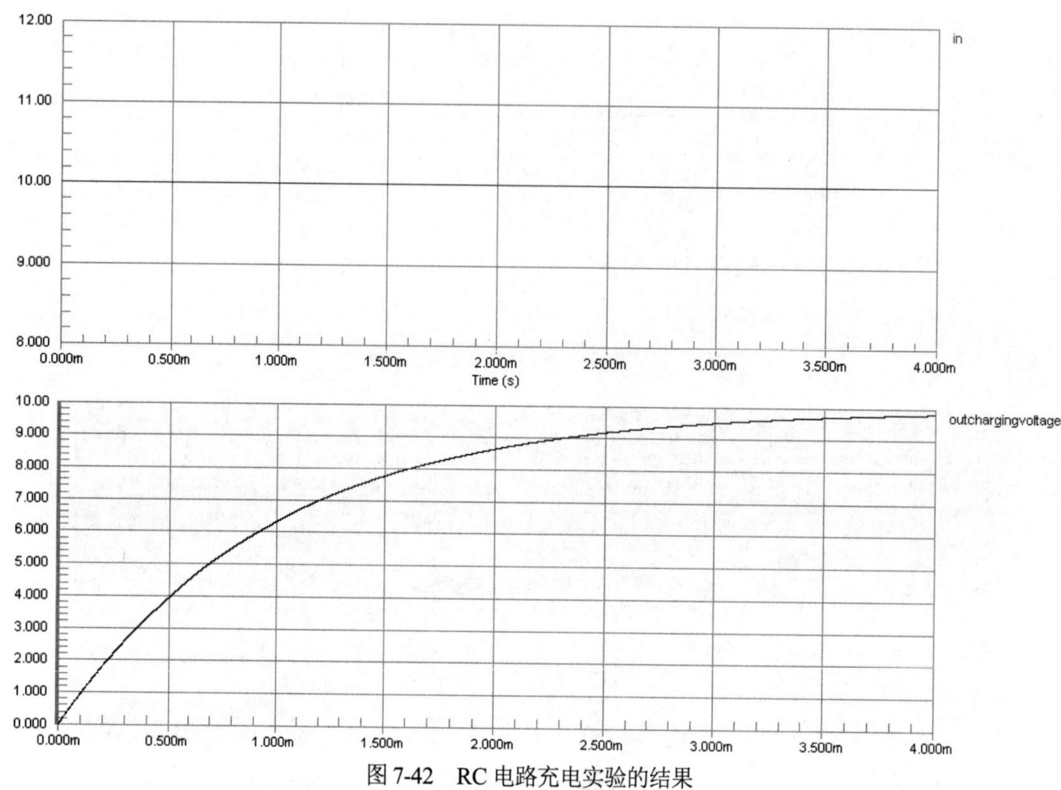

图 7-42 RC 电路充电实验的结果

(3) 完成反相比例放大电路的仿真实验，此放大电路使用了集成运放，如图 7-43 所示，仿真结果如图 7-44 所示。

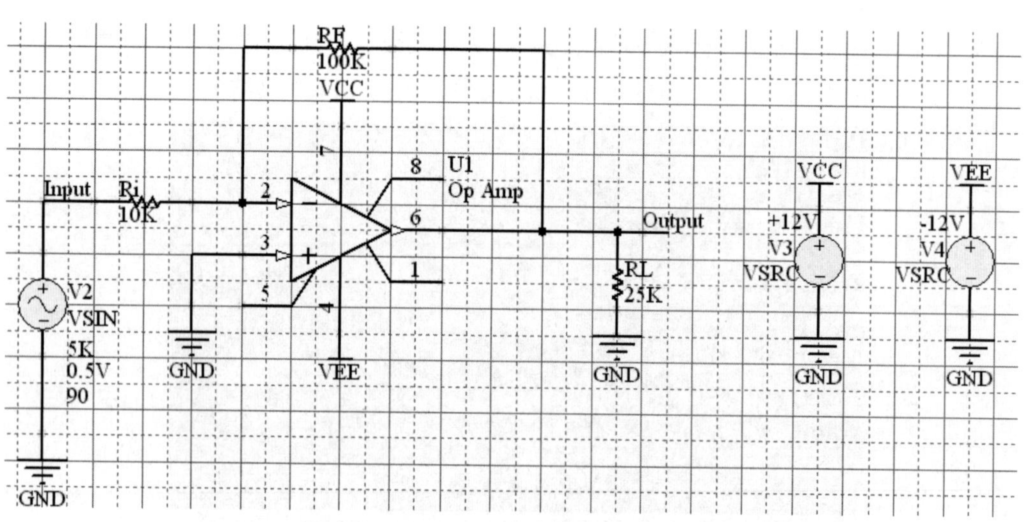

图 7-43 基于集成运放的反相比例放大电路

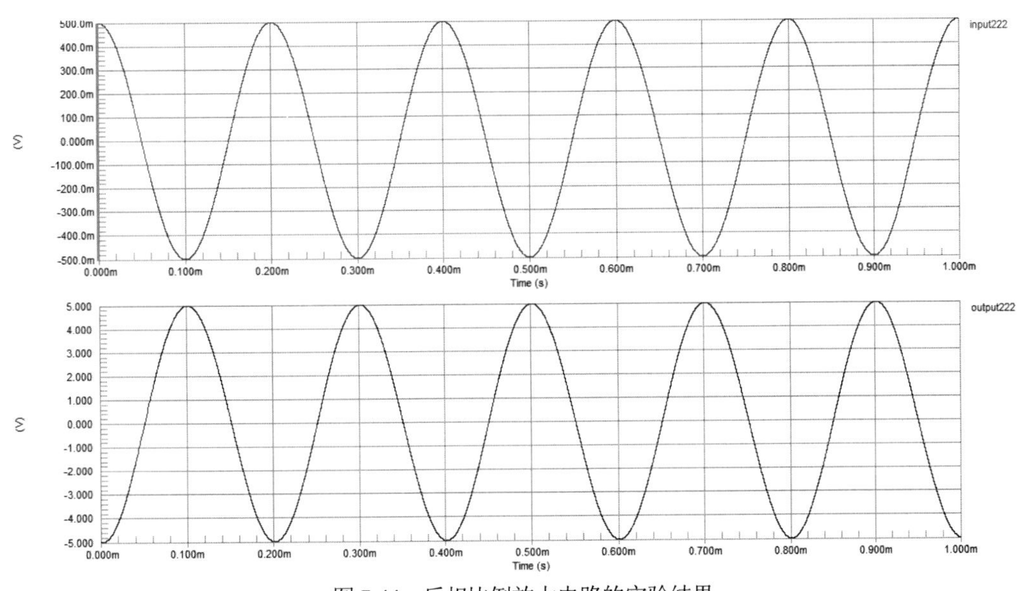

图 7-44　反相比例放大电路的实验结果

(4) 完成基于二极管的半波整流电路的仿真实验，其电路图如图 7-45 所示，实验结果如图 7-46 所示。

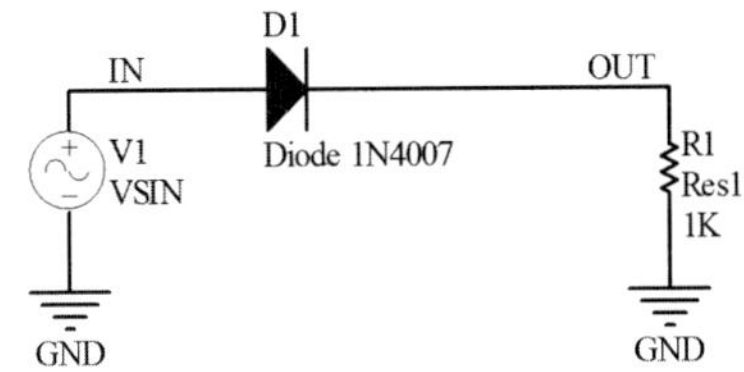

图 7-45　半波整流电路的仿真实验电路图

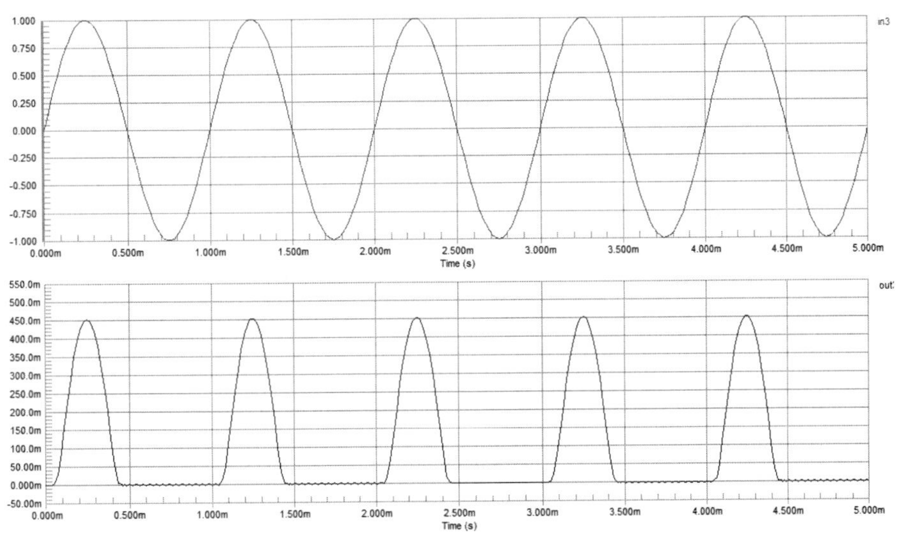

图 7-46　半波整流电路的仿真结果

思考练习

1. 原理图元件的设计方法是什么？
2. 层次原理图的设计方法是什么？
3. 双层电路板的设计方法是什么？
4. 封装的设计方法是什么？
5. 四层电路板的设计方法是什么？
6. 电路仿真的实验步骤是什么？

参考文献

[1] 田广锟. 高速电路 PCB 设计与 EMC 技术分析[M]. 北京：电子工业出版社，2011：15-18.

[2] 庄奕琪. 电子设计可靠性工程[M]. 西安：西安电子科技大学出版社，2019：425-427.

[3] 吴建辉. 印制电路板的电磁兼容性设计[M]. 北京：国防工业出版社，2005：21-23.

[4] MARK I. MONTROSE.电磁兼容的印制电路板设计[M]. 北京：机械工业出版社，2010：10-12.

[5] 史久贵. 基于 Altium Designer 的原理图与 PCB 设计[M]. 北京：机械工业出版社，2014：3-5.

[6] 周新. 从零开始学 Altium Designer 电路设计与 PCB 制板[M]. 北京：化学出版社，2020：35-37.

[7] 肖明耀，盛春明. Altium Designer 电路设计与制版技能实训[M]. 北京：中国电力出版社，2019：94-96.

[8] 高海宾. Altium Designer 10 从入门到精通[M]. 北京：机械工业出版社，2012：86-88.

[9] 谷树忠，刘文洲，姜航. Altium Designer 教程——原理图、PCB 设计与仿真[M]. 北京：电子工业出版社，2010：1-3.

[10] 天工在线. Altium Designer 17 电路设计与仿真从入门到精通[M]. 北京：中国水利水电出版社，2018：56-58.